UG NX8.0

CAX工程应用丛书

案例实战 从入门到精通

丁源 陈艳 胡丽娜 狄金叶 编著

清华大学出版社

北京

内 容 简 介

本书从初学者的角度出发，按照基础到进阶的顺序进行编排，详细讲解了使用 UG NX 8.0 进行机械设计、数控加工、模具设计的常用操作。

全书共 14 章，详细讲解了 UG NX 8.0 入门基础、二维草图的绘制和编辑、三维实体建模和编辑、零件装配设计、工程图的绘制与注释添加、数控加工通用知识、平面铣数控加工、型腔铣数控加工、车削数控加工、点位数控加工、型芯分型准备、模具分型及型腔布局等各种功能和命令的用法；同时安排了大量的工程案例，以提升读者的实战技能。

本书非常适合 UG NX 初、中级读者使用，既可作为大中专院校相关专业的教科书，也可以作为社会相关培训机构的培训教材和工程技术人员的参考用书。

图书在版编目（CIP）数据

UG NX 8.0 中文版案例实战从入门到精通/丁源等编著. —北京：清华大学出版社，2016（2019.12重印）
（CAX 工程应用丛书）

ISBN 978-7-302-44200-4

Ⅰ.①U… Ⅱ.①丁… Ⅲ.①计算机辅助设计—应用软件 Ⅳ.①TP391.72

中国版本图书馆 CIP 数据核字（2016）第 152465 号

责任编辑：王金柱
封面设计：王　翔
责任校对：闫秀华
责任印制：宋　林

出版发行：清华大学出版社
　　　　网　　　址：http://www.tup.com.cn，http://www.wqbook.com
　　　　地　　　址：北京清华大学学研大厦 A 座　　　　邮　　编：100084
　　　　社 总 机：010-62770175　　　　　　　　　　邮　　购：010-62786544
　　　　投稿与读者服务：010-62776969，c-service@tup.tsinghua.edu.cn
　　　　质量反馈：010-62772015，zhiliang@tup.tsinghua.edu.cn
印 装 者：清华大学印刷厂
经　　销：全国新华书店
开　　本：190mm×260mm　　　印　张：28.25　　　字　数：723 千字
版　　次：2016 年 8 月第 1 版　　　　　　　　印　次：2019 年 12 月第 5 次印刷
定　　价：59.00 元

产品编号：068940-01

前言

UG NX 8.0 是由西门子 UGS PLM 软件开发，集 CAD/CAE/CAM 于一体的数字化产品开发系统。UG NX 支持产品开发的整个过程，从概念（CAID）到设计（CAD）到分析（CAE）到制造（CAM）的完整流程。

UG NX 从 CAM 发展而来，有美国航空和汽车两大产业的背景，在汽车、航空领域有着广泛的应用，在日用产品、数控加工以及模具设计中也同样具有重要的地位。

UG NX 是机械专业学生必须要学习的课程之一，熟练掌握本软件，也是成为机械、汽车、快速消费品等行业工程师的必备技能。

1. 本书特点

- 知识梳理：本书在每章开头设置学习目标，具体提示每章的重点学习内容，读者可根据提示对重点学习内容进行逐点学习，以快速掌握 UG NX 的基本操作。
- 专家点拨：本书在一些命令介绍后面设置了"技巧提示"小模块，通过对特殊操作或重点内容进行提示，使读者掌握更多的技巧。
- 视频介绍：为方便读者学习本书内容，本书为每章的综合实例操作提供了视频讲解，读者可跟随视频操作一步步地进行学习。
- 适合 UG NX 初、中级读者使用：本书以初级入门和中级提升的读者为对象，首先从 UG NX 基础讲起，在每章的最后再辅以综合实例，帮助读者尽快掌握 UG NX 进行机械设计、数控加工、模具核心设计所需要的各项命令。

2. 本书内容

全书共 14 章，内容如下。

第 1 章　NX 8.0 入门。介绍 UG NX 8.0 的入门及基本操作，包括缩放、方位、样式、零件剖切显示，以及文件的创建、打开、保存等。

第 2 章　二维草图。从草图的创建、草图约束和草图编辑三个方面介绍 UG NX 中的草图功能，使读者全面掌握草图功能中的每个具体操作和设置。

第 3 章　三维实体设计基础。介绍实体建模模块进行建模所需的各项命令，包括基准创建、扫描特征创建、基本特征、标准成形特征创建等，并举例综合介绍了命令的操作。

第 4 章　特征操作与编辑。介绍进行实体编辑操作的各项命令，包括布尔操作、修剪、偏置、缩放特征、细节特征、关联复制特征等，并通过两个综合实例对实体建模命令及实体编辑操作命令进行介绍。

第 5 章　装配设计。主要讲述 UG NX 在机械装配中的使用，包括 UG NX 装配功能模块的基本功能与使用方法，以及在 UG NX 中建立装配结构并进行装配约束，建立装配爆炸图。

第 6 章　绘制工程图。介绍工程图管理、图纸创建、视图创建、创建剖视图及编辑工程视图的操作方法，并以一个综合实例介绍了回转零件创建工程图的一般操作过程。

第 7 章　添加工程图注释。介绍 UG NX 工程制图模块进行尺寸标注添加、注释和标签添加、实用符号添加的详细操作过程，并通过一个实例对工程图注释进行综合介绍。

第 8 章　NX 8.0 数控加工通用知识。详细介绍使用 UG NX 进行创建组件、定位操作、创建爆炸视图等装配操作。

第 9 章　平面铣数控加工。主要讲解 UG NX 平面铣的基本知识，并通过实例介绍平面铣操作的过程和参数设置。

第 10 章　型腔铣数控加工。详细讲解型腔铣、等高轮廓铣和插铣的基本知识，并结合实例介绍了型腔铣的创建和参数设置。

第 11 章　车削数控加工。详细讲解车削操作的基本知识，并结合实例介绍了车削粗加工、车削精加工和车槽的应用及创建工序的一般步骤。

第 12 章　点位数控加工。详细讲解了点位加工的基本概念、点位加工操作的创建、点位加工的加工位置选择、部件表面和底面设置、点位加工的循环参数组和循环参数设置、基本加工参数设置等。

第 13 章　模具型芯分型准备。介绍分型前对零件上的孔或槽进行修补的功能，主要有创建方块、分割实体、实体补片、曲面补片、边缘补片、扩大曲面、自动孔修补等。

第 14 章　模具分型及型腔布局。介绍使用 NX 注塑模向导进行分型和型腔布局的操作方法，并对模具分型和型腔布局的各工具操作和命令进行了说明。

3．云下载

本书提供的网络下载资源中包括书中案例所采用的模型文件和相关的视频教学文件，供读者在阅读本书时进行操作练习和参考，资源下载地址为：http://pan.baidu.com/s/1nvq4Qtb。

如果下载有问题，请电子邮件联系 booksaga@126.com，邮件主题为"UG NX 8.0 中文版案例实战从入门到精通"。

4．本书作者

本书主要由丁源、陈艳（青岛工学院机电工程学院）、胡丽娜（青岛理工大学琴岛学院机电工程系）、狄金叶（青岛工学院机电工程学院）编著，另外李昕、林晓阳、刘冰、王芳、付文利、温正、唐家鹏、孙国强、乔建军、焦楠、高飞、张迪妮、韩希强、张文电、宋玉旺、张明明、张亮亮、刘成柱、郭海霞、于沧海、李战芬、沈再阳、余胜威、焦楠等也参与了本书的编写工作。

5．读者服务

如果读者在学习过程中遇到与本书有关的技术问题，可以发邮件到 comshu@126.com，编者会尽快给予解答。

编者
2016 年 5 月

目录

第 1 章　NX 8.0 入门

NX 8.0 是一款集CAD/CAM/CAE于一体的三维参数化设计软件，在汽车、航空航天、日用消费品、通用机械及电子工业等工程设计领域得到了广泛的应用。

本章主要介绍UG NX 8.0 的入门及基本操作方法，包括工作界面、设计流程、软件概述，以及文件的创建、打开、保存等。

学习目标：

- 了解 NX 8.0 的基本知识及设计流程
- 掌握 NX 8.0 的视图操作方法
- 掌握 NX 8.0 的文件操作方法

1.1　UG NX 8.0基础知识

UG NX 8.0（以下皆称NX 8.0）直接采用统一的数据库、矢量化和关联性处理、三维建模与二维工程图相关联等技术，大大节省了设计时间，提高了工作效率。

1.1.1　NX 8.0 软件概述

Siemens PLM Software是西门子工业自动化业务部旗下机构作为全球领先的产品生命周期管理（PLM）软件与服务提供商，主要为汽车、航空航天、日用消费品、通用机械及电子工业等领域通过其虚拟产品开发（VPD）的理念提供多级化的、集成的、企业级的，包括软件产品与服务在内的完整的 MCAD解决方案。

UG NX 8.0 是由西门子UGS PLM软件开发，集CAD/CAE/CAM于一体的数字化产品开发系统。UG NX支持产品开发的整个过程，从概念（CAID）到设计（CAD）到分析（CAE）到制造（CAM）的完整流程。

UG NX将产品的生命周期阶段整合到一个终端到终端的过程中，运用并行工程工作流、上下关联设计和产品数据管理使其能运用在所有领域。UG NX从CAM发展而来，拥有美国航空和汽车两大产业的背景，在汽车、航空航天领域有着广泛的应用，在日用产品及模具设计中也同样具有重要的地位。

1.1.2　NX 8.0 的主界面

　　在Windows 2000/XP/Win7平台上安装NX 8.0软件后，选择"开始"→"所有程序（P）"→"UG NX 8.0"→"NX 8.0"命令，即可进入NX 8.0的主界面，如图1-1所示。

图1-1　NX 8.0主界面

　　此时还不能进行实际操作，选择"文件（F）"→"新建（N）"命令，或者单击 ▢ 按钮建立一个新文件；还可以选择"文件（F）"→"打开（O）"命令，或者单击 ▢ 按钮打开一个已存文件后，系统进入基础环境模块。

　　选择"标准"工具栏上的"开始"→"所有应用模块"→"建模（M）"命令，系统进入建模模块，其工作界面如图1-2所示。该工作界面主要包括标题栏、菜单栏、工具栏、状态栏、工作区、坐标系等几个部分。

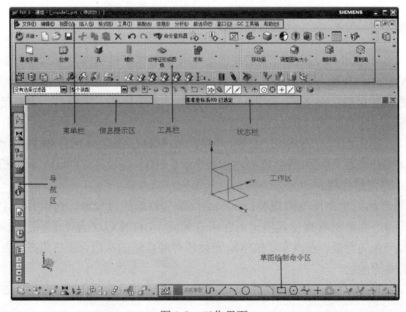

图1-2　工作界面

1．标题栏

标题栏主要显示软件版本号及当前正在操作的部件文件名称。如果对部件已经做了修改，但还没有进行保存，其后显示会"（修改的）"。

2．信息提示区

信息提示区固定在主界面的左上方，主要用来提示如何操作。执行每个命令时，系统都会在此显示必须执行的下一步操作。对于不熟悉的命令，利用信息提示区的帮助，一般都可以顺利完成操作。

3．状态栏

状态栏固定在信息提示区的右方，主要用来显示系统或图元的状态，如显示命令结束的信息等。

4．菜单栏

菜单栏包含了该软件的主要功能，所有的命令和设置选项都归属于不同的菜单，单击其中任何一个菜单时，会展开一个下拉式菜单，菜单中显示所有与该功能有关的命令选项。

5．工具栏

工具栏中的按钮对应着不同的命令，而且都以图标的方式形象地表示出命令的功能，这样可以避免查找命令的烦琐，便于用户的使用。

6．坐标系

坐标系是实体建模必备的，UG中的坐标系分为两种：工作坐标系（WCS）和绝对坐标系，其中工作坐标系是建模时直接应用的坐标系。

7．工作区

工作区就是操作的主区域。工作区内会显示选择球和辅助工具栏，用于进行各种操作。

1.1.3 NX 8.0 设计流程

NX 8.0 的设计操作都是在部件文件的基础上进行的，在NX 8.0 专业设计过程中，通常具有固定的模式和流程。NX 8.0 的设计流程主要是按照实体、特征或曲面进行部件的建模，然后进行组件装配，经过结构或运动分析来调整产品，确定零部件的最终结构特征和技术要求，最后进行专业的制图并加工成真实的产品。设计流程图如图 1-3 所示。

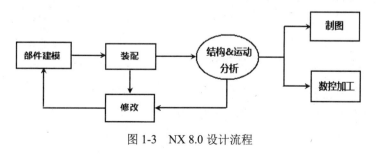

图 1-3 NX 8.0 设计流程

1.2 视图操作

如图 1-4 所示的"视图"工具栏，可对视图方位、可见性、样式、可视化等进行操作。在软件操作时，适时地使用视图操作可以明显提高设计效率，尤其是视图的旋转、平移和缩放功能在建模中更是十分常用。

图 1-4 "视图"工具栏

1.2.1 缩放操作

单击"视图"工具栏中第一个按钮右侧的下拉按钮，弹出如图 1-5 所示的"窗口缩放"菜单，可通过选择其中的选项进行适合窗口、缩放、平移、旋转等操作。

- （缩放）：按住鼠标左键不放，拖动鼠标"绘制"一个矩形后并释放，可将框选区域进行局部放大（改变视线距离，非放大特征尺寸）。
- （适合窗口）按钮：可调整工作视图的中心和比例以显示所有对象。
- （平移）：按住鼠标左键不放并拖动鼠标即可平移视图。也可以同时按住鼠标中键和右键或同时按住 Shift 键和中键都可以达到平移视图的效果。
- （透视）：可将工作视图从平行投影更改为透视投影。
- （旋转）：按住鼠标左键不放并拖动鼠标即可旋转视图。也可以按住鼠标中键并拖动鼠标直接执行旋转操作。

1.2.2 方位操作

单击"视图"工具栏中第二个按钮右侧的下拉按钮，弹出如图 1-6 所示的"方位"菜单，可对视图进行不同方向的定位操作。

图 1-5 "窗口缩放"菜单

图 1-6 "方位"菜单

- （正二侧视图）：可定位工作视图与正二侧视图对齐。
- （俯视图）：可定位工作视图与俯视图对齐。
- （正等侧视图）：可定位工作视图与正等侧视图对齐。

- 　□（左视图）：可定位工作视图与左视图对齐。
- 　└（前视图）：可定位工作视图与前视图对齐。
- 　◇（右视图）：可定位工作视图与右视图对齐。
- 　◹（后视图）：可定位工作视图与后视图对齐。
- 　▱（仰视图）：可定位工作视图与仰视图对齐。

1.2.3　样式操作

在对视图进行观察时，为了达到不同的观察效果，往往需要改变视图的显示方式，如实体显示、线框显示等。单击"视图"工具栏中第三个按钮右侧的下拉按钮，弹出如图 1-7 所示的"样式"菜单，可对模型进行不同的样式操作。

| 带边着色(A) |
| 着色(S) |
| 带有淡化边的线框(D) |
| 带有隐藏边的线框(H) |
| 静态线框(W) |
| 艺术外观(T) |
| 面分析(F) |
| 局部着色(P) |

- 　◧（带边着色）：用以显示工作实体的面，并显示面的边，如图 1-8 所示。
- 　◧（着色）：用以显示工作实体中实体的面，不显示面的边，如图 1-9 所示。

图 1-7　"样式"菜单

图 1-8　"带边着色"显示方式

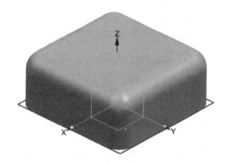

图 1-9　"着色"显示方式

- 　◨（局部着色）：可以根据需要选择局部面着色，以突出显示，如图 1-10 所示。
- 　◨（带有隐藏边的线框）：不显示图中隐藏的线，如图 1-11 所示。

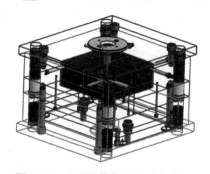

图 1-10　"局部着色"显示方式

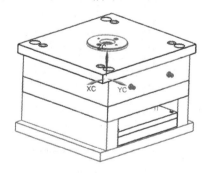

图 1-11　"带有隐藏边的线框"显示方式

- 　◨（带有淡化边的线框）：可将视图中隐藏的线显示为灰色，如图 1-12 所示。
- 　◨（静态线框）：可将视图中的隐藏线显示为虚线，如图 1-13 所示。

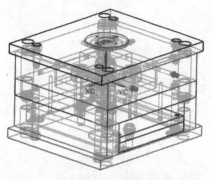

图 1-12　"带有淡化边的线框"显示方式

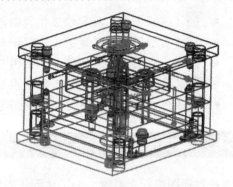

图 1-13　"静态线框"显示方式

- （艺术外观）：可根据指定的基本材料、纹理和光源实际渲染工作视图中的面。
- （面分析）：可用曲面分析数据渲染工作视图中的分析面，用边几何元素渲染剩余的面。

1.2.4　零件剖切显示

当观察或创建比较复杂的腔体类或轴孔类零件时，要将实体模型进行剖切操作，去除实体的多余部分，以便对内部结构观察或进一步操作。在NX 8.0 中，可以利用"编辑切面"命令在工作视图中通过假想的平面剖切实体，从而达到观察实体内部结构的目的。

单击 （编辑工作截面）按钮，可打开如图 1-14 所示的"视图截面"对话框，可在"类型"下拉列表框选择切面为一个、二个或方块体（6 个面）。如图 1-15～图 1-17 所示是"类型"分别选择为"一个平面""两个平行平面""方块"时零件剖切显示状态。

图 1-14　"视图截面"对话框

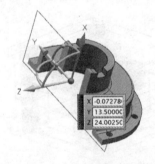

图 1-15　"一个平面"剖切状态

 单击 （剪切工作截面）按钮，可切换当前零件剖切显示状态，以方便用户直接对零件剖切状态进行观察。

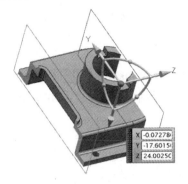

图 1-16　"两个平行平面"剖切状态

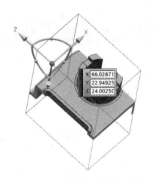

图 1-17　"方块"剖切状态

1.3　文件操作

NX 8.0 的文件操作主要包括新建、打开、关闭、保存、导入等操作。NX 8.0 的文件操作比较简单，在此只选择常用的操作进行介绍。

1.3.1　新建文件

执行"文件"→"新建"命令，弹出如图 1-18 所示的"新建"对话框，新建的文件模板类型共有 6 种，分别为模型、图纸、仿真、加工、检测和机电概念设计，经常使用的模板主要是前 3 个。

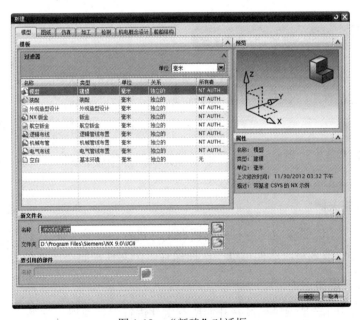

图 1-18　"新建"对话框

建模类型的模板中主要有建模、装配、外观造型设计、NX钣金、航空钣金、逻辑布线、机械布管、电气布线和空白几种类型，每种类型针对不同的应用模块。

1.3.2 打开文件

与其他软件相同，用户可找到NX文件并双击打开视图，也可以单击 ![] （打开）按钮或执行"文件"→"打开"命令，弹出如图 1-19 所示的"打开"对话框，选中文件并单击 OK 按钮，即可打开文件。

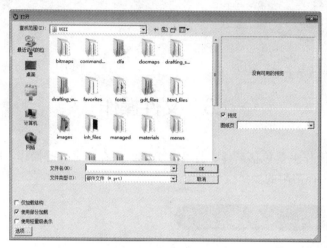

图 1-19 "打开"对话框

 用户可在"打开"对话框右侧选择是否预览选中的文件。

1.3.3 关闭文件

执行"文件"→"关闭"命令，即可展开如图 1-20 所示的"关闭"子菜单，其中包含"选定的部件""所有部件""保存并关闭"等选项。

1. 保存并关闭

"保存并关闭"是指对当前正在运行的文件保存并关闭，该命令一般用于对单个文件进行操作。

2. 全部保存并关闭

"全部保存并关闭"是指对已经打开的所有文件进行保存并关闭。该命令一般用于打开多个文件并对其进行修改之后，这样可以一次性保存多个文件，而不用逐个进行保存。

3. 全部保存并退出

"全部保存并退出"是指对已经打开的所有文件进行保存并退出软件。该命令用于打开多个文件并对其进行修改之后，与"全部保存并关闭"命令不同的是，它在保存后会自动退出软件，而不仅是关闭文件。

用户也可单击视图窗口右上方的█白色按钮，将零件关闭并退回到基本界面。若用户对文件有操作，则会弹出如图 1-21 所示的"关闭文件"对话框，用户可根据对话框提示进行"保存并关闭"、直接"关闭"或"取消"关闭操作。

图 1-20 "关闭"子菜单

图 1-21 "关闭文件"对话框

用户还可以单击软件右上方的█红色按钮，直接退出软件。若用户对文件有操作，则会弹出如图 1-22 所示的"退出"对话框，可根据对话框提示进行"保存并退出"、直接"退出"或"取消"退出操作。

1.3.4 保存文件

执行"文件"→"保存"命令，即可展开如图 1-23 所示的"保存"子菜单，其中包含"保存""仅保存工作部件""另存为"等选项。

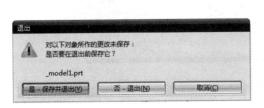

图 1-22 "退出"对话框

图 1-23 "保存"子菜单

1. 保存

用户可直接单击█（保存）按钮，或者执行"文件"→"保存"→"保存"命令，即可保存工作部件或任何已修改的组件。

2．另存为

执行"文件"→"保存"→"另保存"命令，弹出如图 1-24 所示的"另存为"对话框，用户可通过设置存储路径、文件名称及保存类型，将当前工作部件存储到其他路径中，原文件不做改变。

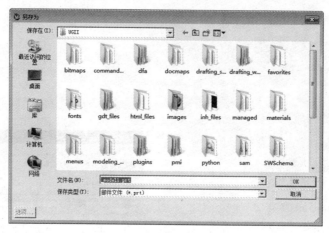

图 1-24　"另存为"对话框

3．全部保存

执行"文件"→"保存"→"全部保存"命令，即可将所有工作部件进行保存。

技巧提示　若用户创建文件时未指定其名称和存储路径，在最后进行保存操作时就会弹出如图 1-25 所示的"命名部件"对话框，提示用户进行名称和存储路径设置。

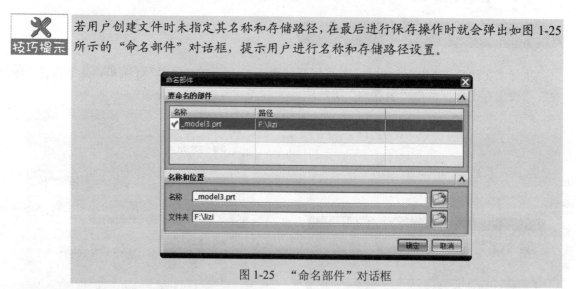

图 1-25　"命名部件"对话框

1.3.5　导入文件

"导入"命令主要用于将符合NX 8.0 文件格式要求的文件导入到NX 8.0 软件中，如 Parasolid、CATIA、Pro/E文件等，在个别文件的导入过程中可能会出现颜色丢失的现象，但基本特征不会丢失。

执行"文件"→"导入"命令，即可展开如图 1-26 所示的"导入"子菜单，其中包含"部件"、Parasolid、CATIA、Pro/E等选项，可根据要导入的文件格式选择不同的导入选项。

1.3.6　导出文件

"导出"命令主要用于将NX 8.0 创建的文件以其他格式导出，如Parasolid、CATIA、Pro/E文件等，这样生成的文件不再是以.prt为扩展名。导出的文件使用相应的软件就能打开并进行编辑。

执行"文件"→"导出"命令，即可展开如图 1-27 所示的"导出"子菜单，其中包含"部件"、Parasolid、CATIA、JPEG等选项，可根据要导出的文件格式选择不同的导出选项。

图 1-26　"导入"子菜单

图 1-27　"导出"子菜单

1.4　实例示范

如图 1-28 所示为某部件后盖零件，下面将利用该零件简单介绍打开零件、进行剖切操作及重新另存为新零件的过程。

初始文件	下载文件/example/Char01/hougai.prt
结果文件	下载文件/result/Char01/hougai01.prt
视频文件	下载文件/video/Char01/后盖操作.avi

图 1-28　后盖零件视图

1.4.1 激活NX 8.0 软件

执行"开始"→"所有程序"→UG NX 8.0→NX 8.0 命令,即可启动NX 8.0 软件,如图 1-29 所示。

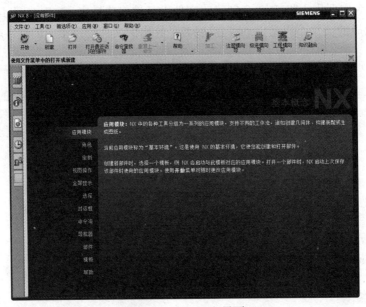

图 1-29 NX 8.0 主界面

1.4.2 打开 hougai.prt 文件

单击 (打开) 按钮,即可弹出如图 1-30 所示的"打开"对话框,按照路径找到初始文件hougai.prt,选中后单击 OK 按钮,即可打开后盖零件。

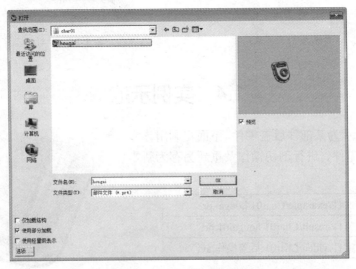

图 1-30 "打开"对话框

1.4.3　进行剖切操作

步骤 01 单击"视图"工具栏中的 （编辑工作截面）按钮，打开"视图截面"对话框。

步骤 02 在"类型"下拉列表框中选择"一个平面"，将"名称"下面的"截面名"设置为"截面1"；在"剖切平面"选项组的"方向"下拉列表框中选择"绝对坐标系"，单击 （设置平面至 X）按钮；在"偏置"选项组的第一个文本框中输入 0，将"步长"设置为 1，如图 1-31 所示。

步骤 03 单击"确定"按钮，零件剖切视图如图 1-32 所示。

图 1-31　"视图截面"对话框

图 1-32　零件剖切视图

1.4.4　零件另存操作

执行"文件"→"另存为"命令，弹出如图 1-33 所示的"另存为"对话框，在计算机某位置创建新文件夹，设置名称为hougai01，单击OK按钮，即可在不影响原文件的基础上重新保存为新文件。

图 1-33　"另存为"对话框

1.5　本章小结

本章主要介绍NX 8.0 的入门及基本操作方法，包括缩放、方位、样式及零件剖切显示操作，同时还介绍了文件的创建、打开、保存等操作。作为入门章节，读者应当对视图操作和文件操作进行熟练掌握。

1.6　习　题

一、填空题

1. UG NX 8.0 直接采用统一的_____、矢量化　和_____处理、三维建模与二维工程图相关联等技术，大大节省了设计时间，提高了工作效率。

2. Siemens PLM Software为汽车航空航天、日用消费品、通用机械及电子工业等领域通过其虚拟产品开发（VPD）的理念提供_____的、_____的、_____的，包括软件产品与服务在内的完整的 MCAD解决方案。

3. NX 8.0 的主窗口由_____、菜单命令按钮、_____、_____、信息提示区、工作区和_____组成。

4. 方位操作命令包括_____、俯视图、正等侧视图、_____、左视图、前视图、后视图、_____。

5. 当观察或创建比较复杂的_____或_____零件时，要将实体模型进行剖切操作，去除实体的多余部分，以便对内部结构观察或进一步操作。

二、问答题

1. 请简述NX 8.0 软件三维设计流程。
2. NX 8.0 三维绘图软件在当今社会中处于什么样的地位？
3. 请简述启动NX 8.0 软件并创建三维模型零件的过程。

第2章 二维草图

本章主要介绍NX 8.0 的草图功能。草图是创建三维实体模型的基础，很多三维实体模型都是通过草图拉伸、回转或扫掠而创建的。因此，在进行三维实体建模之前，必须先对草图功能进行详细地了解。

学习目标：

- 掌握进入草绘模式创建工作平面的方法
- 掌握二维草图曲线绘制方法
- 掌握二维草图编辑的方法
- 掌握二维草图约束的方法

2.1　二维草图概述

草图是指在某个指定平面上的点、线（直线或曲线）等二维几何元素的总称。在创建三维实体模型时，首先需要选取或创建草图平面，然后进入草绘环境绘制二维草图截面。通过对截面拉伸、旋转等操作，即可得到相应的参数化实体模型。

2.1.1　进入草绘模式

单击"直接草图"工具栏中的 （草图）按钮，弹出如图 2-1 所示的"创建草图"对话框，选择草图绘制平面后，单击 确定 按钮即可进入草绘模式。

 NX 8.0 的基准坐标系被默认隐藏，用户可以在"部件导航器"中的"基准坐标系"上单击鼠标右键，在弹出的快捷菜单中选择"显示"选项，即可将基准坐标系显示出来。

2.1.2　选择草图工作平面

草图工作平面是指绘制草图对象的平面，草图中创建的所有对象都在这个平面上。

在"创建草图"对话框"类型"下单击右侧的 按钮，可弹出下拉列表框，其中包含"在平面上"和"基于路径"两种类型，它们是指两种不同的草图平面创建类型，下面分别介绍。

1．在平面上

"在平面上"是指定一平面作为草图的工作平面。在NX 8.0 常用操作中，指定平面一般包括两种方式的平面：坐标平面和参考平面。

用户可单击如图 2-2 所示的"XC-YC"平面、"XC-ZC"平面及"YC-ZC"平面任一平面作为草图工作平面（或称草绘平面），选中平面后单击 <确定> 按钮即可进入草绘模式。

图 2-1 "创建草图"对话框

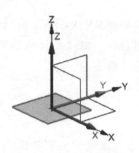

图 2-2 选择坐标平面

用户还可以选中实体表面平面或基准平面作为草绘平面。如图 2-3 所示为选择实体表面作为草绘平面视图；如图 2-4 所示为选择基准平面作为草绘平面视图。

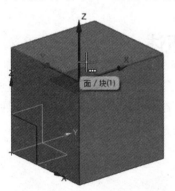

图 2-3 实体表面作为草绘平面

图 2-4 基准平面作为草绘平面

 NX 8.0还提供了创建基准坐标系的方法来创建草绘平面，该方法是通过创建新坐标系并选择坐标系上的面来创建草绘平面。

2．基于路径

"基于路径"是指定一个轨迹，通过轨迹来确定一个平面作为草图的工作平面。用户可通过指定创建草绘平面的弧长、弧长百分比或指定一已存在点，并选择垂直于路径、垂直于矢量、平行于矢量或通过轴等方法确定平面方位。

例如：单击一曲线作为路径，在"平面位置"选项组的"位置"下拉列表框中选择"弧长百分比"，将"弧长百分比"设置为 60；在"平面方位"选项组的"方向"下拉列表框中选择"垂直于轨迹"，其余保持默认设置，如图 2-5 所示。单击 <确定> 按钮即可进入如图 2-6 所示的草绘模式。

图 2-5　"基于路径"方法设置

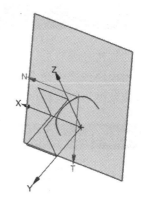

图 2-6　完成草绘平面选择

2.1.3　重新附着

完成草图的绘制后，如果需要修改草图的平面位置，可以使用"重新附着"命令，将现有的草图移动到另一个平面、曲面或路径上。

"重新附着"命令也可以将基于平面绘制的草图切换为基于路径绘制的草图，或者反过来切换，还可以沿着所附着到的路径更改基于路径绘制草图的位置。

图 2-7　"重新附着草图"对话框

单击"直接草图"工具栏中的 （重新附着）按钮，弹出如图 2-7 所示的"重新附着草图"对话框。

重新附着草图和创建草图时的操作几乎一样，在选择完放置平面后，系统会默认指定水平方向和坐标原点，但是该原点和水平方向不一定符合要求，一般需要自己重新指定，如图 2-8 所示。设置完参数后，单击"重新附着草图"对话框中的 确定 按钮即可完成草图的重新附着，如图 2-9 所示。

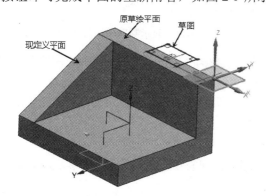

图 2-8　进行重新附着前的草图

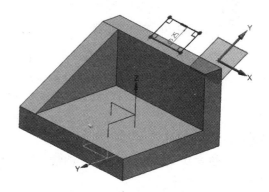

图 2-9　完成重新附着操作

"重新附着"命令可能不会自动出现在工具栏中，可单击"直接草图"工具栏右侧的下拉按钮，添加该命令。

2.1.4　完成草图

完成草图的创建和编辑后，使用"完成草图"命令退出草图环境，并返回到开始绘制草图时所使用的应用模块或操作命令。

单击"直接草图"工具栏中的▨（完成草图）按钮，即可完成草图绘制并退出草绘模块。

2.1.5　实例试做——绘制五角星

在详细介绍草图绘制和编辑操作的各项命令之前，先通过一个基础实例预先认识几种命令。

结果文件	下载文件/result/Char02/wujiaoxing.prt
视频文件	下载文件/video/Char02/五角星创建.avi

步骤01　新建模型文件，并确认进入建模模块。

步骤02　进入草绘模式，选择工作平面。

❶ 单击▨（部件导航器）按钮，在弹出的部件导航器中右键单击"基准坐标系"，并在弹出的快捷菜单中选择"显示"，如图 2-10 所示；将基准坐标系显示在视图中，如图 2-11 所示。

图 2-10　部件导航器

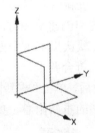

图 2-11　显示基准坐标系

❷ 单击"直接草图"工具栏中的▨（草图）按钮，弹出"创建草图"对话框，选中"XC-YC"平面作为草图平面，如图 2-12 所示。

❸ 单击"创建草图"对话框中的"确定"按钮，即可将"XC-YC"平面作为草图绘制平面进入草图绘制窗口，如图 2-13 所示。

步骤03　绘制基础草图并进行初步约束。

❶ 单击"视图"工具栏中的▨（俯视图）按钮，即可将绘图平面正视于屏幕，如图 2-14 所示。

❷ 执行"插入"→"草图曲线"→"多边形"命令，弹出"多边形"对话框。

图 2-12　"创建草图"对话框

图 2-13　草图绘制窗口

❸ 将"多边形"对话框中的"边数"设置为 5，"大小"选择"外接圆半径"，选中"大小"下面的"半径"复选框，并设置"半径"为 100mm，如图 2-15 所示。

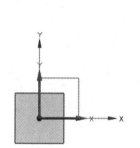

图 2-14　俯视图

图 2-15　"多边形"对话框

❹ 将基准坐标系的坐标原点作为"中心点"，然后随意单击视图窗口中的另一点作为五边形的任意顶点，创建一个五边形，如图 2-16 所示。

❺ 双击图中的"24°"，在弹出的快捷设置中设置其角度为 18，如图 2-17 所示，按 Enter 键确认。如图 2-18 所示为调整角度后的五边形。

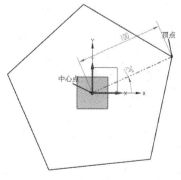

图 2-16　指定中心点和顶点

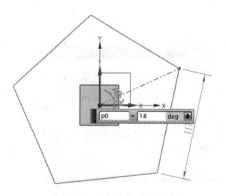

图 2-17　重新约束角度

⑥ 执行"插入"→"草图曲线"→"直线"命令，弹出如图 2-19 所示的"直线"对话框。

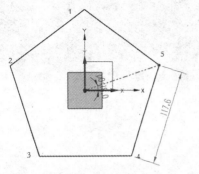

图 2-18　创建五边形

图 2-19　"直线"对话框

 这里的尺寸和约束为自动创建。

⑦ 依次单击顶点 1、3、5、2、4、1，创建初始五角星图案，如图 2-20 所示。

步骤 04　删除多余线条，剪切五角星内部线条。

❶ 依次选中五边形，并按 Delete 键删除线条，如图 2-21 所示。

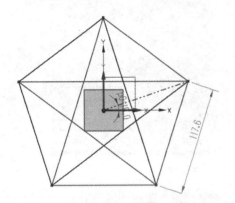

图 2-20　创建初始五角星图案

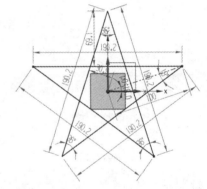

图 2-21　删除线条

❷ 单击"直接草图"工具栏中的 （快速修剪）按钮，弹出"快速修剪"对话框，如图 2-22 所示，依次选中五角星内部曲线，进行修剪操作，最后完成的结果如图 2-23 所示。

图 2-22　"快速修剪"对话框

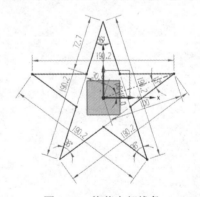

图 2-23　修剪内部线条

❸ 单击"直接草图"工具栏中的█（完成草图）按钮，退出草图模式，完成五角星轮廓的创建。

❹ 执行"文件"→"另存为"命令，将其重命名为"wujiaoxing.prt"，并存放于路径无中文字符的文件夹内，完成本次实例的操作。

2.2　草图曲线

在建模时，只要能巧妙地对基本图形进行有机结合，便可以取得事半功倍的效果。如图 2-24 所示的"直接草图"工具栏中包含了"曲线""编辑曲线"等工具。

图 2-24　"直接草图"工具栏

2.2.1　轮廓绘制

使用█（轮廓）命令可以以一线串模式创建一系列相连的直线和圆弧，即上一条曲线的终点变成下一条曲线的起点。

单击"直接草图"工具栏中的█（轮廓）按钮，或者执行"插入"→"草图曲线"→"轮廓"命令，弹出"轮廓"对话框。可创建两种方式的轮廓：直线和圆弧。

当使用"轮廓"命令创建直线时，"轮廓"对话框设置如图 2-25 所示，此时可以直接单击视图中的两点创建直线，如图 2-26 所示。

图 2-25　"轮廓"对话框

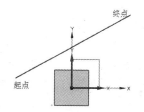

图 2-26　创建直线

创建圆弧时的"轮廓"对话框设置如图 2-27 所示，此时可以通过单击不同位置的 3 点创建圆弧，如图 2-28 所示。

图 2-27　"轮廓"对话框

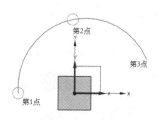

图 2-28　创建圆弧

除了以上两种方式外，还可配合"直线"和"圆弧"按钮来直接创建相连接的直线和圆弧。除了文中提到的单击点创建直线和圆弧的方法外，还可通过输入坐标位置，或者配合指定参数的方式来创建直线和圆弧，但此种方式并不常用，读者可自行试做一下。

2.2.2 直线绘制

"直线"命令根据约束自动判断来绘制直线。由"坐标法"与"长度和角度"两种方法来绘制直线。单击"直接草图"工具栏中的 ╱ （直线）按钮，系统弹出"直线"对话框，可以通过该对话框来完成直线的绘制。如图 2-29 和图 2-30 所示分别为"坐标法"与"长度和角度"绘制直线。

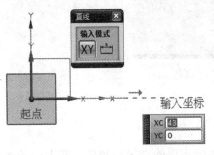
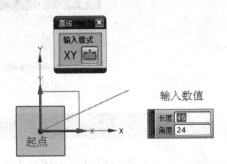

图 2-29 "坐标法"绘制直线   图 2-30 "长度和角度"绘制直线

 最常用的方法其实是直接单击两点创建直线。

2.2.3 圆弧绘制

"圆弧"命令可通过指定 3 点或指定其中心和端点来绘制圆弧。该命令有两种绘制方式："三点定圆弧"和"中心端点定圆弧"。

单击"直接草图"工具栏中的 ╲ （圆弧）按钮，系统弹出"圆弧"对话框，可以通过该对话框来完成圆弧的绘制。如图 2-31 和图 2-32 所示分别为"三点定圆弧"和"中心端点定圆弧"绘制圆弧。

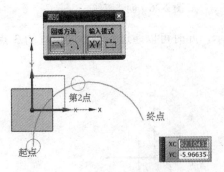
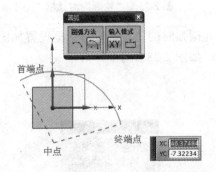

图 2-31 "三点定圆弧"绘制圆弧   图 2-32 "中心端点定圆弧"绘制圆弧

2.2.4　圆绘制

利用"圆"命令绘制的圆轮廓常用于创建基础特征的剖断面，由它创建的实体特征包括多种类型，如球体、圆柱体、圆台、球面等。

"圆"命令提供了"圆心和直径定圆"和"三点定圆"两种绘制圆的方法。

单击"直接草图"工具栏中的◯（圆）按钮，系统弹出"圆"对话框，可以通过该对话框来完成圆的创建。如图 2-33 和图 2-34 所示分别为"圆心和直径定圆"和"三点定圆"绘制圆。

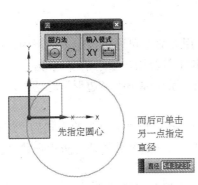

图 2-33　"圆心和直径定圆"绘制圆

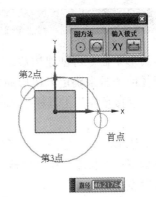

图 2-34　"三点定圆"绘制圆

> **技巧提示**　"圆心和直径定圆"的方法用处最广，可先指定圆心位置后，再指定另一点确定半径来绘制圆；也可以指定圆心位置后，直接输入直径大小来绘制圆。

2.2.5　矩形绘制

矩形可以用来作为特征创建的辅助平面，也可以直接作为特征创建的草绘截面。利用"矩形"命令可以绘制与草图方向垂直的矩形，也可以绘制与草图方向成一定角度的矩形。

"矩形"命令提供了"按 2 点""按 3 点"和"从中心"3 种绘制矩形的方法。

单击"直接草图"工具栏中的▢（矩形）按钮，系统弹出"矩形"对话框，可以通过该对话框来完成矩形的创建。如图 2-35～图 2-37 所示，分别为"按 2 点""按 3 点"和"从中心"绘制矩形。

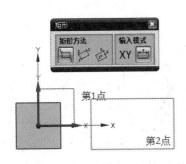

图 2-35　"按 2 点"绘制矩形

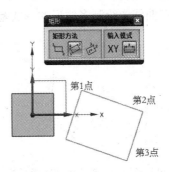

图 2-36　"按 3 点"绘制矩形

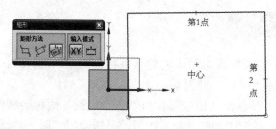

图 2-37 "从中心"绘制矩形

2.2.6 多边形绘制

"多边形"命令可创建边数≥3 的正多边形。使用该命令可通过指定多边形内切圆半径、外接圆半径或边长来确定多边形的各项参数从而创建出符合用户要求的多边形。

单击"直接草图"工具栏中的 ⊙（多边形）按钮，系统弹出"多边形"对话框，如图 2-38所示。

在"多边形"对话框的"大小"选项组中设置确定多边形"大小"的方式为"边长"，然后参数就会变成"长度"和"旋转"，在参数的左侧可以锁定参数的值，防止在移动鼠标的过程中参数发生变化。

在绘制多边形时，鼠标附近同样有参数输入框，可以随时设置多边形的参数，如图 2-39所示。

图 2-38 "多边形"对话框

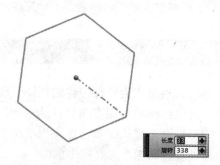

图 2-39 多边形（指定边长）

除了指定边长外，也可以在草图中以内切圆和外接圆模式绘制多边形，如图 2-40 和图 2-41所示，与在曲线中绘制多边形的形式基本相同。

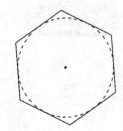

图 2-40 多边形（指定内切圆半径）

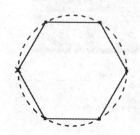

图 2-41 多边形（指定外接圆半径）

2.2.7　圆角绘制

使用"圆角"命令可以在两条或三条曲线之间创建一个圆角，创建圆角的方式很多，主要有指定圆角半径值、按住鼠标在曲线上方拖动、删除三曲线圆角中的第三条曲线。

单击"直接草图"工具栏中的 （圆角）按钮，弹出"圆角"对话框，其中包括"修剪"和"取消修剪"两种圆角方法。

选择"修剪"方式创建圆角，如图 2-42 所示，选择需要修剪的两条边线，输入半径值即可创建如图 2-43 所示的圆角曲线。

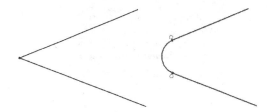

图 2-42　"圆角（修剪）"对话框　　　　　图 2-43　"修剪"方式创建圆角

创建圆角时的操作比较灵活，可以选择需要创建圆角的两条曲线，如图 2-44 所示；也可以选择曲线的交点，如图 2-45 所示；或者使用鼠标在曲线上拖动，如图 2-46 所示，都可以创建圆角。

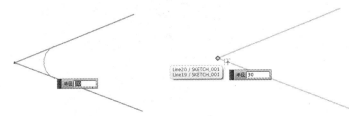

图 2-44　选择两条曲线　　　　图 2-45　选择曲线的交点　　　　图 2-46　拖动鼠标

选择取消修剪方式创建圆角，如图 2-47 所示，选择需要修剪的两条边线，输入半径值即可创建如图 2-48 所示的圆角曲线。

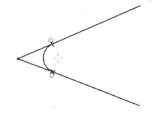

图 2-47　"圆角（取消修剪）"对话框　　　　图 2-48　"取消修剪方式"创建圆角

2.2.8　倒斜角绘制

"倒斜角"命令在两条草图线之间的尖角处创建斜角的过渡链接。倒斜角类型包括对称、非对称、偏置和角度。与创建圆角相同，也可以按住鼠标在曲线上拖动来创建倒斜角。

1. 对称

对称形式的倒斜角，创建的斜角在曲线的等距处创建过渡曲线，在机械结构中对称的斜角是使用频率最高的斜角。在"倒斜角"对话框的"偏置"选项组中选择倒斜角的类型为"对称"，如图 2-49 所示，然后选择需要创建斜角的两条曲线，即可创建如图 2-50 所示的"对称"倒斜角。

图 2-49　"倒斜角"对话框

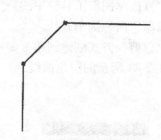

图 2-50　"对称"倒斜角

2. 非对称

"非对称"倒斜角如图 2-51 所示。根据输入的两个距离尺寸确定创建的斜角形式，在如图 2-52 所示的对话框中选择倒斜角类型为"非对称"，选中"距离 1"和"距离 2"复选框，可以锁定数值，当移动鼠标时数值不会发生变化。

图 2-51　"非对称"倒斜角

图 2-52　"倒斜角"对话框

3. 偏置和角度

"偏置和角度"倒斜角如图 2-53 所示。在如图 2-54 所示的"倒斜角"对话框中选择倒斜角的类型为"偏置和角度"，然后设置"距离"和"角度"的参数，选择两条曲线即可创建需要的斜角过渡曲线。

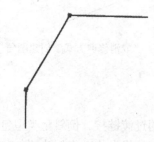

图 2-53　"偏置和角度"倒斜角

图 2-54　"倒斜角"对话框

2.3　草图编辑

本节将介绍草图编辑，主要包括偏置、延伸、镜像、修剪等。同样，这些编辑命令都汇集在"直接草图"工具栏中。

2.3.1　快速修剪

"快速修剪"命令可以在任一方向将曲线修剪到最近的交点或边界。单击"直接草图"工具栏中的 ✄（快速修剪）按钮，弹出"快速修剪"对话框，如图 2-55 所示。

修剪曲线时，可以使用鼠标单击需要修剪的曲线，也可以拖动鼠标，软件会自动修剪鼠标经过的曲线，如图 2-56 所示。

图 2-55　"快速修剪"对话框

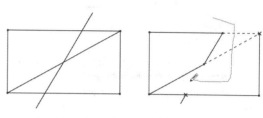

图 2-56　快速修剪草图曲线

 修剪没有交点的曲线，相当于使用删除命令。修剪曲线可以设置修剪边界，如果不选择边界将默认修剪到最近的交点。

2.3.2　快速延伸

"快速延伸"命令可以以任一方向将曲线延伸到最近的交点或边界。单击"直接草图"工具栏中的 ✗（快速延伸）按钮，弹出如图 2-57 所示的"快速延伸"对话框。边界曲线是可选项，若不选择边界，则所有可选择的曲线都被当作边界。

不选择边界曲线，将鼠标靠近直线的端点处，可以预览到直线延长的效果，如图 2-58 所示。

图 2-57　"快速延伸"对话框

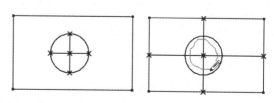

图 2-58　快速延伸曲线

2.3.3 偏置曲线

"偏置曲线"命令是将指定曲线在指定方向上按指定的规律偏置指定的距离。

单击"直接草图"工具栏中的 （偏置曲线）按钮，弹出如图 2-59 所示的"偏置曲线"对话框。选择要偏置的曲线，设置偏置距离，选择是否对称偏置，设置副本数，按如图 2-60 所示的偏置预览图像设置是否反向偏置，其余默认即可。

完成设置后，单击"偏置曲线"对话框中的"确定"按钮即可完成偏置曲线的创建。

图 2-59 "偏置曲线"对话框

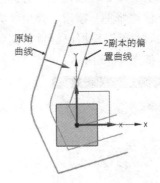

图 2-60 偏置曲线预览

 可使用过滤器过滤选择需要偏置操作的线条是单条曲线、相连曲线或相切曲线。前文为相连曲线预览状态，如图 2-61、图 2-62 所示分别为单条曲线、相切曲线偏置预览。

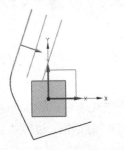

图 2-61 单条曲线偏置预览

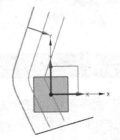

图 2-62 相切曲线偏置预览

2.3.4 阵列曲线

"阵列曲线"命令可对与草图平面平行的边、曲线和点设置阵列。阵列的类型包含 7 种，在这里介绍两种常用类型：线性阵列和圆形阵列。单击"直接草图"工具栏中的 （阵列曲线）按钮，弹出"阵列曲线"对话框。

1. 线性阵列

在"阵列曲线"对话框中"阵列定义"选项组的"布局"下拉列表框中选择"线性"，如图 2-63 所示，根据选择的方向 1 和方向 2 创建指定规则的阵列对象，创建线性阵列时可以只采用一个方向，只要取消"使用方向 2"复选框即可。线性阵列的效果如图 2-64 所示。

图 2-63　"阵列曲线"对话框

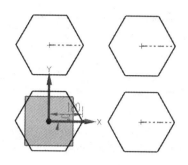

图 2-64　线性阵列

2. 圆形阵列

在"阵列曲线"对话框中"阵列定义"选项组的"布局"下拉列表框中选择"圆形"，如图 2-65 所示，然后指定旋转中心并设置角度方向后，单击"确定"按钮创建如图 2-66 所示的圆形阵列。

图 2-65　"阵列曲线"对话框

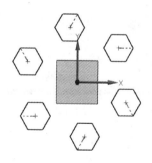

图 2-66　圆形阵列

2.3.5　镜像曲线

"镜像曲线"命令是将父本曲线以某一曲线做镜像。单击"直接草图"工具栏中的 ⿴ （镜像曲线）按钮，打开"镜像曲线"对话框，如图 2-67 所示。

在"选择对象"选项组中单击"选择曲线"按钮，并在模型中选择需要镜像的曲线，然后在"中心线"选项组中单击"选择中心线"按钮，并在模型中选择镜像中心线，最后单击"确定"按钮即可创建镜像曲线，如图 2-68 所示。

图 2-67 "镜像曲线"对话框

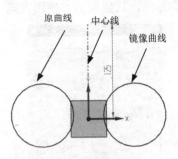

图 2-68 创建镜像曲线

 在"镜像曲线"对话框的"设置"选项组中选中"转换要引用的中心线"复选框,即可将选择的中心线转换为虚线,退出草图模式后将不显示此线;否则中心线将不会变化。

2.3.6 投影曲线

"投影曲线"命令是指沿草图平面的法向将草图外部的曲线、边或点投影到草图上。单击"直接草图"工具栏中的 (投影曲线)按钮,弹出如图 2-69 所示的"投影曲线"对话框。

在"要投影的对象"选项组中单击"选择曲线或点"按钮,并在模型中选择对象,然后在"设置"选项组中设置关联性和输出曲线的类型,设置完毕之后单击"确定"按钮即可完成曲线的投影,如图 2-70 所示。

图 2-69 "投影曲线"对话框

图 2-70 投影曲线效果

2.4 草图约束

在草图中创建二维轮廓图,可以对创建好的曲线进行尺寸约束和几何约束,使曲线的创建更简单、更精确。

2.4.1 约束状态

在 NX 8.0 中的草图约束状态是以颜色显示的,对草图创建约束时可以清楚地通过草图的颜色判断当前草图的约束状态。

1. 全约束

"全约束"表明草图没有多余的自由度，已经完全固定，具有明确的位置，此时的草图呈现绿色，如图 2-71 所示。建模时，通常采用全约束的草图进行建模。

 NX 8.0 默认情况下使用的是"连续自动标注尺寸"，所以即使创建的草图未指定所有的约束，软件也会自动创建尺寸以保持草图处于全约束的状态。

2. 欠约束

"欠约束"表明草图中有尚未固定的尺寸，草图还存在自由度，此时草图的颜色呈现褐色，在草图的曲线上可以看到草图曲线的自由度，如图 2-72 所示。

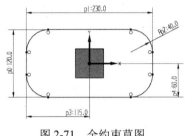

图 2-71　全约束草图

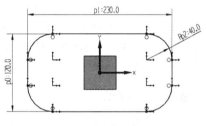

图 2-72　欠约束草图

3. 过约束

"过约束"表明草图中存在相互冲突的约束条件，如图 2-73 所示，草图无法确定出形状，此时草图的颜色呈现红色。删除多余的约束或将约束尺寸转化为参考尺寸，即可消除当前的过约束状态。

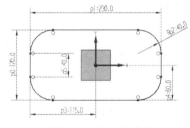

图 2-73　过约束草图

2.4.2　尺寸约束

"尺寸约束"是通过指定草图中创建曲线的长度、角度、半径、周长等来精确创建曲线。可以执行"插入"→"草图约束"→"尺寸"命令，展开如图 2-74 所示的"尺寸约束"子菜单。

1. 自动判断 （　 自动判断(I)... ）

"自动判断"命令是指系统根据所选择的草图对象的类型和光标与所选择对象的相对位置，自动进行判断从而采用相应的标注方法。

当光标选择了圆弧或圆曲线时，系统会自动标注直径或半径；当光标选择了两点并且沿水平方向拖动尺寸线时，系统会自动标注水平尺寸。

在"尺寸约束"子菜单中选择　 自动判断(I)... 命令，或者单击"直接草图"工具栏中的　（自动判断尺寸）按钮都可以使用"自动判断"的标注方式。系统默认的初始标注方式也是"自动判断"。

对于一般的尺寸标注，"自动判断"已经足够满足使用要求，如图 2-75 所示为使用"自动判断"创建的各种形式的尺寸。

图 2-74 "尺寸约束"子菜单

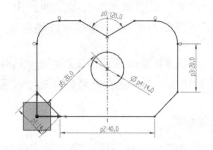

图 2-75 尺寸约束示意图

2. 水平（ 水平(H)... ）

"水平"命令是指系统标注所选对象水平方向（即草图中坐标轴XC的方向）的尺寸。在"尺寸约束"子菜单中选择 水平(H)... 命令，或者单击"直接草图"工具栏中的 （水平尺寸）按钮都可以使用"水平"的标注方式。

3. 竖直（ 竖直(V)... ）

"竖直"命令是指系统标注所选对象竖直方向（即草图中坐标轴YC的方向）的尺寸。在"尺寸约束"子菜单中选择 竖直(V)... 命令，或者单击"直接草图"工具栏中的 （竖直尺寸）按钮都可以使用"竖直"的标注方式。

4. 平行（ 平行(P)... ）

"平行"命令是指系统标注与所选对象平行方向上的尺寸。在"尺寸约束"子菜单中选择 平行(P)... 命令，或者单击"直接草图"工具栏中的 （平行尺寸）按钮都可以使用"平行"的标注方式。

5. 垂直（ 垂直(E)... ）

"垂直"命令是指系统标注所选点和直线之间的垂直距离。在"尺寸约束"子菜单中选择 垂直(E)... 命令，或者单击"直接草图"工具栏中的 （垂直尺寸）按钮都可以使用"垂直"的标注方式。

6. 角度（ 角度(A)... ）

"角度"命令是指系统标注所选择的两条直线或一条直线和一矢量之间的角度。在"尺寸约束"子菜单中选择 角度(A)... 命令，或者单击"直接草图"工具栏中的 （角度尺寸）按钮都可以使用"角度"的标注方式。

7. 直径（ 直径(D)... ）

"直径"命令是指系统对所选择的圆弧或圆进行直径的标注。在"尺寸约束"子菜单中选择 直径(D)... 命令，或者单击"直接草图"工具栏中的 （直径尺寸）按钮都可以使用"直径"的标注方式。

8．半径（ 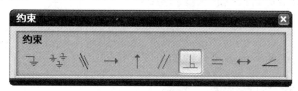 半径(R)...）

"半径"命令是指系统对所选择的圆弧或圆进行半径的标注。在"尺寸约束"子菜单中选择 半径(R)... 命令，或者单击"直接草图"工具栏中的 （半径尺寸）按钮都可以使用"半径"的标注方式。

9．周长（ 周长(M)...）

"周长"命令是指系统对所选择的曲线串进行周长的标注。在"尺寸约束"子菜单中选择 周长(M)... 命令，或者单击"直接草图"工具栏中的 （周长尺寸）按钮都可以使用"周长"的标注方式。

2.4.3　几何约束

"几何约束"是指对单个对象的位置或两个或两个以上的对象之间的相对位置进行约束。

在"草图"窗口中执行"插入"→"草图约束"→"约束"命令，或者单击"直接草图"工具栏中的 （约束）按钮。然后在模型中直接单击需要进行约束的对象，系统即可自动弹出如图 2-76 所示的"约束"对话框，从中单击所需约束的具体类型即可完成对象的约束操作。

图 2-76　"约束"对话框

1．固定（ ）

"固定"是将指定对象进行某些自由度上的固定，对于不同的对象，固定的自由度不一样，下面分别进行介绍。

- 点：固定点的位置；
- 直线：固定直线的角度和端点位置；
- 圆弧和椭圆弧：固定其端点位置；
- 圆弧中心、圆的中心、椭圆弧中心和椭圆的中心：固定其中心位置；
- 圆弧、圆、椭圆弧和椭圆：固定其半径和中心位置。

2．完全固定（ ）

"完全固定"是将指定对象的所有自由度都固定，如固定圆的半径、圆心位置，固定直线的长度、角度和端点位置。

3．共线（ ）

"共线"是将指定的一条或多条直线共线。

4. 水平（ → ）

"水平"是将指定的直线方向约束为水平。

5. 竖直（ ↑ ）

"竖直"是将指定的直线方向约束为竖直。

6. 平行（ // ）

"平行"是将指定的两条或多条直线约束为平行。

7. 垂直（ ⊥ ）

"垂直"是将指定的两条直线约束为相互垂直。

8. 等长（ = ）

"等长"是将指定的两条或多条直线约束为等长。

9. 恒定长度（ ↔ ）

"恒定长度"是将指定的直线的长度固定。

10. 角度（ ∠ ）

"角度"是将指定的两条或多条直线的角度进行固定。

2.4.4 设为对称

"设为对称"可以将其理解为类似镜像曲线创建的约束。"设为对称"对话框如图 2-77 所示，在选择中心线时，可以选中"设为参考"复选框，这样会自动将选择的中心线转化为参考线。

当使用"设为对称"后，将会在曲线上创建对称约束，能够在曲线的旁边看到如图 2-78 所示的对称约束标志。

图 2-77 "设为对称"对话框

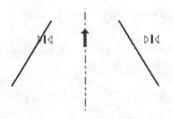

图 2-78 "设为对称"约束

2.4.5　显示所有约束

"显示所有约束"是用来显示应用到草图中的所有约束，如图 2-79 所示，单击"直接草图"工具栏中的 （显示所有约束）按钮即可在模型中显示所有约束。

如果不选择显示所有的约束，那么系统只会显示草图中的一部分约束，如图 2-80 所示，如相切、重合等。显示所有约束有利于观察草图的约束状态，但是可能会使界面变得混乱。

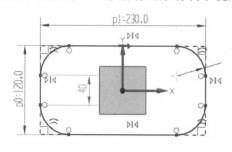

图 2-79　显示所有约束

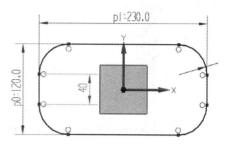

图 2-80　未显示所有约束

2.5　实例进阶——六芒星绘制

本节将通过一个实例综合介绍不同草图曲线命令的操作过程。

如图 2-81 所示为六芒星的图片，如图 2-82 所示为完成绘制的六芒星草图轮廓视图。

结果文件	下载文件/result/Char02/liumangxing.prt
视频文件	下载文件/video/char02/六芒星绘制.avi

图 2-81　六芒星图片

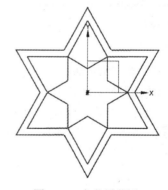

图 2-82　六芒星草图

2.5.1　绘制圆轮廓

使用草图命令绘制圆轮廓，具体操作步骤如下：

步骤 01　打开 UG NX 8.0 软件，创建模型零件文件，如图 2-83 所示。

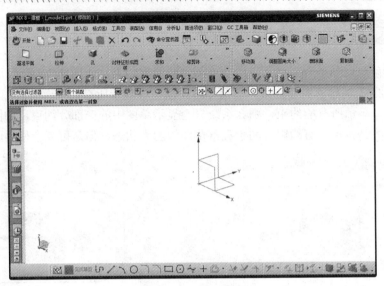

图 2-83　创建模型零件文件

步骤 02 单击"直接草图"工具栏中的 🔲（草图）按钮，弹出如图 2-84 所示的"创建草图"对话框，如图 2-85 所示单击视图中的"XC-YC"平面，单击"确定"按钮，进入草图绘制窗口。

图 2-84　"创建草图"对话框

图 2-85　指定绘图平面

步骤 03 等待指定平面正视于屏幕平面后，单击"直接草图"工具栏中的 ◯（圆）按钮，弹出如图 2-86 所示的"圆"对话框。

步骤 04 单击"圆"对话框中"圆方法"下面的 ⊙（圆心和直径定圆）按钮，单击坐标原点作为圆心，跟随光标移动到框内，设置"直径"为 150mm，按 Enter 键确定直径的大小。

完成后单击 ✖（关闭）按钮或按 Esc 键两次退出圆轮廓的绘制。绘制的圆轮廓如图 2-87 所示。

图 2-86　"圆"对话框

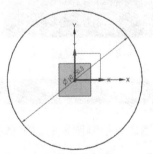

图 2-87　绘制圆轮廓

2.5.2　绘制六边形轮廓

完成圆轮廓的绘制后，以此圆轮廓作为六边形的外接圆参考绘制一正六边形。具体操作步骤如下：

步骤 01　单击"直接草图"工具栏中的 ⬡（多边形）按钮，弹出"多边形"对话框。

步骤 02　将"边"选项组中的"边数"设置为 6，"大小"选择"外接圆半径"，选中"半径"复选框并设置其参数为 75mm，选中"旋转"复选框并设置其参数为 90deg，其余为默认设置，如图 2-88 所示。

步骤 03　如图 2-89 所示单击圆心点作为"中心点"。

步骤 04　完成绘制后，单击"多边形"对话框中的 ✖（关闭）按钮完成操作，得到如图 2-90 所示的内接正六边形。

图 2-88　"多边形"对话框

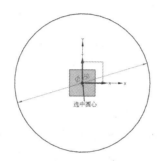

图 2-89　单击圆心点

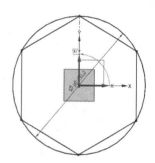

图 2-90　绘制六边形

2.5.3　绘制六芒星的一个角

六芒星每个角的角度为 60°，手动绘制一个 60° 的角不是很容易，但使用UG就方便多了。具体操作步骤如下：

步骤 01　单击 ／（直线）按钮，弹出如图 2-91 所示的"直线"对话框，单击 XY（坐标模式）按钮，然后依次单击坐标原点和左上直线的中点，绘制如图 2-92 所示的第一条直线。

图 2-91　"直线"对话框

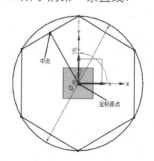

图 2-92　绘制第一条直线

步骤 02　单击竖直虚线的中点及步骤（1）创建的直线上的一点，使创建的直线垂直于竖直虚线，得到第二条直线，如图 2-93 所示。

此步骤可通过软件的自动捕捉功能实现。

步骤 03 依次单击步骤（2）创建的直线的终点及顶点，绘制第三条直线，如图 2-94 所示。

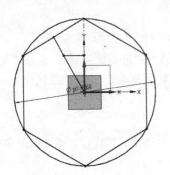

图 2-93　绘制第二条直线

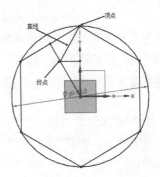

图 2-94　绘制第三条直线

步骤 04 删除前面绘制的第一条和第二条直线，仅剩如图 2-95 所示的第三条直线。

步骤 05 单击 ⬚（镜像曲线）按钮，弹出如图 2-96 所示的"镜像曲线"对话框。

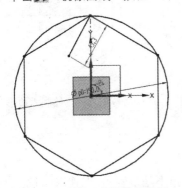

图 2-95　仅剩第三条直线的草图

图 2-96　"镜像曲线"对话框

步骤 06 如图 2-97 所示单击第三条直线作为"要镜像的曲线"，单击 Y 轴作为"中心线"，选中"镜像曲线"对话框中"设置"下面的"转换要引用的中心线"复选框，然后单击"确定"按钮，即可创建镜像曲线，如图 2-98 所示。

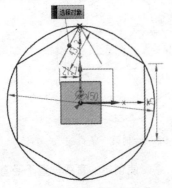

图 2-97　单击原曲线和中心线

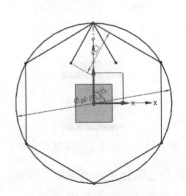

图 2-98　创建镜像曲线

步骤 07 至此，六芒星的一个角就绘制出来了。

2.5.4 完成第一个六芒星的绘制

重复上面的操作完成六芒星其余五个角的绘制，在此使用阵列曲线的方法完成其余角的绘制。具体操作步骤如下：

步骤 01 单击 .88 （阵列曲线）按钮，弹出"阵列曲线"对话框。

步骤 02 在"阵列定义"下面的"布局"下拉列表框中选择"圆形"，在"角度方向"下面的"间距"下拉列表框中选择"数量和节距"，将"数量"设置为6，"节距角"设置为60deg，如图 2-99 所示。

步骤 03 单击六芒星的第一个角作为"要阵列的曲线"，单击坐标原点作为"旋转点"，然后单击"确定"按钮，即可创建第一个六芒星，如图 2-100 所示。

图 2-99 "阵列曲线"对话框

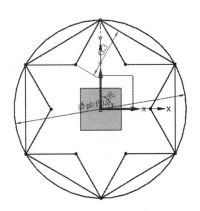

图 2-100 创建第一个六芒星

2.5.5 完成第二个六芒星的绘制

同样重复前面的操作完成第二个六芒星的绘制，在此使用偏置曲线的方法来绘制第二个六芒星。具体操作步骤如下：

步骤 01 单击 （偏置曲线）按钮，弹出"偏置曲线"对话框。

步骤 02 将"偏置"下面的"距离"设置为 5mm，取消选中"创建尺寸"和"对称偏置"复选框，设置"副本数"为1，在"端盖选项"下拉列表框中选择"延伸端盖"，如图 2-101 所示。

步骤 03 依次单击构成六芒星六个角的直线，即可创建如图 2-102 所示的第二个六芒星的草图轮廓。

 在偏置曲线过程中会出现如图 2-103 所示的情况，此时可单击"偏置曲线"对话框中的 （反向）按钮，将偏置曲线反向得到如图 2-104 所示的线条。

图 2-101　"偏置曲线"对话框

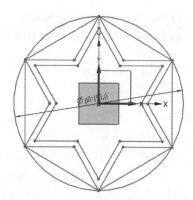

图 2-102　创建第二个六芒星

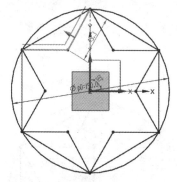

图 2-103　得到反向偏置曲线

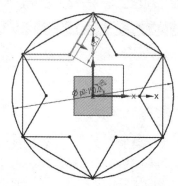

图 2-104　单击反向按钮后的曲线

2.5.6　完成第三个六芒星的绘制

因为第三个六芒星的位置特殊，我们需要采用绘制第一个六芒星的方法绘制此六芒星，完成后删除多余线条完成六芒星组合的绘制。具体操作步骤如下：

步骤 01 单击 ○（圆）按钮，绘制第二个六芒星的内接圆，如图 2-105 所示。

步骤 02 绘制内接圆的内接正六边形，如图 2-106 所示。

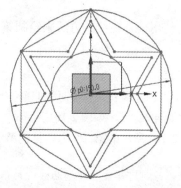

图 2-105　绘制第二个六芒星的内接圆

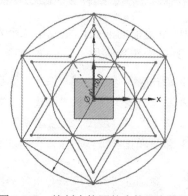

图 2-106　绘制内接圆的内接正六边形

步骤 03　绘制第三个六芒星的第一个角，如图 2-107 所示。完成阵列角得到第三个六芒星，如图 2-108 所示。

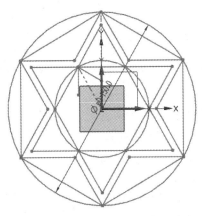

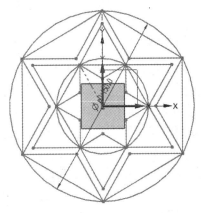

图 2-107　绘制第三个六芒星的一个角　　　　　　图 2-108　阵列绘制第三个六芒星

步骤 04　删除所有圆和正六边形，得到如图 2-109 所示的六芒星组合图案。

步骤 05　单击 ■（完成草图）按钮，完成六芒星组合图案的绘制，得到如图 2-110 所示的六芒星组合图案草图轮廓。

步骤 06　单击 ■（保存）按钮，选择合适的路径并对文件命名后将文件进行保存。

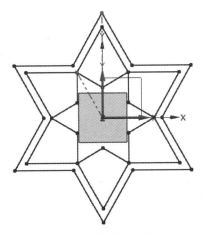

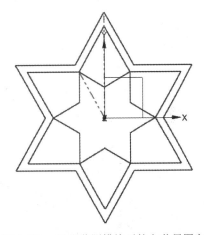

图 2-109　六芒星组合图案草图　　　　　　　　图 2-110　退出草图模块后的六芒星图案

2.6　本章小结

　　本章从草图的创建、草图约束和草图编辑三个方面介绍了NX 8.0 中的草图功能，使读者全面掌握草图功能中的每个具体操作和设置。本章以一个典型的实例为载体，向读者详细地介绍了草图创建的过程，为读者今后的学习打下一个良好的基础。

2.7 习 题

一、填空题

1．倒斜角命令在两条草图线之间的_____处创建斜角的过渡链接。倒斜角类型包括_____、_____、偏置和角度。

2．在草图中创建二维轮廓图和用曲线功能创建相比，有一个很大的优势，那就是它可以对创建好的曲线进行_____和_____，使曲线的创建更简单、更精确。

3．"尺寸约束"子菜单中包括了_____、"线性尺寸"、_____、_____及"周长尺寸" 5 种尺寸约束方式。

4．"几何约束"是指对_____的位置或两个或两个以上的对象之间的相对位置进行约束。

5．"尺寸约束"是通过指定草图中创建曲线的_____、角度、_____和周长等来精确创建曲线。

二、上机操作

请用户根据前面所学内容自由绘制如图 2-111 所示的草图轮廓。（尺寸自由设置，此处不做要求）

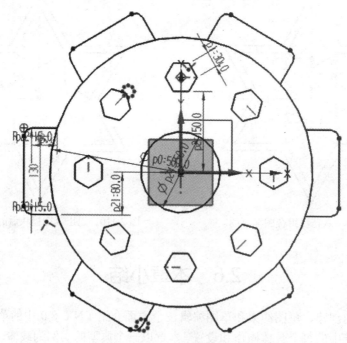

图 2-111　上机操作习题视图

第 3 章　三维实体设计基础

本章主要讲解三维实体设计的基础知识，包括建模概述、基准创建、基本特征创建、扫描特征创建等。

学习目标：

- 了解实体建模
- 掌握基准创建的方法
- 掌握基本特征创建的方法
- 掌握扫描特征创建的方法

3.1　实体建模概述

NX 8.0 实体建模是指根据零件设计意图，在完成草图轮廓设计的基础上，运用实体建模各种工具命令（如拉伸、回转、抽壳、拔模等）来完成精确三维零件建模的一个过程。

3.1.1　实体建模特点

NX 8.0 实体建模相对其他三维软件来说，有建模简便、思路明确的特点。使用NX 8.0 进行零件设计，可方便、快捷地达成设计意图。具体介绍如下：

（1）实体建模是以草图为基础的，因此在实体设计中通常都是实体建模、草图设计两个模块交互使用。

（2）在进行实体建模时亦可直接利用工具命令进行参数化建模，NX 8.0 提供了如长方体块、圆柱、圆锥及球这些基本体素特征的参数化设计，方便用户更加快速地进行零件设计。

（3）NX 8.0 实体建模具有凸垫、键槽、凸台、斜角、抽壳等特征、用户自定义特征、引用模式等几何特征建模工具命令，方便用户进行零件建模，更迅速地达成零件设计意图。

（4）NX 8.0 拥有业界最好的倒圆技术，可自适应于切口、陡峭边缘及两非邻接面等几何构型。

3.1.2　进入实体建模模块

打开UG NX 8.0 软件，单击"标准"工具栏中的 □ （新建）按钮，弹出"新建"对话框，单击"模板"下方白色列表框中的"模型",设置"新文件名"下面的"名称"和"文件夹"。

完成设置后的"新建"对话框如图 3-1 所示;单击"确定"按钮,即可新建零件并进入实体建模窗口,如图 3-2 所示。

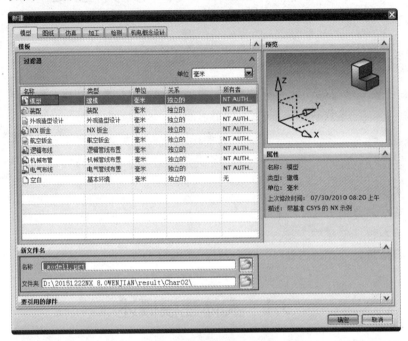

图 3-1　"新建"对话框

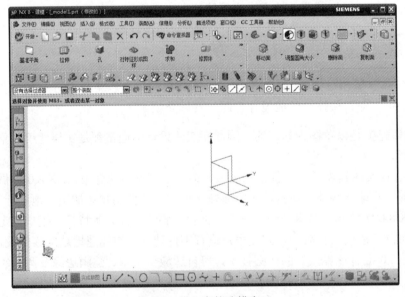

图 3-2　进入实体建模窗口

 用户也可先新建零件进入实体建模模块窗口,最后保存时再设置"名称"和"文件夹"路径,注意名称和路径不得出现中文字样。

3.1.3 实体建模一般设计流程

使用NX 8.0进行实体零件建模，使用户可以更直观地查看自己的设计意图，能方便验证设计零件的优缺点。进行实体零件的一般设计流程如下：

（1）创建基准面进入草图绘制模块；
（2）绘制零件主体草图轮廓；
（3）完成零件主体基于草图特征的构建；
（4）添加修饰特征（拔模、倒角等）；
（5）检查实体零件并进行修改。

3.1.4 实例试做——螺母建模

在介绍实体建模命令之前，先介绍一下螺母三维模型的建模过程，此模型的创建过程依次为创建草图、拉伸创建实体、回转去斜角、拉伸挖槽、创建螺纹特征。

初始文件	下载文件/example/Char03/luomu.prt
结果文件	下载文件/result/Char03/luomu01.prt
视频文件	下载文件/video/Char03/螺母建模.avi

步骤01 按初始文件路径打开 luomu.prt 文件，如图 3-3 所示为完成创建的初始草图。

步骤02 创建拉伸实体。

❶ 单击"特征"工具栏中的■（拉伸）按钮，弹出"拉伸"对话框。

❷ 选择中心蓝色正六边形实线作为"截面"，在"极限"下面的"结束"下拉列表框中选择"对称值"，设置"距离"为 4mm；在"布尔"下拉列表框中选择"无"，其余设置保持默认，如图 3-4 所示。

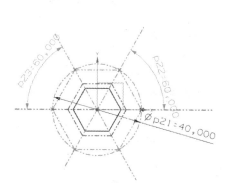

图 3-3 初始二维草图

图 3-4 "拉伸"对话框

❸ 完成设置后，软件会自动对设置进行预览，如图 3-5 所示；确认无误后，单击"拉伸"
对话框中的"确定"按钮，完成拉伸实体的创建，如图 3-6 所示。

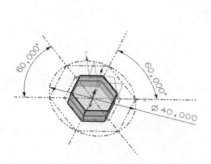

图 3-5　预览视图

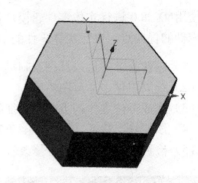

图 3-6　创建拉伸实体

步骤 03　再次创建草图，回转去棱角。

❶ 以"XC-ZC"平面作为草绘平面，绘制如图 3-7 所示的等腰梯形，并按图中进行约束，
完成后单击▓（完成草图）按钮，退出草图绘制窗口。

❷ 单击"特征"工具栏中的▓（回转）按钮，弹出"回转"对话框。

❸ 单击刚刚绘制好的等腰梯形草图作为"截面"曲线，在"轴"下面的"指定矢量"下
拉列表框中选择"ZC"，单击"指定点"右侧的▓（点对话框）按钮，弹出如图 3-8
所示的"点"对话框，保持默认设置，直接单击"确定"按钮，返回到"回转"对话框。

❹ 在"回转"对话框"极限"下面的"开始"下拉列表框中选择"值"，设置"角度"
为 0deg，在"结束"下拉列表框中选择"值"，设置"角度"为 360deg；在"布尔"
下拉列表框中选择"求交"，如图 3-9 所示。

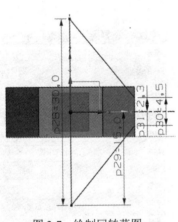

图 3-7　绘制回转草图

图 3-8　"点"对话框

❺ 单击"回转"对话框中的"确定"按钮，完成回转去棱角的操作，结果如图 3-10 所示。

如图 3-10 所示是隐藏回转草图后的结果。

图 3-9　"回转"对话框

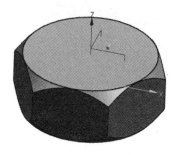

图 3-10　完成操作后视图

步骤 **04** 绘制拉伸草图，然后拉伸挖孔。

❶ 以步骤（3）创建结果的上平面作为草绘平面，绘制直径为 10 的圆，且圆心在上平面的中心，绘制结果如图 3-11 所示，完成操作后单击 ![icon]（完成草图）按钮，退出草图绘制窗口。

❷ 单击"特征"工具栏中的 ![icon]（拉伸）按钮，弹出"拉伸"对话框。单击刚刚绘制的圆作为"截面"曲线，在"极限"下面的"开始"下拉列表框中选择"值"，设置"距离"为 0mm；在"结束"下拉列表框中选择"值"，设置"距离"为 20mm；在"布尔"下拉列表框选择"求差"，其余保持默认设置，如图 3-12 所示。

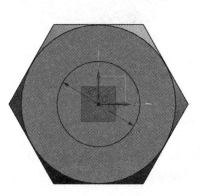

图 3-11　绘制拉伸草图

图 3-12　"拉伸"对话框

❸ 此时可对结果进行预览,如果预览效果如图 3-13 所示,则单击"拉伸"对话框中"方向"下面的⊠(反向)按钮,然后单击"确定"按钮,完成拉伸挖槽操作,如图 3-14 所示。

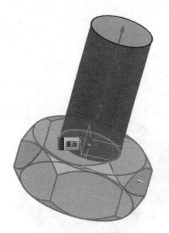

图 3-13　预览效果图

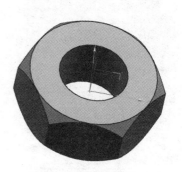

图 3-14　拉伸挖槽结果

步骤 05　创建螺纹特征。

❶ 执行"插入"→"设计特征"→"螺纹"命令,弹出"螺纹"对话框。

❷ 单击步骤(4)创建的挖槽孔的内侧壁,选中"螺纹"对话框中"螺纹类型"下面的"详细"单选按钮;设置"大径"为 12mm,"长度"为 8mm,"螺距"为 1.75mm,"角度"为 60deg;选择"右旋"回转方式,如图 3-15 所示;单击"确定"按钮,即可创建螺纹特征,视图如图 3-16 所示。

图 3-15　"螺纹"对话框

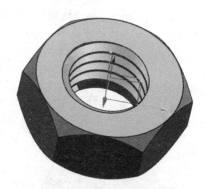

图 3-16　螺纹特征视图

3.2　基准创建

基准特征是实体造型的辅助工具,起到参考的作用。基准特征主要包括基准点、基准轴、基准平面和基准CSYS的创建。在实体造型过程中,利用基准特征可以在所需的方向和位置上绘制草图生成实体或直接创建实体。

3.2.1 平面构造类型

单击"特征"工具栏中的 ▢（基准平面）按钮，弹出如图 3-17 所示的"基准平面"对话框。

单击"基准平面"对话框中"类型"右侧的 ▾ 按钮，弹出如图 3-18 所示的"类型"下拉列表框，其中包括 15 种创建平面的类型。

图 3-17 "基准平面"对话框

图 3-18 平面构造类型

1．自动判断

根据选择对象的构造属性，系统智能地筛选可能的构造方法，当达到坐标系构造器的唯一性要求时系统自动产生一个新的平面。

2．按某一距离

用以确定参考平面按某一距离形成新的平面，该距离可以通过激活的"偏置"选项进行设置。如图 3-19 所示参考平面即为以实体上一个平面作为参考按某一距离偏置创建的。

3．成一角度

用以确定参考平面绕通过轴某一角度形成的新平面，该角度可以通过激活的"角度"选项进行设置。如图 3-20 所示参考平面即为以实体上一个平面作为参考按某一角度回转创建的。

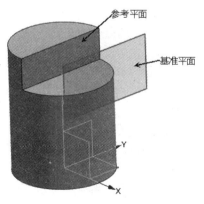

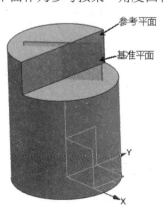

图 3-19 按某一距离创建平面

图 3-20 成一角度创建平面

4．二等分

"二等分"是指创建的平面为到两个指定平行平面的距离相等的平面或两个指定相交平面的角平分面。如图 3-21 所示基准平面即为"A 平面"和"B 平面"的二等分平面。

5．曲线和点

"曲线和点"是指以一个点、两个点、三个点、点和曲线或点和平面为参考来创建新的平面。如图 3-22 所示即为参考曲线和点并进行偏置创建的基准平面。

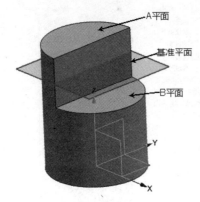

图 3-21　二等分创建平面

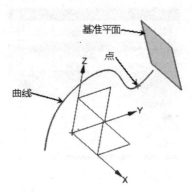

图 3-22　曲线和点创建平面

6．两直线

"两直线"是指以两条指定直线为参考创建平面，如果两条指定直线在同一平面内，则创建的平面与两条指定直线组成的面重合；如果两条指定直线不在同一平面内，则创建的平面过第一条指定直线且和第二条指定直线垂直。

如图 3-23 所示即为以在同一平面内的"A 直线"和"B 直线"为参考并进行偏置创建的基准平面。

7．相切

"相切"是指以点、线和平面为参考来创建新的平面。如图 3-24 所示即为相切与"A 曲面"并以"B 平面"为参考回转一定角度得到的基准平面。

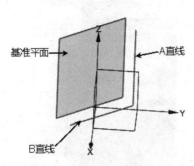

图 3-23　两直线创建平面

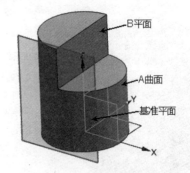

图 3-24　相切创建平面

8. 通过对象

"通过对象"是指以指定的对象作为参考来创建平面，如果指定的对象是直线，则创建的平面与直线垂直；如果指定的对象是平面，则创建的平面与平面重合。

如图 3-25 所示即为通过指定参考平面为对象并偏置一定距离创建的基准平面。

9. 点和方向

"点和方向"是指以指定点和指定方向为参考来创建平面，创建的平面通过指定点且法向为指定的方向。如图 3-26 所示即为通过指定点和X坐标方向创建的基准平面。

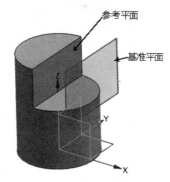

图 3-25　通过对象创建平面

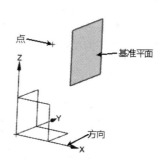

图 3-26　点和方向创建平面

10. 曲线上

"曲线上"是指以某一指定曲线为参考来创建平面，这个平面通过曲线上的一个指定点，法向可以沿曲线切线方向或垂直于切线方向，也可以另外指定一个矢量方向。

如图 3-27 所示即为通过指定曲线及曲线的端点并偏置一定距离创建的基准平面。

11. YC-ZC平面

"YC-ZC平面"是指创建的平面与YC-ZC平面平行且重合或相隔一定的距离。如图 3-28 所示即为以"YC-ZC平面"为参考并偏置一定距离的基准平面。

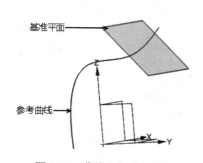

图 3-27　曲线上创建平面

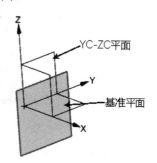

图 3-28　YC-ZC 平面创建平面

12. XC-ZC平面

"XC-ZC平面"是指创建的平面与XC-ZC平面平行且重合或相隔一定的距离。如图 3-29 所示即为以"XC-ZC平面"为参考并偏置一定距离的基准平面。

13．XC-YC平面

"XC-YC平面"是指创建的平面与XC-YC平面平行且重合或相隔一定的距离。如图 3-30 所示即为以"XC-YC平面"为参考并偏置一定距离的基准平面。

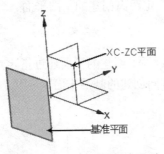

图 3-29　XC-ZC 平面创建平面

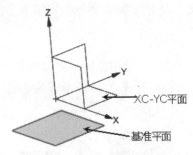

图 3-30　XC-YC 平面创建平面

14．视图平面

"视图平面"是指创建的平面与视图平面平行且重合或相隔一定距离，即创建平行于屏幕的平面。

15．按系数

"按系数"是指通过指定系数来创建平面，系数之间的关系为：aX+bY+cZ=d。系数由相对坐标和相对工作坐标两种选择。

3.2.2　基准轴构造类型

单击"特征"工具栏中的 ⬆（基准轴）按钮，弹出如图 3-31 所示的"基准轴"对话框。

图 3-31　"基准轴"对话框

单击"基准轴"对话框中"类型"右侧的 ▽ 按钮，弹出如图 3-32 所示的"类型"下拉列表框，其中包括 9 种创建基准轴的类型。

1．自动判断

"自动判断"是指系统根据所选择的特征自动判断基准轴的方向，如面的法向、平面法向、在曲线矢量上等。

2．交点

"交点"是指系统自动选择两个相交平面相交的部分作为基准轴。如图 3-33 所示即为使用"交点"创建"基准平面A"和"基准平面B"之间的基准轴。

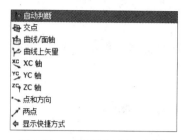

图 3-32　"类型"下拉列表框

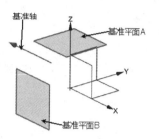

图 3-33　交点创建基准轴

3．曲线/面轴

"曲线/面轴"是指系统根据现有的圆柱面创建轴向基准轴。如图 3-34 所示即为使用"曲线/面轴"创建圆柱体侧面的基准轴。

4．曲线上矢量

"曲线上矢量"是指在指定曲线上以曲线上某一指定点为起始点，以切线方向、曲线法向、曲线所在平面法向为矢量方向创建基准轴。

如图 3-35 所示即为使用"曲线上矢量"创建与曲线相切并与其端点有一定距离的基准轴。

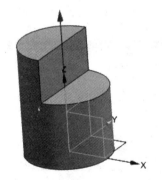

图 3-34　曲线/面轴创建基准轴

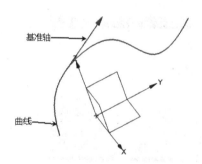

图 3-35　曲线上矢量创建基准轴

5．XC轴

"XC轴"是指以XC轴为参考创建正向或反向的基准轴。

6．YC轴

"YC轴"是指以YC轴为参考创建正向或反向的基准轴。

7．ZC轴

"ZC轴"是指以ZC轴为参考创建正向或反向的基准轴。

8. 点和方向

"点和方向"是指通过指定固定点和已知的方向创建基准轴。如图 3-36 所示即为使用"点和方向"创建通过固定点并指定Z轴方向的基准轴。

9. 两点

"两点"是指通过在视图中选择出发点和终止点来创建矢量。如图 3-37 所示即为指定了"出发点"和"终止点"创建的基准轴。

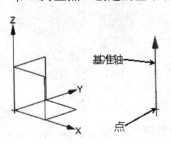

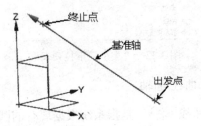

图 3-36　点和方向创建基准轴　　　　　　图 3-37　两点创建基准轴

3.2.3　基准 CSYS 构造类型

单击"特征"工具栏中的 (基准CSYS)按钮，弹出如图 3-38 所示的"基准CSYS"对话框。

单击"基准CSYS"对话框中"类型"右侧的 按钮，弹出如图 3-39 所示的"类型"下拉列表框，其中包括 11 种创建基准坐标系的类型。

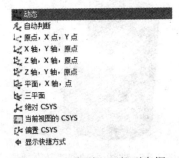

图 3-38　"基准 CSYS"对话框　　　　　图 3-39　"类型"下拉列表框

1. 动态

"动态"是指动态地拖动或回转坐标系到新位置。如图 3-40 所示即为将原坐标系进行拖动并回转得到的新坐标系。

2. 自动判断

"自动判断"是指系统根据用户选择的对象来判断将用什么方法来创建坐标系，如果用户选择了三个点，则系统就会用"原点，X点，Y点"来创建坐标系；如果用户选择了两个矢量，则系统就会用"X轴，Y轴"来创建坐标系。

3. 原点，X点，Y点

"原点，X点，Y点"是指通过指定坐标系的原点、X点和Y点来创建新的坐标系。如图 3-41 所示即为指定了"点A""点B"和"点C"创建的新坐标系。

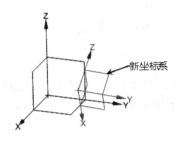

图 3-40　动态创建新坐标系

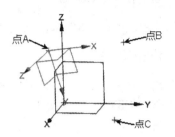

图 3-41　通过指定 3 点创建新坐标系

4. X轴，Y轴，原点

"X轴，Y轴，原点"是指通过指定坐标系的X轴、Y轴和原点来创建新坐标系。如图 3-42 所示即为通过指定原点、Z轴和X轴创建的基准坐标系。

5. Z轴，X轴，原点

"Z轴，X轴，原点"是指通过指定坐标系的Z轴、X轴和原点来创建新坐标系。

6. Z轴，Y轴，原点

"Z轴，Y轴，原点"是指通过指定坐标系的Z轴、Y轴和原点来创建新坐标系。

7. 平面，X轴，点

"平面，X轴，点"是指通过指定Z轴的平面、平面上的X轴和平面上的原点来创建新坐标系。如图 3-43 所示即为指定Z轴的平面、平面上的X轴和平面上的原点创建的基准坐标系。

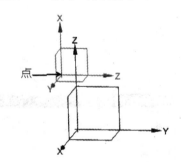

图 3-42　指定点和 2 矢量创建新坐标系

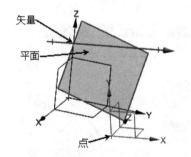

图 3-43　指定矢量、平面、点创建新坐标系

8. 三平面

"三平面"是指通过指定 3 个平面来定义一个坐标系，第一个平面的法向为X轴，第一个面与第二个面的交线为Z轴，三个平面的交点为坐标系的原点。

如图 3-44 所示即为依次单击"平面""XC-ZC平面"及"YC-ZC平面"创建的基准坐标系。

9. 绝对CSYS

"绝对CSYS"是指创建一个与绝对坐标系重合的坐标系。

10. 当前视图的CSYS

"当前视图的CSYS"是指创建一个和当前视图坐标系相同的坐标系。

11. 偏置CSYS

"偏置CSYS"是指通过设置偏置量来创建新坐标系,其提供了"WCS""绝对-显示部件"及"选定-CSYS"。如图 3-45 所示即为将绝对坐标系进行偏置回转后的新坐标系。

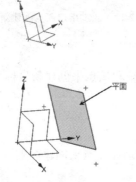

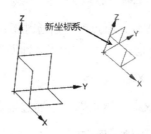

图 3-44 三平面创建新坐标系   图 3-45 偏置 CSYS 创建新坐标系

3.2.4 点构造类型

单击"特征"工具栏中的＋(点)按钮,弹出如图 3-46 所示的"点"对话框。

单击"点"对话框中"类型"右侧的▼按钮,弹出如图 3-47 所示的"类型"下拉列表框,其中包括 13 种创建基准点的类型。

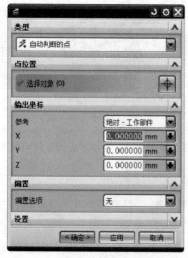

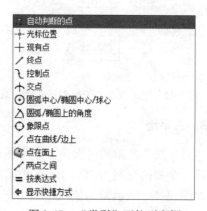

图 3-46 "点"对话框   图 3-47 "类型"下拉列表框

1．自动判断的点

"自动判断的点"是指系统自动选择离光标最近的特征点来创建点，如选择离光标最近的端点、节点、中点、交点、圆心等。当选择使用该方法创建点时，系统会实时捕捉离光标最近的特征，如图 3-48 所示。

2．光标位置

"光标位置"是指系统根据当前光标的位置来创建点。创建的新点坐标就是当前光标位置的坐标，这种方法不太容易确定点的具体位置，因此不经常使用。

利用"光标位置"创建点时，系统会把用户选择的光标位置以小圆球显示出来，如图 3-49 所示。

3．现有点

"现有点"是指在某个已存在点上创建新的点，或者通过某个已存在的点来规定新点的位置。此操作很简单，单击原有点设置参数即可。

4．终点

"终点"是指在选择的特征上所选的端点处创建点，如果选择的特征为圆，那么端点为零象限点。如图 3-50 所示即为单击实体特征圆弧边线的一端创建的点。

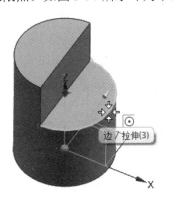 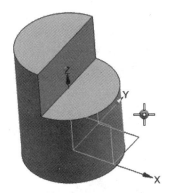 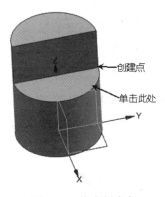

图 3-48　自动判断创建点　　　　图 3-49　光标位置创建点　　　　图 3-50　终点创建点

5．控制点

"控制点"是指以所有存在的直线的中点和端点，二次曲线的端点、圆弧的中点、端点和圆心或者样条曲线的端点极点为基点，创建新的点或指定新点的位置。如图 3-51 所示即为创建样条曲线的极点位置。

6．交点

"交点"是指根据用户在模型中选择的交点来创建新点，新点和选择的交点坐标完全相同。如图 3-52 所示即为由曲线和直线相交创建的点。

7. 圆弧中心/椭圆中心/球心

"圆弧中心/椭圆中心/球心"是指根据用户选择的圆弧中心/椭圆中心/球心来创建新点,新点的坐标和被选择的圆弧中心/椭圆中心/球心相同。

8. 圆弧/椭圆上的角度

在与坐标轴XC正向成一定角度的圆弧或椭圆上构造一个点或规定新点的位置。如图 3-53 所示即为在圆弧上创建的点。

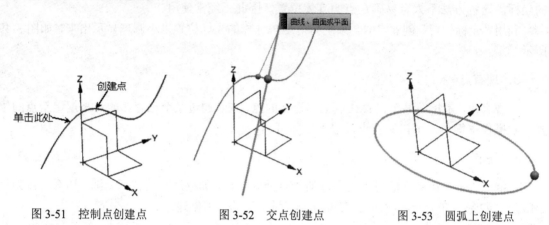

图 3-51　控制点创建点　　　图 3-52　交点创建点　　　图 3-53　圆弧上创建点

9. 象限点

"象限点"是指根据用户选择的象限点来创建新点,新点的坐标和被选择的象限点相同。当选择了象限点后,系统会以小圆球高亮显示,如图 3-54 所示。

10. 点在曲线/边上

"点在曲线/边上"是指根据在指定的曲线或边上取的点来创建点,新点的坐标和指定的点一样。

11. 点在面上

"点在面上"是指通过在特征面上设置U参数和V参数来创建点。如图 3-55 所示即为通过设置U参数和V参数在面上创建的点。

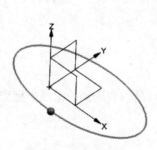

图 3-54　创建象限点

图 3-55　面上创建点

12．两点之间

"两点之间"是指通过指定不同两点并设置两点之间的位置百分比来创建点。

13．按表达式

"按表达式"是指通过创建表达式并指定参考点坐标来创建新点。

3.3　基本特征

"基本特征"是指一些比较简单且有规则的实体，如长方体、圆柱体等，它们一般作为零件的主体部分，而其他的特征建模均在其主体上进行。下面分别介绍一下NX 8.0中基本特征的创建。

3.3.1　长方体

用户可通过定义拐角位置和尺寸来创建长方体块特征，此方式创建长方体特征是基于已绘制的空间点和参数来操作的。具体操作步骤如下：

步骤01　利用草图绘制模块在"XC-YC"平面上绘制如图 3-56 所示的点，点至 Y 轴距离为 80mm，点至 X 轴的距离为 100mm，完成绘制后单击 🔲（完成草图）按钮，退出草图绘制。

步骤02　单击 📦（长方体）按钮，弹出"块"对话框，在"类型"下拉列表框中选择"原点和边长"，单击步骤（1）绘制的点作为"原点"，设置"尺寸"下面的"长度"为100mm，"宽度"为80mm，"高度"为60mm；在"布尔"下拉列表框中选择"无"，如图 3-57 所示。

步骤03　单击"确定"按钮，完成长方体块的创建，如图 3-58 所示。

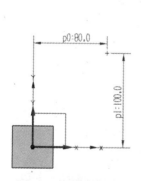

图 3-56　绘制草图点

图 3-57　"块"对话框

图 3-58　创建长方体块

单击"类型"右侧的 ▾ 按钮，弹出如图 3-59 所示的下拉列表框，用户还可使用"两点和高度"或"两个对角点"的方式创建长方体块。

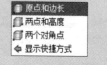

图 3-59　创建块的类型

读者也许在菜单和工具栏找不到本节中的这几个命令，这是因为软件将这些命令默认为隐藏状态，可执行"帮助"→"命令查找器"命令，在"命令查找器"对话框中输入名称进行查找，如图 3-60 所示。

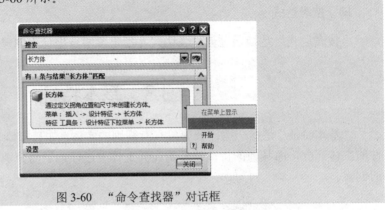

图 3-60　"命令查找器"对话框

3.3.2　圆柱体

圆柱体可以看作是以长方体的一条边为回转中心线，并绕其回转 360°所形成的实体。NX 8.0 提供了定义轴、直径和高度的方式来创建圆柱。

具体操作步骤如下：

步骤 01　与上一小节相同，首先在原点外创建一点。

步骤 02　单击　（圆柱）按钮，弹出"圆柱"对话框，在"类型"下拉列表框中选择"轴、直径和高度"，单击 X 轴作为指定矢量，单击步骤（1）绘制的点作为指定点；设置"尺寸"下面的"直径"为 50mm，"高度"为 100mm，在"布尔"下拉列表框中选择"无"，如图 3-61 所示。

步骤 03　单击"确定"按钮，完成圆柱的创建，如图 3-62 所示。

图 3-61　"圆柱"对话框

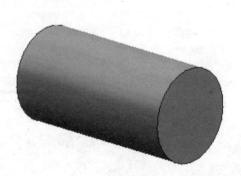

图 3-62　创建圆柱

3.3.3　圆锥

执行"插入"→"设置特征"→"圆锥"命令，或者单击"特征"工具栏中的 △（圆锥）按钮，即可弹出如图 3-63 所示的"圆锥"对话框。

圆锥的创建方法包含"直径和高度""直径和半角""底部直径，高度和半角""顶部直径，高度和半角"和"两个共轴的圆弧"5 种类型。

1. 直径和高度

"直径和高度"是指通过设置圆锥的直径和高度来确定圆锥的外形。其创建步骤如下：

步骤 01　在对话框的"类型"下拉列表框中选择"直径和高度"。

步骤 02　在"轴"选项组中通过矢量构造器指定一个矢量作为圆锥的矢量方向，如图 3-64 所示；通过点构造器指定圆锥的创建位置。

步骤 03　在"尺寸"选项组中设置圆锥的"底部直径""顶部直径"和"高度"。

步骤 04　确定布尔操作，完毕后单击"确定"按钮即可完成圆锥的创建。

图 3-63　"圆锥"对话框

图 3-64　"矢量"对话框

2. 直径和半角

"直径和半角"是指通过设置圆锥的直径和锥顶的半角来确定圆锥的外形。其创建步骤如下：

步骤 01　在对话框的"类型"下拉列表框中选择"直径和半角"。

步骤 02　在"轴"选项组中通过矢量构造器指定一个矢量作为圆锥的矢量方向；通过点构造器指定圆锥的创建位置。

步骤 03　在"尺寸"选项组中设置圆锥的"底部直径""顶部直径"和"半角"，如图 3-65 所示。

步骤 04　确定布尔操作，完毕后单击"确定"按钮即可完成圆锥的创建。

3. 底部直径，高度和半角

"底部直径，高度和半角"是指通过设置圆锥的底部直径，高度和半角来确定圆锥的外形。其创建步骤如下：

步骤01 在对话框的"类型"下拉列表框中选择"底部直径，高度和半角"。

步骤02 在"轴"下拉列表框中通过矢量构造器指定一个矢量作为圆锥的矢量方向；通过点构造器指定圆锥的创建位置。

步骤03 在"尺寸"下拉列表框中设置圆锥的"底部直径""高度"和"半角"，如图3-66所示。

步骤04 确定布尔操作，完毕后单击"确定"按钮即可完成圆锥的创建。

4. 顶部直径，高度和半角

"顶部直径，高度和半角"是指通过设置圆锥的顶部直径，高度和半角来确定圆锥的外形。其创建步骤如下：

步骤01 在对话框的"类型"下拉列表框中选择"顶部直径，高度和半角"。

步骤02 在"轴"选项组中通过矢量构造器指定一个矢量作为圆锥的矢量方向；通过点构造器指定圆锥的创建位置。

图 3-65　直径和半角

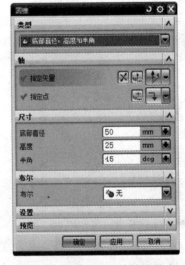

图 3-66　底部直径，高度和半角

步骤03 在"尺寸"选项组中设置圆锥的"顶部直径""高度"和"半角"，如图3-67所示。

步骤04 确定布尔操作，完毕后单击"确定"按钮即可完成圆锥的创建。

5. 两个共轴的圆弧

"两个共轴的圆弧"是指通过指定两个共轴的圆弧作为圆锥的上顶面和下底面，从而来确定圆锥的外形。其的创建步骤如下：

步骤01 在对话框的"类型"下拉列表框中选择"两个共轴的圆弧"，如图3-68所示。

图 3-67　顶部直径，高度和半角

图 3-68　两个共轴的圆弧

步骤**02** 在"顶部圆弧"选项组中选择模型中的顶部圆弧 2，在"底部圆弧"选项组中选择模型中的顶部圆弧 1，如图 3-69 所示。

步骤**03** 确定布尔操作，完毕后单击"确定"按钮即可完成圆锥的创建。所创建的圆锥如图 3-70 所示。

图 3-69　选择圆弧

图 3-70　创建圆锥效果图

3.3.4　球

　　"球"是指通过设置其位置和半径来创建球。执行"插入"→"设置特征"→"球"命令，或者单击"特征"工具栏中的 ●（球）按钮，即可弹出如图 3-71 所示的"球"对话框。

　　球的创建方式包含"中心点和直径"和"圆弧"两种类型，每一种类型所需设置的参数是不同的。

1．中心点和直径

　　"中心点和直径"是通过指定球的直径和球心来确定球的尺寸和位置，其创建步骤如下：

步骤**01** 在对话框的"类型"下拉列表框中选择"中心点和直径"。

步骤 02 在对话框中单击"中心点"选项组中的点构造器 ⊞ 按钮，弹出如图 3-72 所示的"点"对话框，设置所建立球心的位置。

步骤 03 在"尺寸"选项组中设置球的直径，指定布尔操作，完毕后单击"确定"按钮即可完成球的创建。

图 3-71　"球"对话框

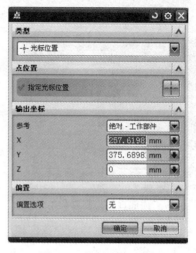

图 3-72　"点"对话框

2．圆弧

"圆弧"是指通过指定圆弧来创建球，球的过球心的圆和指定圆弧重合，从而确定球的尺寸和位置。其创建步骤如下：

步骤 01 在对话框的"类型"下拉列表框中选择"圆弧"，如图 3-73 所示。

步骤 02 在模型中选择圆弧，如图 3-74 所示；指定布尔操作，单击"确定"按钮，效果如图 3-75 所示。

图 3-73　"球"对话框

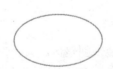

图 3-74　选择圆弧示意图

图 3-75　创建球效果图

3.4　扫描特征

扫描是指通过将二维轮廓沿某一引导线扫描生成三维实体的方法，是生成非规则实体的有效方法。最常用的扫描特征共有 4 种，分别为拉伸、回转、沿引导线扫掠和管道。

3.4.1 拉伸

拉伸实体特征是将封闭截面轮廓草图进行拉伸从而创建的实体特征,截面轮廓草图可以是一个或多个封闭环,封闭环之间不能自交。具体操作步骤如下:

步骤 01 使用草图绘制模块在"XC-YC"基准平面绘制如图 3-76 所示的草图轮廓,草图轮廓是由矩形和圆嵌套组成。

步骤 02 单击 (拉伸) 按钮,弹出"拉伸"对话框,单击绘制的草图轮廓作为"截面",默认曲线的法向方向为拉伸方向;在"限制"下面的"开始"下拉列表框中选择"值",设置"距离"为-100mm;在"结束"下拉列表框中选择"值",设置"距离"为 100mm;在"布尔"下面的"布尔"下拉列表框中选择"自动判断"或"无",如图 3-77 所示。

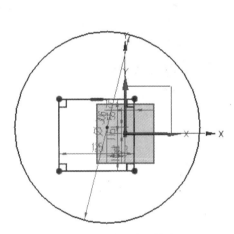

图 3-76 绘制草图轮廓

图 3-77 "拉伸"对话框

步骤 03 单击"确定"按钮,完成拉伸特征的创建,如图 3-78 所示。

步骤 04 再次单击 (拉伸) 按钮,弹出"拉伸"对话框,如图 3-79 所示单击创建的实体特征上平面外延边线作为"截面"。

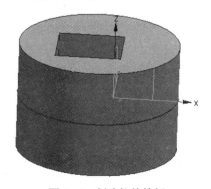

图 3-78 创建拉伸特征

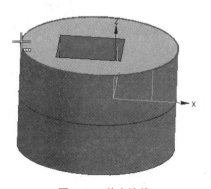

图 3-79 单击边线

步骤05 默认曲线的法向方向为拉伸方向；在"限制"下面的"开始"下拉列表框中选择"值"，设置"距离"为0mm；在"结束"下拉列表框中选择"值"，设置"距离"为50mm；在"布尔"下面的"布尔"下拉列表框中选择"自动判断"或"求和"，如图3-80所示。

步骤06 单击"确定"按钮，完成拉伸特征的创建，如图3-81所示。

图 3-80 "拉伸"对话框

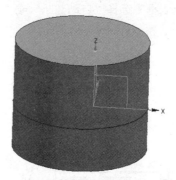

图 3-81 创建拉伸特征

 用户也可使用"拉伸"命令创建曲面片体拉伸特征，参考的草图轮廓可以是开放轮廓亦可以为闭合轮廓。

求和布尔操作指的是将后创建的特征与先创建的特征通过求和的方式联系在一起，从而使两个特征成为同一个特征。

3.4.2 回转

回转特征是由特征截面曲线绕回转中心线进行回转从而创建的一种实体特征，它适合于构造回转体零件特征。具体操作步骤如下：

步骤01 使用草图绘制模块在"XC-YC"基准平面绘制如图3-82所示的草图轮廓，草图轮廓起点和终点与Y轴相交。

步骤02 单击 (回转)按钮，弹出"回转"对话框，单击绘制的草图轮廓作为"截面"，单击"轴"下面"指定矢量"选项后的Y轴（作为回转轴）；在"限制"下面的"开始"下拉列表框中选择"值"，设置"角度"为0deg；在"结束"下拉列表框中选择"值"，设置"角度"为360deg；在"布尔"下拉列表框中选择"无"，如图3-83所示。

步骤03 单击"确定"按钮，创建回转实体特征，如图3-84所示。

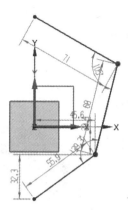

图 3-82　创建草图轮廓

图 3-83　"回转"对话框

"限制"设置时，本操作角度开始值必须为 0，结束值必须为 360deg，否则创建的零件为曲面片体，若用户需创建一回转角度小于 360deg 的实体,可绘制闭合轮廓后进行回转，如图 3-85 所示即为闭合轮廓回转 180deg 的实体特征。

本小节是将 Y 轴作为回转轴进行的回转操作，用户可通过创建回转曲线或创建参考轴来提供所需的回转轴。

图 3-84　创建 360deg 回转实体

图 3-85　创建 180deg 回转实体

3.4.3　沿引导线扫掠

沿引导线扫掠是沿着一定的引导线进行扫掠操作，可将实体表面、实体边缘、曲线或链接曲线创建为实体或片体。具体操作步骤如下：

步骤 01　以"XC-ZC"基准面为草绘平面创建直径为 80mm 的圆轮廓，以"XC-YC"平面为草绘平面创建样条曲线（样条曲线绘制随意，但为保证绘图效果，曲线应尽量长一些），完成曲线创建，如图 3-86 所示。

步骤 02 单击 (沿引导线扫掠) 按钮,弹出 "沿引导线扫掠" 对话框,单击圆轮廓作为 "截面" 曲线,单击样条曲线作为 "引导线";设置 "偏置" 下面的 "第一偏置" 为 10mm,"第二偏置" 为 5mm;在 "布尔" 下拉列表框中选择 "无",如图 3-87 所示。

步骤 03 单击 "确定" 按钮,完成沿引导线扫掠特征的创建,如图 3-88 所示。

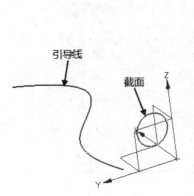

图 3-86　单条引导线扫掠　　　　图 3-87　"沿引导线扫掠"　　　图 3-88　创建偏置沿引导线扫掠特征
　　　　　　　　　　　　　　　　　　　　　对话框

 通过设置 "偏置" 下面的 "第一偏置" 和 "第二偏置" 的数值,来确定扫掠特征挖空的直径,若两偏置的数值都为 0,则创建的扫掠特征为实心特征,如图 3-89 所示。

图 3-89　创建实心沿引导线扫掠特征

3.4.4　管道

管道是以圆形截面为扫掠对象,沿曲线扫掠创建的实心或空心的管子。具体操作步骤如下:

步骤 01 本小节需使用一条曲线作为路径,因此使用上小节的样条曲线作为路径。单击 (管道) 按钮,弹出 "管道" 对话框。

步骤 02 单击样条曲线作为路径,设置 "横截面" 的 "外径" 为 80mm,"内径" 为 60mm,如图 3-90 所示。

步骤 03 单击 "确定" 按钮,完成管道特征的创建,如图 3-91 所示。

图 3-90 "管道"对话框

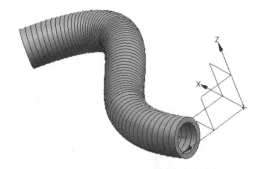

图 3-91 创建多段管道特征

 如果用户为第一次创建管道特征，软件会默认创建的管道为多段式管道。如图 3-92 所示，在"设置"下面的"输出"下拉列表框中选择"单段"，单击"确定"按钮，完成管道特征的创建，如图 3-93 所示。

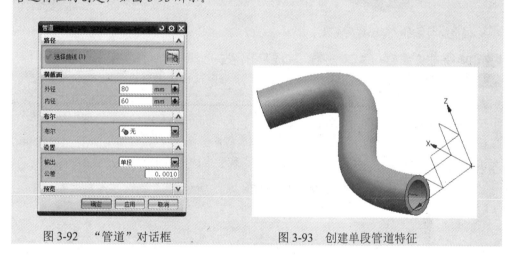

图 3-92 "管道"对话框

图 3-93 创建单段管道特征

3.5 标准成形特征

标准成形特征是更接近于真实情况的一种特征，它是在已有实体上进行材料去除或材料添加来形成新的特征。标准成形特征包括了很多种，本节将介绍两种最常用的特征：孔特征和螺纹特征。

3.5.1 孔

孔特征是指在实体模型中去除圆柱、圆锥或同时存在的两种特征的实体而形成的实体特征。孔特征包括常规孔、钻形孔、螺纹间隙孔、螺纹孔和孔系列，本小节以创建螺纹孔为例进行介绍。具体操作步骤如下：

步骤 01 创建一底面为 100mm×100mm，高为 80mm 的长方体块，如图 3-94 所示。单击 (孔)按钮，弹出"孔"对话框。

首次使用"孔"命令，"孔"对话框中的"类型"默认选择"常规孔"。

步骤 02 在"类型"下拉列表框中选择"螺纹孔"，单击长方体块的上表面作为指定点的位置面，同时激活草图绘制模块，使用尺寸约束定义点的位置，如图 3-95 所示。

图 3-94　创建长方体块

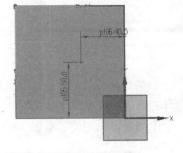

图 3-95　设置点位置

步骤 03 完成位置定义后，单击 （完成草图）按钮，退出草绘模块，并重新弹出"孔"对话框。

步骤 04 在"方向"下面的"孔方向"下拉列表框中选择"垂直于面"，在"形状和尺寸"下面的"大小"下拉列表框中选择 M20×2.5，在"径向进刀"下拉列表框中选择 0.75，在"深度类型"下拉列表框中选择"定制"，设置"螺纹深度"为 30mm；选中"用手习惯"下面的"右手"单选按钮；在"尺寸"下面的"深度限制"下拉列表框中选择"值"，设置"深度"为 50mm，"顶锥角"为 120deg；在"布尔"下面的"布尔"下拉列表框中选择"求差"，如图 3-96 所示。

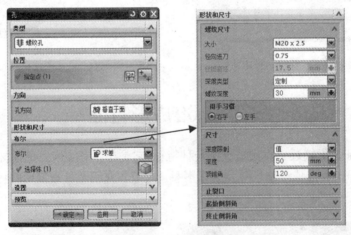

图 3-96　"孔"对话框

步骤 05 完成设置后的预览效果如图 3-97 所示，单击"孔"对话框中的"确定"按钮，即可创建螺纹孔特征。使用"编辑工作截面"命令将长方体块进行剖切，得到如图 3-98 所示的视图。

 孔特征还包括常规孔、钻形孔、螺纹间隙孔和孔系列，其余孔特征的创建类似于螺纹孔特征的创建，请用户参考本小节操作步骤试创建其余孔特征。

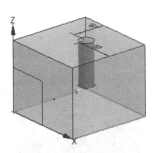

图 3-97 螺纹孔预览效果图

图 3-98 编辑工作截面视图

3.5.2 螺纹

"螺纹"是指在旋转实体表面上创建的沿螺旋线所形成的具有相同剖面的连续的凸起或凹槽特征。圆柱体外表面上形成的叫外螺纹，内表面形成的叫内螺纹。

NX 8.0 提供了两种创建螺纹的方式：符号螺纹和详细螺纹。符号螺纹仅创建螺纹线代表实体已创建了螺纹；而详细螺纹可创建螺纹实体。本小节将介绍详细螺纹，具体操作步骤如下：

步骤 01 创建长方体凸台并在凸台上创建以圆柱孔（常规孔或拉伸切除都可），如图 3-99 所示。单击 🔩（螺纹）按钮，弹出如图 3-100 所示的"螺纹"对话框。

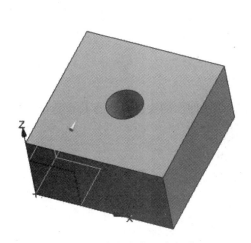

图 3-99 创建长方体凸台及孔

图 3-100 "螺纹"对话框

步骤 02 选中"螺纹类型"下面的"详细"单选按钮，并单击圆柱孔内侧面，软件自动识别孔直径及长度，并给予合适的螺纹数据，如图 3-101 所示。

步骤 03 单击"确定"按钮，即可创建详细螺纹，如图 3-102 所示。

图 3-101 "螺纹"对话框设置

图 3-102 创建详细螺纹

 若软件自动识别的数据不是用户想要的数据，用户可自行改变数据值，创建适合自己的详细螺纹。

3.6 实例进阶——泵体零件建模

前面介绍了基准、基本特征、扫描特征等命令的详细使用方法，现在以一个泵体零件的建模过程将这些内容进行综合运用。如图 3-103 所示为完成实体特征创建的零件模型，创建过程中也许会提到未讲到的命令，请参看下一章内容。

起始文件	下载文件/example/Char03/beng.prt
结果文件	下载文件/result/Char03/beng01.prt
视频文件	下载文件/video/Char03/泵体建模.avi

3.6.1 拉伸创建两端

按照路径打开起始文件并创建拉伸实体，然后在拉伸出的实体上进行其余特征的操作。具体操作步骤如下：

步骤 01 根据起始文件路径打开 beng.prt 文件，如图 3-104 所示。

图 3-103 泵体完成图

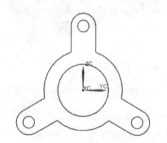

图 3-104 起始文件视图

步骤 02 单击 ▦ （拉伸）按钮，弹出"拉伸"对话框。

❶ 单击起始文件视图中的草图轮廓作为"截面"曲线，单击 Z 轴作为"方向"矢量，在"限制"下面的"开始"下拉列表框中选择"值"，设置第一个"距离"为 0mm。

❷ 在"结束"下拉列表框中选择"值"，设置第二个"距离"为 15mm。

❸ 在"设置"下面的"体类型"下拉列表框中选择"实体"，"公差"使用默认设置，如图 3-105 所示。此时，得到拉伸预览效果如图 3-106 所示。

步骤 03 单击"应用"按钮，即可创建第一个拉伸实体，如图 3-107 所示。

图 3-105　"拉伸"对话框设置

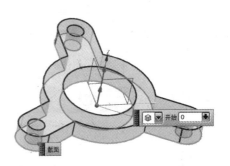

图 3-106　第一个拉伸预览效果图

步骤 04 继续在"拉伸"对话框中进行设置，单击起始文件视图中的草图轮廓作为"截面"曲线，单击 Z 轴作为"方向"矢量，在"限制"下面的"开始"下拉列表框中选择"值"，设置第一个"距离"为 80mm。

❶ 在"结束"下拉列表框中选择"值"，设置第二个"距离"为 95mm。

❷ 在"布尔"下拉列表框中选择"无"，在"设置"下面的"体类型"下拉列表框中选择"实体"，"公差"使用默认设置，如图 3-108 所示。此时，得到拉伸预览效果如图 3-109 所示。

图 3-108　"拉伸"对话框设置

图 3-107　第一个拉伸实体视图

步骤 **05** 单击"拉伸"对话框"确定"按钮，即可创建第二个拉伸实体，如图 3-110 所示。

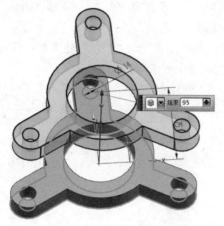

图 3-109　第二个拉伸预览效果图

图 3-110　第二个拉伸实体视图

3.6.2　创建辅助草图，创建零件中间体

通过投影、桥接曲线的方法创建辅助草图，完成后使用辅助草图创建零件中间体，从而将两端实体连接起来。具体操作步骤如下：

步骤 **01** 执行"插入"→"来自曲线集的曲线"→"投影"命令，弹出如图 3-111 所示的"投影曲线"对话框。

步骤 **02** 单击如图 3-112 所示的"边 1""边 2""边 3"和"边 4"作为"要投影的曲线或点"，单击图中的"平面"作为要投影对象的"指定平面"。

步骤 **03** 在"投影曲线"对话框中"投影方向"下面的"方向"下拉列表框中选择"沿面的法向"，如图 3-113 所示。

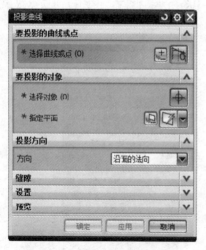

图 3-111　"投影曲线"对话框

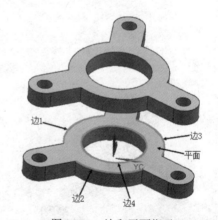

图 3-112　边和平面指示

步骤 **04** 完成设置后，单击"确定"按钮，即可创建投影曲线，如图 3-114 所示。

步骤05 执行"插入"→"来自曲线集的曲线"→"桥接"命令，弹出"桥接曲线"对话框。

图 3-113 "投影曲线"对话框设置

图 3-114 完成投影曲线操作

步骤06 单击如图 3-115 所示的"曲线 1"作为起始曲线，单击"曲线 2"作为终止曲线。

步骤07 在"形状控制"下面的"类型"下拉列表框选择"相切幅值"，设置"起点"为 1，"终点"为 1，如图 3-116 所示。

步骤08 完成设置后，单击"确定"按钮，即可完成桥接曲线的创建，如图 3-117 所示。

图 3-115 桥接曲线指示图

图 3-116 "桥接曲线"对话框

图 3-117 创建的桥接曲线

步骤09 重复步骤（5）（6）（7）的操作，分别创建另两个桥接曲线，如图 3-118 所示。

步骤10 单击 （拉伸）按钮，弹出"拉伸"对话框。

❶ 单击前面创建的投影曲线和桥接曲线作为"截面"曲线，单击 Z 轴作为"方向"矢量，在"限制"下面的"开始"下拉列表框中选择"值"，设置第一个"距离"为 0mm。

❷ 在"结束"下拉列表框中选择"值"，设置第二个"距离"为 65mm。

❸ 在"布尔"下拉列表框中选择"无"，在"设置"下面的"体类型"下拉列表框中选择"实体"，"公差"使用默认设置，如图 3-119 所示。此时，得到拉伸预览效果如图 3-120 所示。

步骤11 单击"应用"按钮，即可创建拉伸实体，如图 3-121 所示。

图 3-119　"拉伸"对话框设置

图 3-118　创建桥接曲线

图 3-120　拉伸预览效果图

图 3-121　拉伸实体结果

3.6.3　创建圆柱，求和、倒圆、打孔

完成中间体创建后，仅余壁上圆柱未进行创建，本小节将介绍它的创建方法，以及对整个零件进行求和、倒圆并创建孔的过程。具体操作步骤如下：

步骤 01　执行"插入"→"设计特征"→"圆柱体"命令，弹出"圆柱"对话框。

步骤 02　在"类型"下拉列表框中选择"轴、直径和高度"选项，指定 Y 轴负方向为矢量轴，单击"指定点"右侧的 🔲（点对话框）按钮，弹出"点"对话框。在"类型"下拉列表框中选择"光标位置"选项，在"坐标"下面的"参考"下拉列表框中选择"WCS"，设置 XC 为 0mm，YC 为-15mm，ZC 为 42.5mm，如图 3-122 所示。

步骤 03　单击"点"对话框中的"确定"按钮，完成点的定位并返回到"圆柱"对话框中，继续进行"圆柱"对话框的设置。设置"尺寸"下面的"直径"为 60mm，"高度"为 40mm，在"布尔"下拉列表框选择"无"，如图 3-123 所示。

图 3-122　"点"对话框设置

图 3-123　"圆柱"对话框设置

步骤 04 单击"圆柱"对话框中的"确定"按钮，即可完成圆柱的创建，如图 3-124 所示。

步骤 05 单击 (求和) 按钮，弹出"求和"对话框，单击下端实体作为"目标"，单击其余 3 个实体作为"工具"，取消选中"设置"下面的"保存目标"和"保存工具"复选框，"公差"使用默认设置，如图 3-125 所示。

图 3-124　完成小圆柱体的创建

图 3-125　"求和"对话框设置

步骤 06 单击"求和"对话框中的"确定"按钮，即可完成求和操作，求和结果如图 3-126 所示。

步骤 07 单击 (边倒圆) 按钮，弹出"边倒圆"对话框，在"形状"下拉列表框中选择"圆形"选项，设置"半径 1"为 1mm，如图 3-127 所示。

图 3-126　完成求和操作后视图

图 3-127　"边倒圆"对话框设置

步骤 **08** 单击小圆柱的边作为"要倒圆的边",单击"边倒圆"对话框中的"确定"按钮,即可创建边倒圆,如图 3-128 所示。

步骤 **09** 利用同样的方法,对其余的棱角边进行半径为 2mm 的边倒圆,最后得到如图 3-129 所示的结果。

图 3-128　完成圆柱倒圆

图 3-129　完成其余棱边倒圆

步骤 **10** 单击 ⬛ (孔) 按钮,弹出"孔"对话框。

❶ 在"类型"下拉列表框选择"常规孔",单击"位置"下面的 ⬚ (绘制截面) 按钮,在小圆柱的侧平面上选择中心点作为草图点。

❷ 在"方向"下面的"孔方向"下拉列表框中选择"垂直于面";在"形状和尺寸"下面的"成形"下拉列表框中选择"简单",设置"直径"为 30mm,在"深度限制"下拉列表框中选择"直至下一个"。

❸ 在"布尔"下拉列表框中选择"求差"选项,如图 3-130 所示。

步骤 **11** 单击"孔"对话框中的"确定"按钮,即可创建常规孔,如图 3-131 所示。此时即完成了本零件设计的所有操作。

图 3-130　"孔"对话框设置

图 3-131　完成孔创建后的结果

3.7 本章小结

本章介绍了实体建模模块进行建模所需的各种命令，包括基准创建、扫描特征创建、基本特征、标准成形特征创建等，并且使用实例综合介绍了本章的命令操作。作为NX 8.0 基本章节，本章所有内容需要用户熟练掌握。

3.8 习 题

一、填空题

1．基体特征模型是实体建模的基础，通过相关操作可以创建各种基本实体，用户可直接使用_____创建块、球、_____、_____等基体特征，也可通过_____、_____的方法创建基体特征。

2．拉伸实体特征是将_____轮廓草图进行拉伸从而创建的实体特征，截面轮廓草图可以是一个或多个_____，_____之间不能自交。

3．扫掠就是沿一定的扫描轨迹，使用二维草图创建三维实体的过程。创建扫掠特征的命令包括_____、_____、沿引导线扫掠和_____ 4 种。

4．孔特征是指在实体模型中去除_____、_____或同时存在的两种特征的实体而形成的实体特征。孔特征包括_____、_____、螺纹间隙孔、_____和孔系列，本小节以创建螺纹孔的操作为例介绍操作步骤。

5.在_____或成一定角度的_____内创建的具有实体截面形状特征的草图轮廓线和具有实体曲率特征的扫掠路径曲线，使用"扫掠"命令即可创建所需的实体。

6．沿引导线扫掠是沿着一定的引导线进行扫掠操作，可将_____、_____、曲线或者_____创建为实体或者片体。

二、填空题

1．实体建模的特点有哪些？
2．实体建模的一般设计流程是什么？

三、上机操作

请绘制生活中的简单实物，例如杯子、水瓶等简单的实物模型。

第 4 章 特征操作与编辑

本章将介绍进行实体编辑所需的各种命令，包括细节特征操作、布尔运算、修剪特征、实体编辑等。

学习目标：

- 熟练掌握实体编辑命令的各种用法
- 熟练掌握细节特征操作及修剪特征的各种用法
- 熟练掌握布尔运算的操作方法
- 掌握实例的创建过程

4.1 实例试做——轴承建模

如图 4-1 所示为球轴承模型，如图 4-2 和图 4-3 所以为球轴承模型的分解图，轴承的内外圈可以利用截面曲线绕中心轴回转的方式得到。

图 4-1 轴承模型

图 4-2 内外圈

根据图 4-4 对滚动球轴承的滚动体和保持架结构进行建模分析，可将其分解为若干个相同的小单元体。可以使用编辑特征中的变换功能，先建立单元体模型，然后将模型阵列即可得到保持架和所有的滚动体。

图 4-3　保持架和滚动体

图 4-4　拆分单元体

结果文件	下载文件/result/Char04/zhoucheng.prt
视频文件	下载文件/video/video/Char04/轴承创建.avi

步骤 **01** 准备工作。确定建模方案后，启动 UG 软件并新建文件，文件名称为 zhoucheng.prt，如图 4-5 所示。

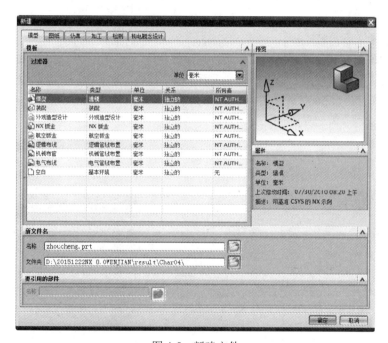

图 4-5　新建文件

步骤 **02** 创建轴承内圈和外圈。

❶ 选择"插入"→"草图"命令，或者单击工具栏中的 （草图）按钮，弹出如图 4-6 所示的"创建草图"对话框并进行设置；按如图 4-7 所示选择草图平面 XY，单击"确定"按钮进入草图界面绘制草图。

图 4-6　"创建草图"对话框

图 4-7　选择草图平面

❷ 进入草图环境后，按照如图 4-8 所示的截面形状绘制草图。选择"插入"→"矩形"命令或单击工具栏中的 ▭（矩形）按钮。矩形第一角点（10，-3.5），宽度为 2，高度为 7，鼠标向右上角定位；重复使用矩形特征，第一角点（16，-3.5），宽度为 1.85，高度为 7，鼠标向左上角定位。选择"插入"→"圆"命令或单击工具栏中的 ◯（圆形）按钮，以（13，0）为圆心，直径为 3.6 绘制圆；单击工具栏中的 ◗（圆角）命令，将矩形的 4 个角全部倒圆角，半径为 0.4；单击工具栏中的 ✲（修剪）按钮进行修剪，保留内圈和外圈截面，单击工具栏中的 ▨（完成草图）按钮。（轴承尺寸采用 61804 球轴承，不再赘述）

❸ 完成草图绘制后，选择"插入"→"设计特征"→"回转"命令，或者单击工具栏中的 ▨（回转）按钮，弹出如图 4-9 所示的"回转"对话框，指定矢量为 Y 轴，设置回转"角度"为 360°，如图 4-10 所示；单击"确定"按钮完成该特征的创建，如图 4-11 所示。

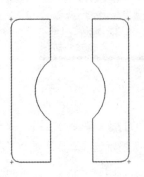

图 4-8　草图截面特征

图 4-9　"回转"对话框设置

图 4-10　回转特征

图 4-11　内外圈模型

步骤 03　滚动体建模。

❶ 为了方便进行滚动体模型的建立，将内外圈模型隐藏；单击建立的内外圈模型，其为高亮显示，单击右键并选择"隐藏"命令，如图 4-12 所示。此时，内外圈模型已经隐藏，只有截面曲线。

❷ 单击工具栏中的 ⬤（球）按钮，弹出如图 4-13 所示的"球"对话框，选择"中心点和直径"方式，中心点为（13，0，0）；单击"指定点"按钮打开如图 4-14 所示的"点"对话框，设置后单击"确定"按钮返回到"球"对话框，单击"确定"按钮即可得到如图 4-15 所示的单个滚动体模型。

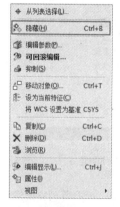

图 4-12　隐藏内外圈

图 4-13　"球"对话框设置

图 4-14　"点"对话框

图 4-15　滚动体模型（内外圈隐藏）

❸ 单击建立的滚动体模型，选择"插入（S）"→"关联复制（A）"→"对特征形成图样"命令，弹出如图 4-16 所示的对话框，单击"选择特征"选择操作区域中的滚动体模型，此时滚动体模型高亮显示，如图 4-17 所示。

❹ 在"阵列定义"选项组的"布局"下拉列表框中选择"圆形"选项，如图 4-18 所示；然后单击"指定矢量"，在操作区域中单击 Y 轴进行选择，指定点设置为坐标原点。

❺ 在"角度方向"选项组的"间距"下拉列表框中选择"数量和节距"，设置"数量"为 12，"节距角"为 30，即在圆周范围内均匀阵列 12 个滚动体特征，如图 4-19 所示。

❻ 单击"确定"按钮即可得到如图 4-20 所示的滚动体阵列。此时，将原来隐藏的轴承内外圈实体模型恢复显示，即可得到如图 4-21 所示的模型实体。

图 4-16 阵列特征

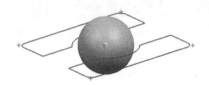

图 4-17 阵列中心点选择

图 4-18 阵列类型选择

图 4-19 选择阵列特征值

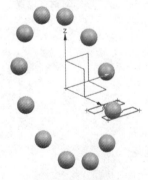

图 4-20 滚动体模型（内外圈隐藏）

图 4-21 模型实体视图

 以上滚动体阵列模型的建立也可以通过"编辑"→"变换"命令来实现，这里不再赘述。

步骤 04 保持架模型的建立。

❶ 通过滚动体阵列的建模过程分析可以将保持架分割成小单元体，然后建立单元集合体的阵列就能得到整体保持架。

❷ 保持架单元体模型如图 4-22 所示，可以通过不同特征体之间的布尔运算得到。

❸ 根据步骤（2）中绘制草图的操作过程，进入草图绘制界面并以 XZ 平面作为草图平面。选择"插入"→"曲线"→"圆"命令，或者单击工具栏中的 ○（圆形）按钮绘制两个同心圆，以原点（0，0，0）为圆心，直径分别为 24.8 和 27.5。然后以原点为起点任意绘制两条直线并与两同心圆相交，单击工具栏中的约束按钮，约束两直线夹角为 30°，同时约束其中一条直线与 X 轴间的夹角为 15°，从而保证两条直线对称分布在 X 轴两侧，如图 4-23 所示。然后单击工具栏中的 ⛏（修剪）按钮进行修剪，得到图中所示的曲线结构。

图 4-22　保持架单元体

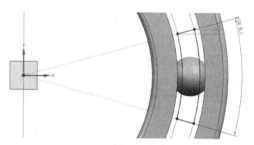
图 4-23　模型实体线框视图

❹ 将草图拉伸，选择"插入"→"设计特征"→"拉伸"命令，或者单击工具栏中的 ▥（拉伸）按钮，弹出如图 4-24 所示的"拉伸"对话框，设置拉伸的开始距离为-0.5mm，结束距离为 0.5mm，然后单击"确定"按钮，得到实体如图 4-25 所示。

图 4-24　"拉伸"对话框

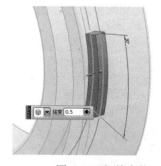
图 4-25　拉伸实体

❺ 按照步骤（3）绘制滚动体中绘制圆的步骤，绘制球体 1，如图 4-26 和图 4-27 中所示设置球体的参数，即"直径"为 4.6，球心为（13,0,0），"布尔"运算为"求和"，选择前面创建的弧形体求和。

图 4-26 球体参数

图 4-27 球体位置

❻ 然后绘制球体 2，如图 4-28 和图 4-29 设置球体的各个参数，与之前得到的实体布尔运算求差，得到的实体是具有球形空腔的。

图 4-28 球体参数

图 4-29 球体位置

❼ 此时得到内部有球形空腔的几何体，如图 4-30 所示。再次绘制球体，如图 4-31 和图 4-32 所示设置球体参数和位置，以原点为球心，直径为 24.8 并与现有几何体布尔运算求差，得到图 4-33 所示的几何体。

图 4-30 模型实体视图

图 4-31 球体参数

图 4-32　球体位置

图 4-33　模型实体

❽ 此时，可以看到几何体内部显露出球形空腔。再次以原点为球心，以 27.5 为直径绘制球体，如图 4-34 和图 4-35 设置球体参数，并进行几何体布尔运算求交，得到如图 4-36 所示的几何体，即保持架的单元体。

图 4-34　球体参数

图 4-35　球体位置

图 4-36　保持架单元体

❾ 将隐藏的滚动体阵列显示出来，如图 4-37 所示。继续进行操作，在 UG NX 中将保持架单元体阵列即可得到完整的保持架结构。

❿ 选择"插入"→"关联复制（A）"→"对特征形成图样"命令，将所得的保持架单元体进行阵列，此时 UG NX 弹出如图 4-38 所示的对话框。

⓫ 选择保持架单元体，在"布局"下拉列表框中选择"圆形"，在"旋转轴"选项组中选择"指定矢量"为 Y 轴，在"角度方向"选项组的"间距"下拉列表框中选择"数量和节距"方式来定义阵列的数量和位置，设置"数量"为 12，"间距角"为 30deg，然后单击"确定"按钮，即可得到如图 4-39 所示的实体模型视图。

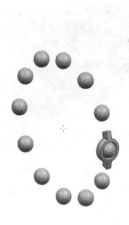

图 4-37　滚动体阵列

图 4-38　"对特征形成图样"对话框

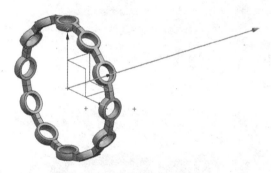

图 4-39　模型实体线框视图

⓬ 阵列完成后，选择"插入"→"组合（B）"→"求和（U）"命令，对得到的保持架
阵列进行布尔运算，如图 4-40 所示选择相应的几何体，将阵列得到的全部几何体相互
求和，单击对话框中的"确定"按钮即可得到如图 4-41 所示的保持架实体模型。

⓭ 将隐藏的滚动体和内外圈显示出来，即得到完整的球轴承模型，如图 4-42 所示。

图 4-40　求和运算

图 4-41　模型实体线框视图

图 4-42　模型实体视图

4.2 布尔运算

布尔运算通过对两个以上的物体进行并集、差集、交集的运算，从而得到新实体特征，用于处理实体造型中多个实体的合并关系。在UG NX 8.0 中，系统提供了 3 种布尔运算方式，即求和、求差、求交。

4.2.1 求和

求和布尔命令可将两个或多个工具实体的体积组合为一个目标体。注意目标体和工具体必须重叠或共享面，这样才能生成有效的实体。

起始文件	下载文件/example/Char04/qiuhe.prt

具体操作步骤如下：

步骤01 根据起始文件路径打开"**qiuhe.prt**"文件，可使用鼠标将上下任意一个零件选中，说明二者无布尔关联。

步骤02 单击 (求和)按钮，弹出如图 4-43 所示的"求和"对话框。

步骤03 单击上面的零件作为"目标"，单击下面的零件作为"工具"，单击"确定"按钮，得到求和后的结果如图 4-44 所示。此时，用户再使用鼠标单击零件，即会发现上下零件合为一体。

图 4-43 "求和"对话框

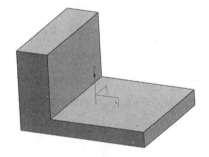

图 4-44 布尔求和结果

4.2.2 求差

求差布尔命令可将两个或多个工具实体的体积从一个目标实体中修剪掉。注意目标体和工具体必须存在相交区域才可以进行求差操作。

起始文件	下载文件/example/Char04/qiucha.prt

具体操作步骤如下：

步骤01 根据起始文件路径打开"**qiucha.prt**"文件，可使用鼠标将两个零件中的任意一个选中，说明二者无布尔关联。

步骤02 单击 (求差)按钮，弹出如图 4-45 所示的"求差"对话框。

步骤 03 单击长方体作为"目标"，单击圆柱体作为"工具"，单击"确定"按钮，得到求差后的结果如图 4-46 所示。

图 4-45 "求差"对话框

图 4-46 布尔求差结果

4.2.3 求交

求交布尔命令可创建目标体与一个或多个工具体的共享体积或区域的体。求交所使用的几何体既可以是实体也可以是片体。具体操作步骤如下：

步骤 01 同样还使用"qiucha.prt"文件，单击 (求交) 按钮，弹出如图 4-47 所示的"求交"对话框。

步骤 02 单击长方体作为"目标"，单击圆柱体作为"工具"，单击"确定"按钮，得到求交后的结果如图 4-48 所示。

图 4-47 "求交"对话框

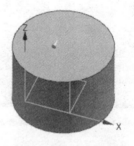

图 4-48 布尔求交结果

"求和"和"求交"的"目标"和"工具"可以反选，而"求差"则不可以任意选择。

4.3 修剪/偏置/缩放特征

通过对实体进行修剪操作可将一个实体修剪成多个实体，也可使用偏置/缩放命令创建与原来不同的实体特征。

4.3.1　修剪体

修剪体命令是利用平面、曲面或基准平面对实体进行修剪操作。其中这些修剪面必须完全通过实体，否则无法完成修剪。

起始文件	下载文件/example/Char04/xiujian.prt

具体操作步骤如下：

步骤 01　根据起始文件路径打开"xiujian.prt"，如图 4-49 所示为打开的视图，可以看到一曲面与长方体相交。

步骤 02　单击 ⬚（修剪体）按钮，弹出"修剪体"对话框，单击长方体作为"目标"，在"工具"下面的"工具选项"下拉列表框中选择"面或平面"，单击曲面作为修剪工具，如图 4-50 所示。

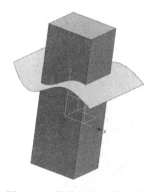

图 4-49　修剪起始文件视图　　　　　　　　图 4-50　"修剪体"对话框

步骤 03　如图 4-51 所示为完成设置后的预览视图，此时需选择要修剪的方向，箭头指向即为要修剪掉的部分。可双击箭头改变指向或单击"修剪体"对话框中的 ⊠（反向）按钮。

步骤 04　单击"确定"按钮，完成修剪操作，如图 4-52 所示。（得到的结果会将修剪工具显示出来，用户可将其隐藏）

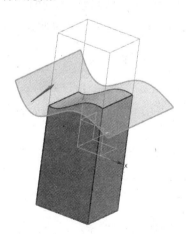

图 4-51　修剪预览效果图　　　　　　　　图 4-52　修剪结果视图

完成修剪后得到的零件仍然是参数化实体，用户可双击零件设置原特征参数。

4.3.2 拆分体

拆分体命令是利用曲面、基准平面或几何体将一个实体分割为多个实体。具体操作步骤如下：

步骤01 仍然采用上节使用的起始文件，打开"xiujian.prt"文件，单击 🖽 (拆分体) 按钮，弹出"拆分体"对话框。

步骤02 单击圆柱体作为"目标"，在"工具"下面的"工具选项"下拉列表框中选择"面或平面"，单击曲面作为修剪工具，如图 4-53 所示。

步骤03 单击"确定"按钮，隐藏曲面后得到如图 4-54 所示的拆分视图。

图 4-53 "拆分体"对话框设置

图 4-54 拆分结果视图

4.3.3 加厚

利用加厚命令可以将曲面沿一定矢量方向拉伸，形成新的实体。与拉伸不同的是，加厚拉伸的是曲面而不是曲线，加厚可以沿着曲面的法向拉伸，而拉伸则需要定义拉伸矢量方向。

起始文件	下载文件/example/Char04/jiahou.prt

基体操作步骤如下：

步骤01 根据起始文件路径打开"jiahou.prt"，如图 4-55 所示为打开的视图，可以看到一个旋转曲面。

步骤02 单击 🖳 (加厚) 按钮，弹出"加厚"对话框，单击视图中的曲面作为"面"，设置"厚度"下面的"偏置 1"为 1mm，"偏置 2"为 1.5mm，其余为默认设置，如图 4-56 所示。

步骤03 单击"确定"按钮，完成加厚曲面的操作，如图 4-57 所示。

 用户可单击"加厚"对话框中的 ☒ (反向) 按钮，改变创建的实体在曲面两侧的位置。

图 4-55　起始文件视图　　　　图 4-56　"加厚"对话框　　　　图 4-57　创建加厚实体特征

4.3.4　抽壳特征

抽壳命令是指从指定的平面向下移除一部分材料而形成的具有一定厚度的薄壁体。常用于将成形实体掏空，使零件厚度变薄的操作。具体操作步骤如下：

步骤01　首先创建如图 4-58 所示的 100×100×50 的长方体块。单击 ![按钮](）（抽壳）按钮，弹出"抽壳"对话框。

步骤02　在"抽壳"对话框的"类型"下拉列表框中选择"移除面，然后抽壳"，单击视图中"面1""面 2""面 3"作为"要穿透的面"，设置"厚度"下面的"厚度"为 5mm，如图 4-59 所示。

步骤03　单击"确定"按钮，完成抽壳的操作，如图 4-60 所示。

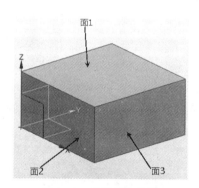

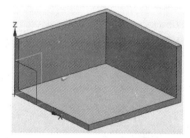

图 4-58　创建长方体块　　　　图 4-59　"抽壳"对话框　　　　图 4-60　创建抽壳零件

　单击"抽壳"对话框中的 ![反向](）（反向）按钮，可改变壁厚向内或向外。

4.3.5　偏置面

利用偏置面命令可在实体表面创建等距离偏置面，并通过移动实体的表面形成新的实体。具体操作步骤如下：

步骤01　首先创建底部直径为 50mm，顶部直径为 30mm，高度为 25mm 的圆锥体，如图 4-61 所示。单击 ![偏置面](）（偏置面）按钮，弹出"偏置面"对话框。

步骤 **02** 单击圆锥的顶平面作为"要偏置的面",设置"偏置"下面的"偏置"为 8mm,如图 4-62 所示。

步骤 **03** 单击"确定"按钮,完成偏置的操作,如图 4-63 所示。

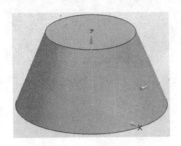

图 4-61　创建圆锥体　　　　图 4-62　"偏置面"对话框　　　　图 4-63　完成偏置操作

4.3.6　缩放体

缩放体命令用来缩放实体的大小,用于改变对象的尺寸或相对位置。无论缩放点在什么位置,实体都会以该点为基准在形状尺寸和相对位置上进行相应地缩放。

该命令提供了"均匀""轴对称"和"常规"3 种方式。本小节以"轴对称"的方式介绍缩放操作。具体操作步骤如下:

步骤 **01** 首先创建如图 4-64 所示的葫芦造型的实体零件。单击 ▐▌(缩放体)按钮,弹出"缩放体"对话框。

步骤 **02** 在"缩放体"对话框的"类型"下拉列表框中选择"轴对称",单击零件实体作为"体",单击旋转轴作为"缩放轴",设置"比例因子"下面的"沿轴向"为 1.2,"其他方向"为 1.5,如图 4-65 所示。

步骤 **03** 单击"确定"按钮,完成缩放体的操作,如图 4-66 所示。

图 4-64　创建实体零件　　　　图 4-65　"缩放体"对话框　　　　图 4-66　完成缩放操作

　"均匀"方式是整体性等比例缩放。"常规"方式是根据所设的比例因子在所选的轴方向和垂直于该轴的方向进行等比例缩放。

4.4 细节特征

细节特征是创建复杂精确模型的关键工具，创建的实体可以作为后续分析、仿真、加工等操作对象。细节特征是对实体的必要补充，以创建出更精细、逼真的实体模型。

4.4.1 边倒圆

"边倒圆"是指对面之间陡峭的边进行倒圆，倒圆的半径可以根据需要进行设定。该命令可进行等半径倒圆、变半径倒圆、拐角回切倒圆等操作。本小节仅对常用的等半径倒圆和变半径倒圆进行介绍。

1. 固定半径边倒圆

固定半径边倒圆是指在指定的边上半径是固定的，但如果同时指定几条边，则每条边上的半径是可以分别进行设置的。具体操作步骤如下：

步骤 01 创建如图 4-67 所示的 100×100×50 的长方体块。单击 🗊（边倒圆）按钮，弹出"边倒圆"对话框。

步骤 02 单击视图中"边 1"作为"要倒圆的边"，在"形状"下拉列表框中选择"圆形"，设置"半径 1"为 10mm，如图 4-68 所示。

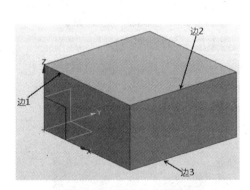

图 4-67 创建长方体块

图 4-68 "边倒圆"对话框设置 1

步骤 03 如图 4-69 所示为完成设置的预览效果图。单击"边倒圆"对话框中的 ➕（添加新集）按钮，单击视图中的"边 2"作为"要倒圆的边"，在"形状"下拉列表框中选择"圆形"，设置"半径 2"为 12mm，如图 4-70 所示。

步骤 04 如图 4-71 所示为完成设置的预览效果图。单击"边倒圆"对话框中的 ➕（添加新集）按钮，单击视图中的"边 3"作为"要倒圆的边"，在"形状"下拉列表框中选择"圆形"，设置"半径 3"为 15mm，如图 4-72 所示。

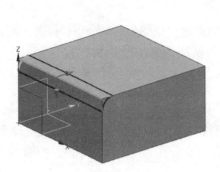

图 4-69　设置 1 预览效果图

图 4-70　"边倒圆"对话框设置 2

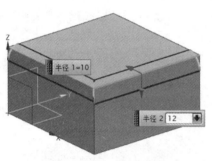

图 4-71　设置 2 预览效果图

图 4-72　"边倒圆"对话框设置 3

步骤 05 如图 4-73 所示为完成设置的预览效果图。单击"边倒圆"对话框中的"确定"按钮，完成边倒圆的操作，如图 4-74 所示。

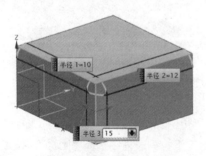

图 4-73　设置 3 预览效果图

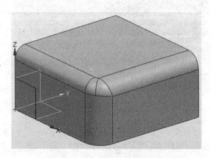

图 4-74　完成边倒圆操作

用户也可将不同位置的边线同时选中作为"要倒圆的边"，进行设置后，即可将不同的边进行相同半径的倒圆。

2．可变半径倒圆

可变半径倒圆是指在指定的边上进行倒圆时，可以在边上指定不同的变半径点，并设置不同的半径，系统便会根据设置在边上进行变半径倒圆。具体操作步骤如下：

步骤01 同样以 100×100×50 的长方体块介绍可变半径倒圆。单击 🔲（边倒圆）按钮，弹出"边倒圆"对话框。

步骤02 单击视图中的"边 1"作为"要倒圆的边"，在"形状"下拉列表框中选择"圆形"，设置"半径 1"为 10mm。

步骤03 单击"可变半径点"右侧的 ✔ 按钮，如图 4-75 所示。

步骤04 单击"可变半径点"下面的"指定新的位置"按钮，单击如图 4-76 所示视图"边 1"的中点。

图 4-75 设置后的"边倒圆"对话框

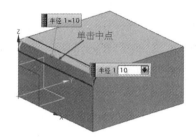

图 4-76 单击"边 1"中点

步骤05 设置"可变半径点"下面的"V 半径"为 13mm，在"位置"下拉列表框中选择"弧长百分比"，设置"弧长百分比"为 50，如图 4-77 所示。

步骤06 单击"可变半径点"下面的"指定新的位置"按钮，单击如图 4-78 所示视图"边 1"的终点。

图 4-77 "可变半径点"选项组设置 1

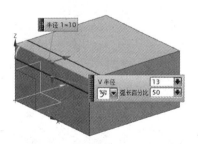

图 4-78 单击"边 1"终点

步骤07 设置"可变半径点"下面的"V 半径"为 15mm，在"位置"下拉列表框中选择"弧长百分比"，设置"弧长百分比"为 0，如图 4-79 所示。

步骤 **08** 单击"确定"按钮，完成边倒圆的操作，如图 4-80 所示。

图 4-79　"可变半径点"选项组设置 2

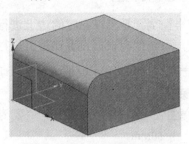

图 4-80　完成可变半径倒圆操作

4.4.2　面倒圆

面倒圆命令是对实体或片体边指定半径进行倒圆角操作，并且使倒圆角面相切于所选取的平面。利用该方式创建倒圆角需要在一组曲面上定义相切线串。具体操作步骤如下：

步骤 **01** 创建如图 4-81 所示的 100×100×50 的长方体块。单击 ♫（面倒圆）按钮，弹出"面倒圆"对话框。

步骤 **02** 在"面倒圆"对话框的"类型"下拉列表框中选择"两个定义面链"，单击视图中的"面1"作为面链 1，单击"面 2"作为面链 2；在"横截面"下面的"截面方向"下拉列表框中选择"滚球"，在"形状"下拉列表框中选择"圆形"，在"半径方法"下拉列表框中选择"恒定"，设置"半径"为 10mm，如图 4-82 所示。

步骤 **03** 单击"确定"按钮，完成面倒圆的操作，如图 4-83 所示。

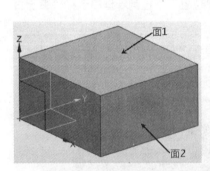

图 4-81　创建长方体块

图 4-82　"面倒圆"对话框设置

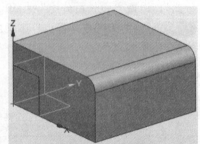

图 4-83　完成面倒圆操作

4.4.3　倒斜角

倒斜角又称为倒角或去角，是处理模型周围棱角的方法之一。当产品的边缘过于尖锐时，为避免擦伤，需要对其边缘进行倒斜角操作。具体操作步骤如下：

步骤 01 同样以 100×100×50 的长方体块介绍倒斜角。单击 （倒斜角）按钮，弹出"倒斜角"对话框。

步骤 02 单击欲倒角的棱边作为"边"，在"偏置"下面的"横截面"下拉列表框中选择"非对称"，设置"距离 1"为 5mm，"距离 2"为 10mm，如图 4-84 所示。

步骤 03 单击 "确定"按钮，完成倒斜角的操作，如图 4-85 所示。

图 4-84　"倒斜角"对话框设置

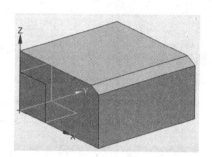

图 4-85　非对称方式的倒斜角

技巧提示　如图 4-86 所示为对称方式的倒斜角操作结果。

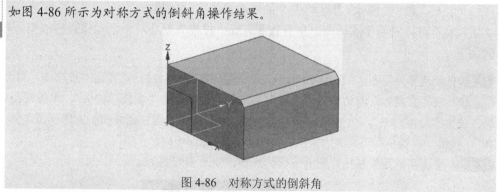

图 4-86　对称方式的倒斜角

4.4.4　拔模

注塑件和铸件往往需要一个拔模斜面才能顺利脱模，这就是所谓的拔模处理。拔模特征是通过指定一个拔模方向的矢量，输入一个沿拔模方向的拔模角度，使需要拔模的面按照此角度值进行向内或向外的变化。具体操作步骤如下：

步骤 01 为使拔模效果明显，需创建如图 4-87 所示的尺寸为 100×100×100 的正方体块。

步骤 02 单击 （拔模）按钮，弹出"拔模"对话框，在"类型"下拉列表框中选择"从平面"，单击 Z 轴作为"脱模方向"；在"拔模参考"下面的"拔模方法"下拉列表框中选择"固定面"，单击"面 1"作为固定面；单击"面 2""面 3"作为"要拔模的面"，设置"角度 1"为 15deg，如图 4-88 所示。

步骤 03 单击"确定"按钮，完成拔模操作，如图 4-89 所示。

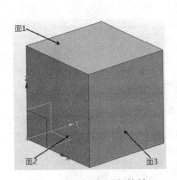

图 4-87　创建正方体块

图 4-88　"拔模"对话框

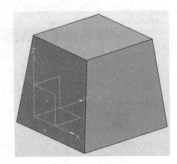

图 4-89　完成拔模操作

4.4.5　拔模体

"拔模"和"拔模体"都是将模型的表面沿指定的拔模方向倾斜一定的角度。所不同的是，"拔模体"可以对两个实体同时进行拔模，而"拔模"则是对一个实体进行拔模。具体操作步骤如下：

步骤 01　创建零件视图，如图 4-90 所示。单击 ⊕（拔模体）按钮，弹出"拔模体"对话框。

步骤 02　在"拔模体"对话框的"类型"下拉列表框中选择"要拔模的面"，单击视图中的"分型面"作为"分型对象"，单击 Z 轴作为"脱模方向"；单击圆柱侧面和长方体侧面作为"要拔模的面"，设置"拔模角"下面的"角度"为 10deg，如图 4-91 所示。

步骤 03　单击"确定"按钮，完成拔模体操作，如图 4-92 所示。

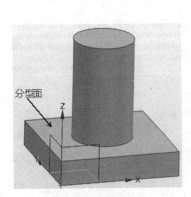

图 4-90　起始文件视图

图 4-91　"拔模体"对话框

图 4-92　完成拔模体操作

4.5　关联复制特征

"关联复制"是指将现有的特征或几何体进行一定规律的复制操作。使用关联复制操作可以一次性构建多种实例特征，明显提高建模效率。

4.5.1　阵列特征

阵列命令在 UG NX 8.0 中称为"对特征形成图样"，该命令可以快速创建与已有特征相同形状的多个有一定规律分布的特征。利用该命令可以对实体进行多个成组的镜像或复制，避免对单一实体的重复操作。

阵列特征的方式包括线性、圆形、多边形、螺旋式、沿、常规和参考 7 种。线性阵列和圆形阵列是最常用的两种方式。

1．线性阵列

"线性"是指通过指定种子特征、阵列的个数和阵列偏置来对种子特征进行阵列。

起始文件	下载文件/example/Char04/xianxing.prt

具体操作步骤如下：

步骤 01 根据起始文件路径打开"xianxing.prt"文件，零件视图如图 4-93 所示。单击 ⬧ (对特征形成图样) 按钮，弹出"对特征形成图样"对话框。

步骤 02 单击"沉头孔"作为"要形成图样的特征"，在"阵列定义"下面的"布局"下拉列表框中选择"线性"，单击 X 轴作为"方向 1"，在"间距"下拉列表框中选择"数量和节距"，设置"数量"为 4，"节距"为 30mm；选中"使用方向 2"复选框，单击 Y 轴作为"方向 2"，在"间距"下拉列表框中选择"数量和节距"，设置"数量"为 3，"节距"为 25mm，如图 4-94 所示。

步骤 03 单击"确定"按钮，完成线性阵列操作，如图 4-95 所示。

图 4-93　起始文件视图

图 4-94　线性阵列设置

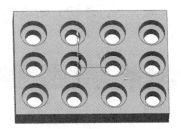

图 4-95　线性阵列结果视图

2. 圆形阵列

"圆形阵列"是指通过指定种子特征、阵列的个数和角度来对种子特征进行圆形阵列。

起始文件	下载文件/example/Char04/yuanxing.prt

具体操作步骤如下：

步骤01 根据起始文件路径打开"yuanxing.prt"文件，零件视图如图 4-96 所示；单击 ⬢（对特征形成图样）按钮，弹出"对特征形成图样"对话框。

步骤02 单击"沉头孔"作为"要形成图样的特征"，在"阵列定义"下面的"布局"下拉列表框中选择"圆形"，单击 Z 轴作为"旋转轴"，单击原点作为"指定点"；在"角度方向"下面的"间距"下拉列表框中选择"数量和节距"，设置"数量"为 6，"节距角"为 60deg；选中"辐射"下面的"创建同心成员"和"包含第一个圆"复选框，在"间距"下拉列表框中选择"数量和节距"，设置"数量"为 2，"节距"为-30mm，如图 4-97 所示。

步骤03 单击"确定"按钮，完成圆形阵列操作，如图 4-98 所示。

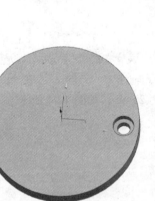  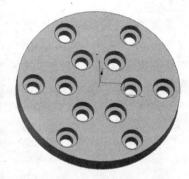

图 4-96 初始文件视图　　　图 4-97 圆形阵列设置　　　图 4-98 圆形阵列结果视图

 若需阵列的特征为一实体特征，注意实体必须依托在其他实体特征上，并且创建的特征也必须全部依托在相同的实体特征上。

4.5.2 镜像特征

"镜像特征"就是复制指定的一个或多个特征，并根据平面（基准平面或实体表面）将其镜像到该平面的另一侧。

步骤01 创建零件视图如图 4-99 所示。单击 (镜像特征) 按钮，弹出"镜像特征"对话框。

步骤02 单击拉伸切除特征作为"要镜像的特征"，在"镜像平面"下面的"平面"下拉列表框中选择"现有平面"，单击"YC-ZC 平面"作为"平面"，如图 4-100 所示。

步骤03 单击"确定"按钮，完成镜像特征操作，如图 4-101 所示。

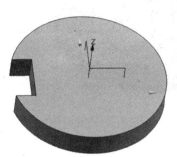

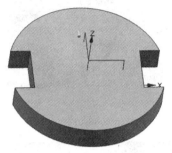

图 4-99　起始文件视图　　　图 4-100　"镜像特征"对话框　　　图 4-101　镜像特征结果

4.5.3　镜像体

镜像体命令可以以基准平面为镜像平面，镜像所选的实体或片体。其镜像后的实体或片体与原实体或片体相关联，但其本身没有可编辑的特征参数。

与"镜像特征"命令不同的是，"镜像体"仅镜像几何实体，且操作时只能将当前平面作为镜像面，不能临时创建平面。

该命令的操作方法与"镜像特征"命令操作基本一致，此处不再进行详细介绍。如图 4-102 所示为完成镜像操作的几何体视图。

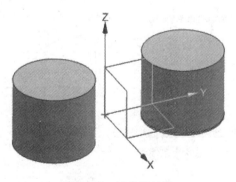

图 4-102　镜像体结果

4.6　实例进阶——工装盘体建模

在本节中将详细讲解如图 4-103 所示的工装盘体模型的创建。在模型中包括回转、拉伸、孔和倒斜角的基本特征，以及相关的特征变换。

结果文件	下载文件/result/Char04/panti.prt
视频文件	下载文件/video/Char04/工装盘体建模.avi

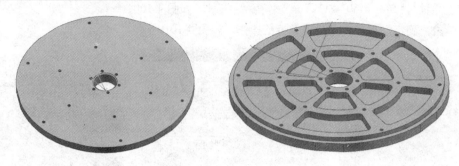

图 4-103　创建的零件模型

4.6.1　创建文件

首先启动软件，新建文件。具体操作步骤如下：

步骤01 启动 UG NX 8.0 软件。依次在 Windows 系统中选择"开始"→"程序"→UG NX 8.0→NX 8.0 命令，启动 UG NX 8.0 软件。

步骤02 新建文件。执行"文件"→"新建"命令，或者单击"标准"工具栏中的 📄（新建）按钮，弹出"新建"对话框，设置如图 4-104 所示的参数，单击"确定"按钮，进入建模环境。

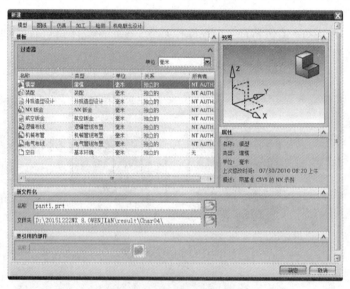

图 4-104　"新建"对话框

4.6.2　创建回转体

进入建模环境后，首先来创建一个回转体作为基体，后续进行的操作都是以这个基体为基础的。具体操作步骤如下：

步骤01 单击  （回转）按钮，或者执行"插入"→"设计特征"→"回转"命令，打开"回转"
对话框。

步骤02 单击"回转"对话框中的  （绘制截面）按钮，弹出"创建草图"对话框，参数设置如图
4-105 所示，单击"确定"按钮进入草图环境界面。

步骤03 绘制如图 4-106 所示的截面草图，完成后单击  （完成草图）按钮。

图 4-105　"创建草图"对话框

图 4-106　截面草图

步骤04 在工作区选中如图 4-107 所示的矢量（Y 轴）作为回转轴矢量。

步骤05 在"回转"对话框中单击  （点对话框）按钮，在弹出的"点"对话框中设置如图 4-108
所示的参数。

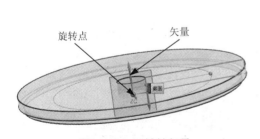

图 4-107　回转轴矢量

图 4-108　"点"对话框

步骤06 设置回转参数。在"回转"对话框中设置如图 4-109 所示的参数，单击"确定"按钮，创
建回转体，如图 4-110 所示。

图 4-109　"回转"对话框

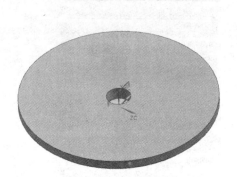

图 4-110　创建的回转体

4.6.3　创建拉伸体

在基体特征上创建拉伸切除特征。具体操作步骤如下：

步骤 **01** 执行"插入"→"设计特征"→"拉伸"命令，或者单击"特征"工具栏中的（拉伸）按钮，弹出"拉伸"对话框。

步骤 **02** 单击"拉伸"对话框中的（绘制截面）按钮，弹出"创建草图"对话框，参数设置如图 4-111 所示。

步骤 **03** 在绘图区中选择如图 4-112 所示的表面，单击"确定"按钮进入草图环境界面。

图 4-111　"创建草图"对话框

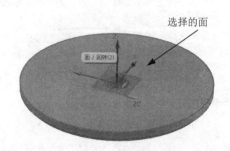

图 4-112　选择的面

步骤 **04** 绘制如图 4-113 所示的截面草图，完成后单击（完成草图）按钮。

步骤 **05** 设置拉伸参数。在"拉伸"对话框中设置如图 4-114 所示的参数，在绘图区中选择如图 4-115 所示的延伸面，单击"确定"按钮创建拉伸体，如图 4-116 所示。

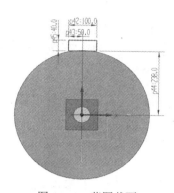

图 4-113　草图截面

图 4-114　"拉伸"对话框

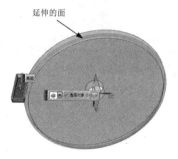

图 4-115　选择的延伸面

图 4-116　拉伸体特征

4.6.4　创建另一个拉伸体

使用拉伸命令进行切除的操作。具体操作步骤如下：

步骤 01　执行"插入"→"设计特征"→"拉伸"命令，或者单击"特征"工具栏中的 （拉伸）按钮，打开"拉伸"对话框。

步骤 02　在绘图区中选择如图 4-117 所示的表面，单击"确定"按钮进入草图环境界面。

步骤 03　绘制如图 4-118 所示的截面草图，完成后单击 （完成草图）按钮。

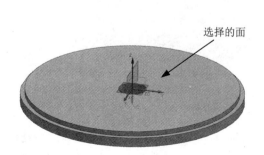

图 4-117　选择的平面

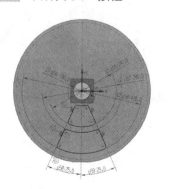

图 4-118　草图截面

步骤 **04** 设置拉伸参数。在"拉伸"对话框中设置如图 4-119 所示的参数，拉伸方向如图 4-120 所示，单击"确定"按钮创建拉伸体，如图 4-121 所示。

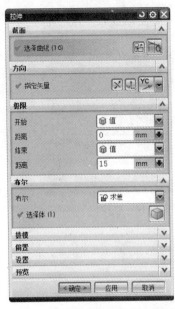

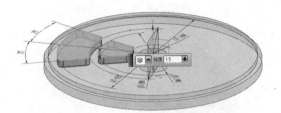

图 4-120 "拉伸"示意图

图 4-119 "拉伸"对话框

图 4-121 拉伸体特征

4.6.5 孔特征

完成以上操作后，在盘体上合适的位置创建常规孔特征。具体操作步骤如下：

步骤 **01** 执行"插入"→"设计特征"→"孔"命令，或者单击"特征"工具栏中的 ▨（孔）按钮，弹出"孔"对话框。

步骤 **02** 在绘图区中选择如图 4-122 所示的面，系统将自动进入草图环境界面。

步骤 **03** 绘制如图 4-123 所示的 3 个点的位置，完成后单击 ▧ 完成草图（完成草图）按钮。

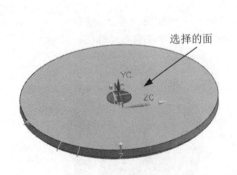

图 4-122 选择的面

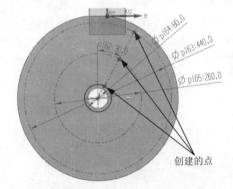

图 4-123 创建的点

步骤 **04** 设置孔参数。在"孔"对话框中设置如图 4-124 所示的参数，单击"确定"按钮，创建的孔特征如图 4-125 所示。

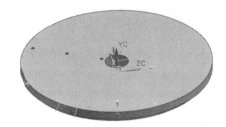

图 4-124 "孔"特征　　　　　　　　　　　图 4-125 创建的孔特征

4.6.6 创建倒斜角

完成孔特征的创建后，需要对盘体细节进行修饰，即倒斜角操作。具体操作步骤如下：

步骤 01 执行"插入"→"细节特征"→"倒斜角"命令，或者单击"特征"工具栏中的 ◥（倒斜角）按钮，弹出如图 4-126 所示的"倒斜角"对话框。

步骤 02 在绘图区中选择如图 4-127 所示的边，并在"倒斜角"对话框中设置参数，单击"确定"按钮，创建倒斜角特征，如图 4-128 所示。

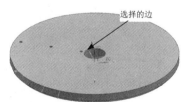

图 4-126 "倒斜角"对话框　　　图 4-127 选择的边　　　　图 4-128 创建的倒斜角

4.6.7 阵列特征

可以重复创建特征以达到最终创建的目的，最简单的方法就是直接阵列特征。具体操作步骤如下：

步骤 01 执行"插入"→"关联复制"→"对特征形成图样"命令，或者直接单击工具栏中的 ◈（对特征形成图样）按钮，弹出如图 4-129 所示的"对特征形成图样"对话框。

步骤 02 在"布局"下拉列表框中选择"圆形"选项。

步骤 **03** 在"部件导航器"中选择如图 4-130 所示的特征。

图 4-129   "对特征形成图样"对话框   图 4-130   选择的特征

步骤 **04** 指定旋转轴。在"对特征形成图样"对话框的"指定矢量"下拉列表框中选择"-YC"选项。

步骤 **05** 单击 按钮，弹出"点"对话框，在绘图区中选择点，如图 4-131 所示。

步骤 **06** 在"对特征形成图样"对话框中设置阵列参数，如图 4-132 所示；设置完毕后单击"确定"按钮，即可完成特征的阵列，如图 4-133 所示。

步骤 **07** 完成操作后，单击 按钮，对工装盘体模型进行保存。

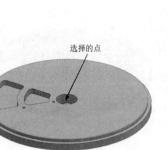

图 4-131   选择的点   图 4-132   "阵列特征"对话框   图 4-133   创建的阵列

4.7   本章小结

本章介绍了进行实体编辑操作的各项命令，包括布尔操作、修剪、偏置、缩放特征、细节特征、关联复制特征等，并且通过两个综合实例将实体建模命令及实体编辑操作命令进行了巩固。

4.8　习　题

一、填空题

1. 布尔运算通过对两个以上的物体进行＿＿＿＿＿＿、＿＿＿＿＿＿、＿＿＿＿＿＿运算，从而得到新实体特征，用于处理实体造型中多个实体的合并关系。在UG NX 8.0 中，系统提供了 3 种布尔运算方式，即＿＿＿＿＿＿、＿＿＿＿＿＿、＿＿＿＿＿＿。

2. "边倒圆" 是指对面之间陡峭的边进行倒圆，倒圆的半径可以根据需要进行设定。该命令可进行＿＿＿＿＿＿＿＿、＿＿＿＿＿＿＿＿、＿＿＿＿＿＿＿＿等操作。

3. 倒斜角又称为＿＿＿＿＿＿＿或＿＿＿＿＿＿＿，是处理模型周围棱角的方法之一。当产品的边缘过于尖锐时，为避免擦伤，需要对其边缘进行倒斜角操作。

4. ＿＿＿＿＿＿＿＿＿和＿＿＿＿＿＿＿＿往往需要一个拔模斜面才能顺利脱模，这就是所谓的拔模处理。拔模特征是通过指定一个拔模方向的矢量，设置一个沿拔模方向的拔模角度，使需要拔模的面按照此角度值进行向内或向外的变化。

5. 阵列特征的方式包括＿＿＿＿＿＿＿＿、＿＿＿＿＿＿＿＿、＿＿＿＿＿＿＿＿、螺旋式、沿、常规和参考 7 种。＿＿＿＿＿＿＿＿阵列和＿＿＿＿＿＿＿＿阵列是最常用的两种方式。

二、上机操作

打开下载文件/result/Char04/part.prt，如图 4-134 所示，请用户参考本章讲解内容及该实体特征建模的尺寸创建此端盖零件。

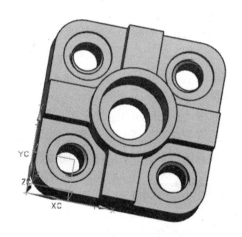

图 4-134　上机操作习题视图

第 5 章　装配设计

机械装配，顾名思义就是将不同的机械零部件装配到一起形成整体。根据设计的要求，将零部件进行连接或配合，将其组合成为机器。本章将讲述在UG NX 8.0中如何进行机械的装配工作。

学习目标：

- 熟悉装配的基本概念和术语
- 掌握如何使用装配模块导航器和装配工具栏
- 熟悉自顶向下和自底向上的装配方法
- 熟练掌握装配的各种配对和约束条件

5.1　机械装配

装配是机械产品生产过程的最后环节，通过装配进行产品的调整、检验、试验等工作。通过装配，使得零件、套件、部件以及组件形成一定的相互位置关系，是整个机械产品生产过程中最后决定产品质量的重要工艺过程。对于机械产品来说，简单的产品由单个零件直接装配构成；复杂的产品则先由零件装配成相应的部件，再由部件装配完成，最后由所有相应的部件和零件配合装配成整套产品或设备，该过程为总装配。

在目前的虚拟三维仿真设计中，装配的应用十分广泛。这一模块的主要功能是将实际的零部件装配过程以三维模型的方式进行虚拟装配，建立各个部件之间的链接关系，得到相应的装配模型来反映实际装配过程中的问题以及辅助后续图纸的生成等。

5.1.1　装配基础

首先来学习装配设计过程中的一些基本概念和术语。

（1）装配：在装配设计过程中所得到的零件或部件间的相互关系，包括装配部件及各个子装配。

（2）装配文件：装配过程中由相应的零件及各个子部件装配得到的部件。UG NX 8.0中，所有的.prt文件都可以作为装配部件在装配中使用。另外，子装配文件也可以作为装配部件使用。

（3）子装配文件：子装配本身也是一个装配文件，它由相应的零件或子装配组成，并不能单独作为一个装配体存在。在高级别装配中行使单个装配部件的功能。

（4）零件：最低级别的装配部件，即单个零件自身是装配文件的最低级。单个零件自身构成一个零件，其中不存在子装配。如图 5-1 所示为装配过程中各个文件之间的从属关系。

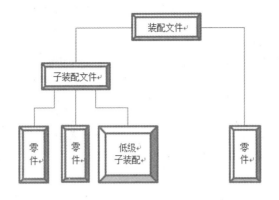

图 5-1　装配文件从属关系示意图

5.1.2　装配建模环境

装配建模是指如何完成装配模型的建立和组装配合。装配建模的方法包括自顶向下装配、自底向上装配和混合装配。混合装配指的是既有自顶向下又有自底向上的装配方法。

下面介绍如何进入装配建模环境。首先启动UG NX 8.0 软件并新建装配文件，如图 5-2 所示。

图 5-2　新建装配文件

5.1.3　装配导航器

如图 5-3 所示为装配导航器，其以树形图的形式来反映装配零部件之间的相互关系。在装配导航器中能够对装配体的各个组件进行操作，可以单独选择相应的零件或子装配体进行编辑。

当选中装配导航器中组件的名称时，操作界面中对应的几何体同时高亮显示；反之，选中几何体时，装配导航器中对应的组件名称也高亮显示，便于进行编辑。选中装配导航器中的某组件并单击鼠标右键，将弹出快捷菜单，其中包括装配模块的许多常用的快捷命令，如图5-4所示。

图5-3 装配导航器

图5-4 快捷菜单

5.1.4 实例入门——箱体装配

如图5-5所示为箱体装配结构示意图，本小节将以该箱体的装配为例详细讲解装配模块的功能。

首先分析该箱体的组成部分和结构，如图5-6所示为该装配体的爆炸图，由爆炸图分析可知该箱体由gdy002壳体、gdy003壳体盖板、gdy004壳体小盖板、gdy005壳体底座和gdy006壳体底板五部分组成。

起始文件	下载文件/example/Char05/xiangti/
结果文件	下载文件/result/Char05/xiangti/
视频文件	下载文件/video/Char05/箱体装配.avi

步骤01 加载装配组件。首选新建装配文件，进入建模环境，将该装配过程中需要添加的组件，即gdy002-gdy006全部打开。

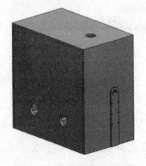

图5-5 箱体装配结构图

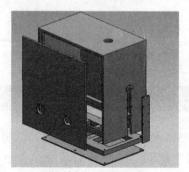

图5-6 箱体爆炸图

步骤 02 装配壳体。

❶ 执行"装配"→"组件"→"添加组件"命令，或者单击"装配"工具栏中的 （添加组件）按钮，打开如图 5-7 所示的"添加组件"对话框，选择已经建立的模型组件。

❷ 如图 5-8 所示，选择建立的模型组件 gdy002 即壳体组件作为第一个插入装配体中组件，在已加载的部件中选中 gdy002 即可；如图 5-9 所示为 gdy002 组件的预览，选中组件时，该组件将以小窗体在 NX 8.0 中显示。在"放置"选项组中选择组件的"定位"方式为"绝对原点"，单击"应用"按钮，此时已经完成装配过程中第一个组件的放置，后续过程将按照自底向上的装配方法，以该组件为基体，陆续将其他组件装配上去，最终得到完整的装配体。

图 5-7 "添加组件"对话框

图 5-8 添加 002 组件

❸ 单击"应用"按钮后，"添加组件"对话框恢复到如图 5-10 所示的状态，继续添加剩余的组件。

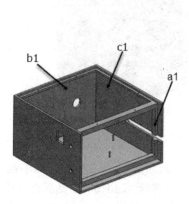

图 5-9 gdy002 组件预览

图 5-10 "添加组件"对话框

步骤 03 装配壳体盖板。

❶ 完成壳体装配后,下面将以壳体作为主体装配壳体盖板,壳体盖板组件为 gdy003。单击"添加组件"对话框中的 （打开）按钮,加载组件 gdy003 进入对话框,并选中组件 gdy003;在"放置"下面的"定位"下拉列表框中选择其定位方式为"通过约束",如图 5-11 所示。如图 5-12 所示为添加的组件 gdy003 的预览。

图 5-11 添加 gdy003 组件

图 5-12 gdy003 组件预览

❷ 单击"应用"或"确定"按钮,弹出如图 5-13 所示的"装配约束"对话框,在对话框中依次选择约束类型 接触对齐 和约束方位 接触,然后在 gdy003 组件预览窗体中选择图中平面 a2,在工作区中选择壳体上的面 a1,最后单击"应用"按钮,则两组件上的平面 a1 和平面 a2 接触对齐约束。

❸ 进一步调整两组件之间的位置关系,继续使用接触对齐约束方式,选择平面 b1 和平面 b2,分别在预览窗体和工作区中进行选择,此时两平面接触对齐,同时分别选中平面 c1 和平面 c2,单击"确定"按钮,得到两组件的装配体,如图 5-14 所示。

图 5-13 "装配约束"对话框

图 5-14 接触约束

步骤 04 装配壳体小盖板。

❶ 完成壳体盖板装配后,接下来进行壳体小盖板的装配操作。加载壳体小盖板组件 gdy004,在"添加组件"对话框已加载的部件中选择组件 gdy004,然后在"放置"下面的"定位"下拉列表框中选择其定位方式为"通过约束",如图 5-15 所示。

❷ 单击"添加组件"对话框中的"应用"或"确定"按钮，弹出"装配约束"对话框，如图 5-16 所示；在对话框中依次选择约束类型 ⇥‖ 接触对齐 和约束方位 ⋈ 接触，然后在预览窗体中选择平面 d2，在工作区中选择壳体上的面 d1，如图 5-17 和图 5-18 所示，使两组件接触。

图 5-15　"添加组件"对话框

图 5-16　"装配约束"对话框

图 5-17　选择 d2 平面

图 5-18　选择 d1 平面

步骤 05　进一步调整两组件之间的位置关系，在对话框中依次选择约束类型 ⇥‖ 接触对齐 和约束方位 ⋈ 接触，然后在预览窗体中选择平面 f2，在工作区中选择壳体上的面 f1，如图 5-19 如图 5-20 所示，使两组件接触。

图 5-19　选择 f2 平面

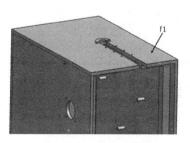

图 5-20　选择 f1 平面

步骤 06 进一步调整两组件之间的位置关系，在对话框中依次选择约束类型 ⋈ **接触对齐** 和约束方位 ⋈ **对齐**，然后在预览窗体中选择平面 e2，在工作区中选择壳体上的面 e1，如图 5-21 和图 5-22 所示，使两组件对齐。

步骤 07 单击对话框中的"应用"或"确定"按钮，得到组件 gdy004 装配完成后的装配体，如图 5-23 所示。

图 5-21　选择 e2 平面

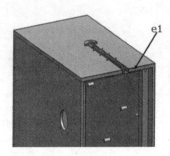

图 5-22　选择 e1 平面

图 5-23　箱体装配完成图

步骤 08 装配壳体底座。

❶ 完成以上操作后，接下来进行壳体底座的装配操作。在"添加组件"对话框中加载壳体底座组件 gdy005，在"放置"下面的"定位"下拉列表框中选择其定位方式为"通过约束"，如图 5-24 所示。

❷ 单击"添加组件"对话框中的"应用"或"确定"按钮，弹出如图 5-25 所示的"装配约束"对话框，在对话框中依次选择约束类型 ⋈ **接触对齐** 和约束方位 ⋈ **接触**，然后在预览窗体中选择平面 g2，在工作区中选择壳体上的面 g1，如图 5-26 和图 5-27 所示，使两组件接触。

图 5-24　"添加组件"对话框

图 5-25　"装配约束"对话框

图 5-26　选择 g2 平面

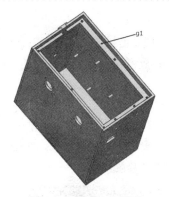

图 5-27　选择 g1 平面

❸ 此时 g1 平面与 g2 平面接触对齐，进一步调整两组件之间的位置关系，根据 gdy005 和装配体之间的装配关系，装配体上的定位孔组 h1 与 gdy005 上的定位孔组 h2，在对话框中依次选择约束类型 ⏹ 接触对齐 和约束方位 ⏺ 自动判断中心/轴；h1 代表位于装配体上对角位置处的两定位孔，h2 代表位于 gdy005 上对角位置处的两定位孔，如图 5-28 和图 5-29 所示，此时将完全确定 gdy005 相对于 gdy002 的位置。

图 5-28　选择两定位孔 h1

图 5-29　选择两定位孔 h2

❹ 如图 5-30 所示为接触对齐后的视图。单击"装配约束"对话框中的"应用"或"确定"按钮，得到组件 gdy005 装配完成后的装配体，此时几何体 gdy005 已经完全定位，如图 5-31 所示。

图 5-30　接触对齐

图 5-31　完全定位

步骤 **09** 装配壳体底板。

❶完成以上操作后，接下来进行壳体底板的装配操作。在"添加组件"对话框中加载壳体底板组件 gdy006，在"放置"选项组中选择其定位方式为"通过约束"，如图 5-32 所示。

❷单击"添加组件"对话框中的"应用"或"确定"按钮，弹出如图 5-33 所示的"装配约束"对话框，在对话框中依次选择约束类型 ⊮ **接触对齐** 和约束方位 ⋈ **接触**，然后在预览窗体中选择平面 i2，在工作区中选择壳体上的面 i1，如图 5-34 和图 5-35 所示，使两组件接触。

图 5-32 "添加组件"对话框

图 5-33 "装配约束"对话框

图 5-34 选择 i2 平面

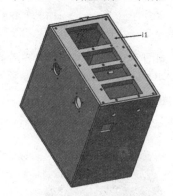

图 5-35 选择 i1 平面

❸如图 5-36 所示，此时 i1 平面与 i2 平面接触对齐，需进一步调整两组件之间的位置关系。根据 gdy006 和装配体之间的装配关系，装配体上的定位孔组 j1 与 gdy006 上的定位孔组 j2，在对话框中依次选择约束类型 ⊮ **接触对齐** 和约束方位 ⊟ **自动判断中心/轴**；j1 代表位于装配体上对角位置处的两定位孔，j2 代表位于 gdy005 上对角位置处的两定位孔，如图 5-37 和图 5-38 所示，此时将完全确定 gdy005 相对于装配体的位置。

图 5-36　接触对齐

图 5-37　选择两定位孔 j1

步骤 ⑩ 单击"装配约束"对话框中的"应用"或"确定"按钮，得到组件 gdy006 装配完成后的装配体。此时几何体 gdy006 已经完全定位，如图 5-39 所示。

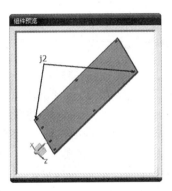

图 5-38　选择两定位孔 j2

图 5-39　完全定位

步骤 ⑪ 保存文件，退出 UG NX 8.0 软件。

5.2　装配方法

常见的装配方法主要有自底向上装配、自顶向下装配和混合装配。下面分别对这 3 处装配方法进行详细介绍。

5.2.1　自底向上装配

自底向上装配就是从底层组件到上层组件，从单一零件组件到多个零件组件的子装配组件，最后到完整的装配体。

自底向上装配方法实际是添加组件和装配约束功能的组合使用。执行"装配"→"组件"→"添加组件"命令，或者单击"装配"工具栏中的 █（添加组件）按钮，弹出如图 5-40 所示的"添加组件"对话框。

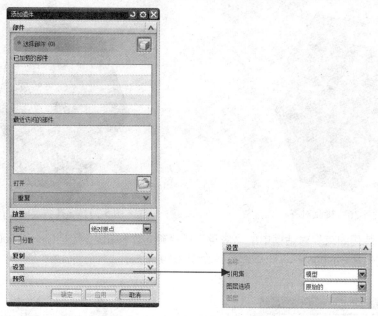

图 5-40　"添加组件"对话框

　　在自底向上装配过程中，首先建立的是最低一级的单一零件组件，然后是由两个到多个零件组成的子装配体，再由子装配体组件装配成更高一级的装配体，以此类推直到完整的装配体。在建立各级装配体的过程中，首先要引入一个低级别的装配体或单一零件，此时其放置方式选择"绝对零点"；装配体中引入低一级别的装配体后，在添加组件时均选用"通过约束"方式，在第一个装配体的基础上对后来添加的组件进行约束和定位，直到完成该装配体。

　　另外，在装配过程中如果要对部件的"引用集"和"图层选项"进行设置，可以单击对话框中"设置"右侧的 按钮，展开"设置"选项组，单击"引用集"下拉按钮，如图 5-41 所示，其中包括模型、整个部件和空 3 种引用集。

　　在 NX 8.0 使用中，一般选择"模型"引用集，如果需要引用组件中的所有类型，包括坐标系、基准平面、基准轴和曲线等，则选择"整个部件"；选择"空"引用集时，其中不含任何对象。

图 5-41　引用集类型

5.2.2　自顶向下装配

　　自顶向下装配是在上下文设计过程中进行装配的方法，即在设计过程中参照已有组件对将要装配到相应装配体中的组件的机构进行设计。在进行上下文设计时，其显示部件为装配部件，装配组件作为工作部件，所进行的设计工作发生在工作部件上而不对装配部件进行操作，该设计方法在已知装配体中与其中一个组件相配合的其他组件，对当前未知组件进行设计的过程中应用十分广泛。常用的自顶向下的装配方法有以下两种。

- 方法 1：首先在装配体中建立几何模型，建立草图曲线或实体，然后建立新的组件，并把几何模型加入到新的组件中。具体操作步骤如下：

首先，打开建立的装配文件，其中包含几何体或在装配体中新建一个几何体；然后执行"装配"→"组件"→"新建组件"命令，或者单击"装配"工具栏中的 ☒（新建组件）按钮即可弹出"新建组件"对话框，如图 5-42 所示，选中想要用于创建新组件的几何体；最后为新建的几何体命名，并选中"删除原对象"复选框后单击"确定"按钮。

● 方法 2：首先在装配体中建立一个新的组件，该组件不包含任何几何对象，即为空组件，然后在上下文设计中使其成为工作部件并在其中创建几何体模型。具体操作步骤如下：

首先，打开建立的装配文件，然后执行"装配"→"组件"→"添加组件"命令，或者单击"装配"工具栏中的 ☒（添加组件）按钮，将相应的组件添加到装配体中，将需要添加的空组件均加入到装配体中；然后打开装配导航器，在装配导航器中单击鼠标右键对组件进行编辑，如图 5-43 所示，将需要设计的组件设置为当前工作部件进行编辑即可，以此类推，分别将每个组件设置为工作部件对齐进行设计。

图 5-42　"新建组件"对话框

图 5-43　右键快捷菜单

5.2.3　混合装配

混合装配是指在装配过程中既使用自顶向下装配又使用自底向上装配。

实际上，在 UG NX 8.0 的设计过程中，也确实是将多种装配方法混合在一起使用的，这样使得设计工作更加高效、可靠。

5.3　装配结构的建立

建立装配结构，即将相应的组件引入到装配文件中，同时在不同组件几何体之间添加相应的约束关系进行定位和配对，得到完整的装配体。

5.3.1 添加组件/新建组件

1. 添加组件

添加功能是建立装配结构的基础，在新建装配文件后将作为装配文件组件的零件或其他子装配引入到装配体中。

执行"装配"→"组件"→"添加组件"命令，或者单击"装配"工具栏中的 （添加组件）按钮，弹出"添加组件"对话框，如图 5-44 所示。

利用"选择部件"功能选择相应的组件并添加到装配体中。当组件已被打开时，可在"已加载的部件"中单击相应的组件进行选择；当组件未被打开时，单击对话框中的"打开" 按钮，打开相应的组件进行选择。同时还可在"最近访问的部件"中直接对近期使用的组件进行选择。

对话框中的"放置"功能用于直接对添加的组件进行约束和定位，单击"定位"下拉按钮，如图 5-45 所示，可以通过绝对原点、选择原点、通过约束和移动 4 种方式来对添加的组件进行定位。

图 5-44 "添加组件"对话框

图 5-45 "定位"下拉列表框

2. 新建组件

新建组件功能是在已经建立的装配体中选择相应的几何体建立新的部件文件。执行"装配"→"组件"→"新建组件"命令，或者单击"装配"工具栏中的 （新建组件）按钮，即可弹出"新组件文件"对话框，如图 5-46 所示。选择想要建立的组件类型后单击"确定"按钮，弹出如图 5-47 所示的"新建组件"对话框，其中"对象"功能用于选择相应的几何体，单击"确定"按钮，即可生成所选几何体构成的组件。新建组件功能常用于自顶向下建模中。

图 5-46　"新组件文件"对话框

图 5-47　"新建组件"对话框

5.3.2　替换组件

替换组件功能是在装配体中将现有的组件用其他组件代替。执行"装配"→"组件"→"替换组件"命令，或者单击"装配"工具栏中的 ✗（替换组件）按钮，打开"替换组件"对话框，如图 5-48 所示。首先在装配体中选择需要被替换的组件，选中后在"替换件"中选择新的组件来替换当前组件。

当待选组件尚未加载时，单击对话框中的"打开" 按钮，打开相应的组件进行加载，然后即可在"已加载的部件"中进行选择。

5.3.3　移动组件

移动组件功能就是移动装配体中组件。执行"装配"→"组件位置"→"移动组件"命令，或者单击"装配"工具栏中的 （移动组件）按钮，弹出"移动组件"对话框，如图 5-49 所示。

图 5-48　"替换组件"对话框

图 5-49　"移动组件"对话框

首先选中要移动的组件，然后确定其移动方式，单击"运动"右侧的下拉按钮，如图5-50所示，选择不同的变换方式，即可对装配体中的几何体进行移动。

这里以"动态"运动变换方式为例，对移动组件功能进行介绍。选中要移动的几何体后，"变换"选项组中的"指定方位"按钮高亮显示，单击该按钮，在操作界面中出现可以动态移动几何体的手柄。如图5-51所示，此时若分别控制图中的XC、YC、ZC方向，利用鼠标按住相应的箭头即可拖动几何体向X轴、Y轴、Z轴方向移动。另外，也可以直接在图中坐标对话框中输入想要几何体中心移动到的位置坐标，按Enter键确定即可将几何体移动到相应的位置。完成移动几何体的操作后，单击对话框中的"确定"按钮即可；如果想要放弃移动组件，单击"取消"按钮即可将组件恢复到初始位置。

图 5-50　移动变换方式

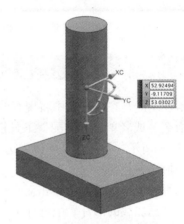

图 5-51　动态移动手柄

建立起相应的装配结构后，将装配体中的组件引入到装配体中，然后就要根据不同组件之间的关系对组件进行约束和定位，从而完成整个装配结构的设计。下面将针对装配结构中如何进行组件间的定位和约束进行介绍。

5.4　装配约束

"装配约束"是装配模块中的一个重要命令，是通过约束两个组件几何体之间的相互位置关系来定义装配，即通过指定约束关系来对装配中的组件进行重定位。执行"装配"→"组件位置"→"装配约束"命令，或者单击"装配"工具栏中的（装配约束）按钮，打开"装配约束"对话框，如图5-52所示。

通过定义不同组件间的约束关系来进行装配，单击对话框中的"类型"下拉按钮，如图5-53所示，可选择相应的约束类型，包括同心、距离、固定、平行、垂直、拟合、胶合、中心、角度等。然后在"要约束的几何体"选项组的"方位"下拉列表框中选择相应约束类型的细节。最后在模型视图中单击相应的两个组件几何体来选择两个对象进行配对。配对时需要将配对方向反向，单击按钮即可。

图 5-52　"装配约束"对话框

图 5-53　"类型"下拉列表框

选中相应的几何体后，将自动预览约束下的组件状态，配对正确，则直接单击对话框中的"应用"按钮；如果配对不正确，则单击"取消"按钮重新进行配对。

5.4.1　接触对齐约束

接触对齐约束是指使相互配合的两个组件中对应的相同类型的对象重合、对齐或共中心。在"装配约束"对话框中，单击"要约束的几何体"选项组下的"方位"下拉按钮，选择相应的接触对齐约束方式，包括接触、对齐和自动判断中心/轴 3 种方式。

1．接触约束

在"方位"下拉列表框中选择 ⊮ 接触 选项，即可用接触约束方式对组件进行配对。接触约束配对方式用于两个同类对象之间，例如两个平面接触约束时，两平面接触且法线方向相反；两圆柱面间要求其直径相等，若不相等，则报错；两圆锥面间要求其锥角相同，否则报错。如图 5-54 所示为接触约束实例。

2．对齐约束

在"方位"下拉列表框中选择 ⊩ 对齐 选项，即可用对齐方式对组件进行配对。对齐是指将两对象相对平面对象定位，例如两平面对齐时，使它们共面且法向同向；对齐圆锥、圆柱面等对称几何体时，其轴线共线；当边缘和线对齐时，两者共线。对齐约束实例如图 5-55 所示。

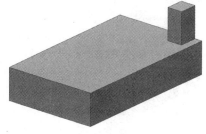

图 5-54　接触约束实例

图 5-55　对齐约束实例

3．自动判断中心/轴

在"方位"下拉列表框中选择 自动判断中心/轴选项，即可用自动判断中心/轴方式对组件进行配对。自动判断中心/轴用于约束两个对象的中心，使其中心对齐。自动判断中心/轴约束实例如图 5-56 所示。

5.4.2　同心约束

同心约束方式是通过约束组件的圆形边缘同心来确定组件位置，如图 5-57 所示为通过同心约束得到的实例。其与自动判断中心/轴约束不同，同心约束只能约束两圆形边缘同心，而自动判断中心/轴约束是判断中心轴。

图 5-56　自动判断中心/轴约束实例

图 5-57　同心约束实例

5.4.3　距离约束

距离约束方式通过约束两组件间的距离来定位组件。如图 5-58 所示，通过距离约束上方长方体底面和下方长方体上表面间的距离为 10mm 来进行定位。

5.4.4　固定约束

固定约束方式即指将组件完全固定，不能移动。

5.4.5　平行约束

平行约束方式指约束两个对象的方向矢量平行。可以约束两平面平行，也可以约束圆柱面和平面平行。如图 5-59 所示为平行约束实例，通过约束圆柱面和长方体上表面间平行来进行定位。

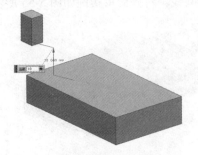

图 5-58　距离约束实例

图 5-59　平行约束实例

5.4.6 角度约束

角度约束方式指通过使两个被约束对象间成一定角度的方式来进行定位。如图 5-60 所示为角度约束实例，通过约束圆柱体底面和长方体上表面间的法向角度来进行定位。

5.4.7 垂直约束

垂直约束方式即通过约束两对象的方向矢量相互垂直来进行定位，也可以看作是角度为90°的角度约束特例。如图 5-61 所示为垂直约束实例，通过约束圆柱面法向与长方体上表面法向垂直来定位。

图 5-60 角度约束实例   图 5-61 垂直约束实例

常见的约束方式还有许多，不再一一介绍。不同的约束方式之间有不同也有交叉，目的都是通过对目标对象的约束来实现组件的定位。

5.5 装配爆炸图

为了能够清晰地表达装配体的装配关系，有时会要求制作装配爆炸图。UG NX 8.0 提供了完美的爆炸操作命令，单击 [图标] （爆炸图）按钮，即可弹出如图 5-62 所示的"爆炸图"工具栏，可使用此工具栏上的命令进行爆炸图的操作。

图 5-62 "爆炸图"工具栏

5.5.1 爆炸图概述

爆炸图是指将装配体中的各个组件或子装配从装配位置处移开，以整体拆开分别显示的状态存在。在 UG NX 8.0 的任意视图中均可显示爆炸图，并对其进行各种操作。生成爆炸图是为了将设计内部的结构和相应组件的装配顺序以直观的方式表达出来，便于清晰地显示整个装配设计的具体情况。如图 5-63 所示为爆炸图。

生成爆炸图后可以对爆炸图组件进行编辑，对爆炸图组件操作时会影响到非爆炸图组件，爆炸图可以随时在任意视图中显示或不显示，即生成爆炸图后的装配体可以作为一种显示方式保存在同一个装配体文件中。

5.5.2 创建爆炸图

首先打开建立的装配文件，执行"装配"→"爆炸图"→"新建爆炸图"命令，或者单击"爆炸图"工具栏中的（新建爆炸图）按钮，即可打开"新建爆炸图"对话框，如图 5-64 所示，在对话框中输入爆炸图名称，单击"确定"按钮。

图 5-63　爆炸图　　　　　　　　　　　　图 5-64　"新建爆炸图"对话框

5.5.3 编辑爆炸图

完成新建爆炸图后，执行"装配"→"爆炸图"→"编辑爆炸图"命令，弹出如图 5-65 所示的"编辑爆炸图"对话框。编辑爆炸图时，首先选择想要移动的对象，选中对话框中的"移动对象"单选按钮，部件上即会出现如图 5-66 所示的移动手柄，通过控制图中的XC、YC、ZC，可以向任意方向移动几何体对象，即利用鼠标按住相应的箭头拖动几何体向X轴、Y轴、Z轴方向移动，也可在对话框中的"距离"文本框中输入向该方向移动的距离，然后单击"确定"按钮即可。

图 5-65　"编辑爆炸图"对话框　　　　　　图 5-66　组件移动手柄

5.5.4　自动爆炸组件

通过编辑爆炸图可以对爆炸图中的各个组件进行移动，而通过自动爆炸组件则可以对视图内装配体的各个组件给定移动的距离进行爆炸。执行"装配"→"爆炸图"→"自动爆炸组件"命令，弹出如图 5-67 所示的"类选择"对话框，首先选择想要爆炸的对象组件，同时"对象"选项组中的"选择对象"显示选中对象的数量，且其前面图标也由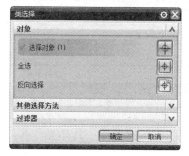

图 5-67　自动爆炸组件"类选择"对话框

然后弹出如图 5-68 所示的"自动爆炸组件"对话框，其中"距离"选项表示组件自动爆炸时向其自动爆炸移动方向所移动的距离，可在其中输入相应的值，然后单击"确定"按钮，此时组件就会按照输入的距离进行爆炸，各个选中的组件移动至相应的位置。

图 5-68　"自动爆炸组件"对话框

5.5.5　取消爆炸组件

使用取消爆炸组件功能可以将装配体中的爆炸后组件恢复到原始位置。执行"装配"→"爆炸图"→"取消爆炸组件"命令，弹出如图 5-69 所示的"类选择"对话框，选择想要取消爆炸的组件，然后单击对话框中的"确定"按钮，即可将已经爆炸移动至一定位置的组件恢复到爆炸前的原始装配位置。

图 5-69　"类选择"对话框

5.6 实例进阶——支座装配

本节将详细讲解如图 5-70 所示的装配体的装配步骤。通过对本实例的学习，读者可以充分理解和掌握装配过程中各种操作的运用方法。

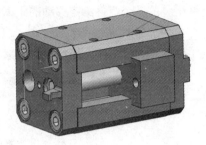

起始文件	下载文件/example/Char05/zhizuo/
结果文件	下载文件/result/Char05/zhizuo/
视频文件	下载文件/video/Char05/支座装配.avi

图 5-70 装配体

5.6.1 创建装配文件

首先启动软件并新建文件。具体操作步骤如下：

步骤 01 启动 UG NX 8.0 软件。在 Windows 系统中选择"开始"→"程序"→UG NX 8.0→NX 8.0 命令，启动 UG NX 8.0 软件。

步骤 02 新建文件。选择"文件"→"新建"命令，或者单击"标准"工具栏中的 📄（新建）按钮，弹出"新建"对话框，设置如图 5-71 所示的参数，单击"确定"按钮进入装配环境。

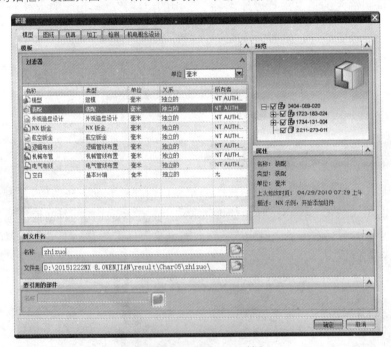

图 5-71 "新建"对话框

5.6.2 导入基体零件

完成新文件的创建后，开始进行装配操作。具体操作步骤如下：

步骤 01 添加组件 zhuti.prt。在 "添加组件" 对话框中单击 "打开" 按钮 📂 (如图 5-72 所示),在弹出的 "部件名" 对话框中选择组件 (如图 5-73 所示),单击 OK 按钮,系统弹出如图 5-74 所示的 "组件预览" 窗口。

图 5-72 "添加组件" 对话框

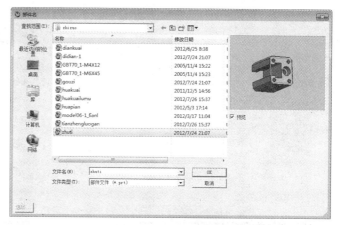

图 5-73 "部件名" 对话框

步骤 02 定位放置组件 zhuti.prt。在 "添加组件" 对话框中设置如图 5-75 所示的参数,单击 "确定" 按钮,完成组件 zhuti.prt 的添加。

图 5-74 "组件预览" 窗口

图 5-75 参数设置

5.6.3 装配底垫零件

导入可以参考的基体之后,就要添加零件约束位置了。具体操作步骤如下:

步骤 01 添加组件 didian-1.prt。执行 "装配" → "组件" → "添加组件" 命令,或者在 "装配" 工具栏中单击 "添加组件" 按钮 🖼,系统弹出 "添加组件" 对话框。

步骤 02 在 "添加组件" 对话框中单击 "打开" 按钮 📂,在弹出的 "部件名" 对话框中选择组件 "didian-1.Prt",单击 OK 按钮。

步骤 03 在 "添加组件" 对话框的 "定位" 下拉列表框中选择 "通过约束" 选项 (如图 5-76 所示),单击 "确定" 按钮。

步骤 04 在弹出的"装配约束"对话框中设置如图 5-77 所示的参数，然后在绘图区中选择"面 1"与"面 2"接触，如图 5-78 所示。

图 5-76　参数设置

图 5-77　"装配约束"对话框

步骤 05 在"装配约束"对话框的"类型"下拉列表框中选择"接触对齐"选项，在"方位"下拉列表框中选择"自动判断中心/轴"选项。然后在绘图区中选择"孔 1"与"孔 2"；再次选择"孔 3"和"孔 4"，单击"装配约束"对话框中的"确定"按钮，装配完成后如图 5-79 所示。

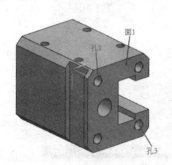

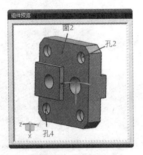

图 5-78　约束示意图

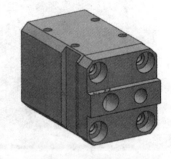

图 5-79　装配效果

5.6.4　装配滑块螺母零件

完成以上操作后，开始装配滑块螺母零件。具体操作步骤如下：

步骤 01 添加组件 huakuailuomu.prt。在"添加组件"对话框中单击"打开"按钮，在弹出的"部件名"对话框中选择组件"huakuailuomu.prt"，单击 OK 按钮。

步骤 02 在"添加组件"对话框的"定位"下拉列表框中选择"通过约束"选项，单击"确定"按钮。

步骤 03 在"装配约束"对话框的"类型"下拉列表框中选择"接触对齐"选项，在"方位"下拉列表框中选择"接触"选项，然后在绘图区中选择"面 1"与"面 2"接触；在"方位"下拉列表框中选择"自动判断中心/轴"选项，选择"轴线 1"与"轴线 2"，如图 5-80 所示。

步骤 04 在"装配约束"对话框的"类型"下拉列表框中选择"平行"选项，然后在绘图区中选择"面 3"与"面 4"，单击"反向"按钮 ⊠，调整方向，如图 5-81 所示。

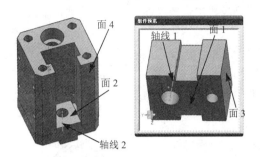

图 5-80　约束示意图　　　　　　　　　　图 5-81　装配效果

5.6.5　装配螺杆零件

完成以上操作后，开始装配螺杆零件。具体操作步骤如下：

步骤 01 添加组件 tianzhenluogan.prt。执行"装配"→"组件"→"添加组件"命令，或者在"装配"工具栏中单击"添加组件"按钮 🧩，系统弹出"添加组件"对话框。

步骤 02 在"添加组件"对话框中单击"打开"按钮 📂，在弹出的"部件名"对话框中选择组件"tianzhenluogan.prt"，单击 OK 按钮。

步骤 03 在"添加组件"对话框中的"定位"下拉列表框中选择"通过约束"选项，单击"确定"按钮。

步骤 04 在"装配约束"对话框的"类型"下拉列表框中选择"接触对齐"选项，在"方位"下拉列表框中选择"自动判断中心/轴"选项，然后在绘图区中选择"轴线 1"与"轴线 2"，单击"反向"按钮 ⊠，调整方向，如图 5-82 所示。

步骤 05 在"装配约束"对话框的"类型"下拉列表框中选择"距离"选项，然后在绘图区中选择"面 1"与"面 2"，在"距离"文本框中输入 4.3，单击"确定"按钮，装配效果如图 5-83 所示。

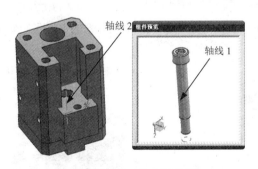

图 5-82　约束示意图　　　　　　　　　　图 5-83　装配效果

5.6.6　装配 M6×45 螺钉零件

完成以上操作后，开始装配 M6×45 螺钉零件。具体操作步骤如下：

步骤 **01** 在"添加组件"对话框中单击"打开"按钮🗁，在弹出的"部件名"对话框中选择组件"GBT70_1-M6X45.prt"，单击 OK 按钮。

步骤 **02** 在"添加组件"对话框的"定位"下拉列表框中选择"通过约束"选项，单击"确定"按钮。

步骤 **03** 在"装配约束"对话框的"类型"下拉列表框中选择"接触对齐"选项，在"方位"下拉列表框中选择"自动判断中心/轴"选项，选择"轴线 1"与"轴线 2"，如图 5-84 所示。

步骤 **04** 在"方位"下拉列表框中选择"接触"选项，然后在绘图区中选择"面 1"与"面 2"接触，装配后效果如图 5-85 所示。

 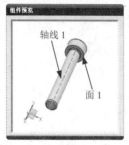  

图 5-84　约束示意图　　　　　　　　　　　　　　图 5-85　装配效果

5.6.7　装配钩板零件

完成以上操作后，开始进行钩板零件的装配。具体操作步骤如下：

步骤 **01** 在"添加组件"对话框中单击"打开"按钮🗁，在弹出的"部件名"对话框中选择组件"gouzi.prt"，单击 OK 按钮。

步骤 **02** 在"添加组件"对话框的"定位"下拉列表框中选择"通过约束"选项，单击"确定"按钮。

步骤 **03** 在"装配约束"对话框的"类型"下拉列表框中选择"接触对齐"选项，在"方位"下拉列表中选择"接触"选项，然后在绘图区中选择"面 1"与"面 2"，如图 5-86 所示。

步骤 **04** 在"方位"下拉列表框中选择"自动判断中心/轴"选项，选择"轴线 1"与"轴线 2"。

步骤 **05** 在"装配约束"对话框的"类型"下拉列表框中选择"平行"选项，然后在绘图区中选择"面 3"与"面 4"，单击"反向"按钮╳，单击"确定"按钮，装配完成后如图 5-87 所示。

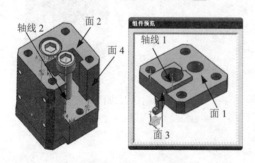 

图 5-86　约束示意图　　　　　　　　　　　　　　图 5-87　装配效果

5.6.8 装配 M4×12 螺钉零件

完成以上操作后,开始装配M4×12 螺钉零件。具体操作步骤如下:

步骤 01 在"添加组件"对话框中单击"打开"按钮 ,在弹出的"部件名"对话框中选择组件
"GBT70_1-M4X12.prt",单击 OK 按钮。

步骤 02 在"添加组件"对话框的"定位"下拉列表框中选择"通过约束"选项,单击"确定"按
钮。

步骤 03 在"装配约束"对话框的"类型"下拉列表框中选择"接触对齐"选项,在"方位"下拉
列表框中选择"自动判断中心/轴"选项,然后依次单击选择"轴线 1""轴线 2",如图 5-88 所示。

步骤 04 在"方位"下拉列表框中选择"接触"选项,然后在绘图区中选择"面 1"与"面 2"接
触,装配后效果如图 5-89 所示。

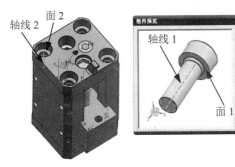

图 5-88 约束示意图

图 5-89 装配效果

5.6.9 阵列 M4×12 螺钉零件

用户可以选择逐个插入螺钉零件,也可以使用阵列的方法依次将其余的零件阵列到装配体
中。具体操作步骤如下:

步骤 01 执行"装配"→"组件"→"创建组件阵列"命令,在"装配"工具栏中单击"创建组件
阵列"按钮 ,选择如图 5-90 所示的组件。

步骤 02 在弹出的"创建组件阵列"对话框中选中"线性"单选按钮(如图 5-91 所示),单击"确
定"按钮。

图 5-90 选择的组件

图 5-91 "创建组件阵列"对话框

步骤 **03** 在弹出的"创建线性阵列"对话框中选中"面的法向"单选按钮，然后选择如图 5-92 所示的面定义 XC 及 YC 方向。

步骤 **04** 设置线性阵列参数。在"创建线性阵列"对话框中设置如图 5-93 所示的参数，单击"确定"按钮，阵列后效果如图 5-94 所示。

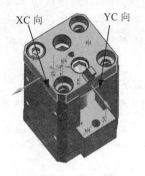

图 5-92　XC、YC 方向

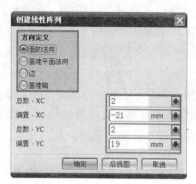
图 5-93　"创建线性阵列"对话框

图 5-94　阵列效果

5.6.10　镜像 M4×12 螺钉组件

完成以上操作后，用户可以将装配的螺钉进行镜像，直接完成操作。具体操作步骤如下：

步骤 **01** 在"装配"工具栏中单击"镜像装配"按钮 ，或者执行"装配"→"组件"→"镜像装配"命令，系统弹出"镜像装配导向"对话框，单击"下一步"按钮。

步骤 **02** 在装配导航器中选择如图 5-95 所示的组件，单击"下一步"按钮。

步骤 **03** 在打开的对话框中单击"创建基准面"按钮 ，打开"基准平面"对话框，参数设置如图 5-96 所示，单击"确定"按钮，完成镜像平面的创建。

步骤 **04** 在"镜像装配导向"对话框中依次单击"下一步"按钮，最后单击"完成"按钮完成镜像装配的创建，如图 5-97 所示。

图 5-95　选择的组件

图 5-96　"基准平面"对话框

图 5-97　镜像装配效果

步骤 **05** 在"标准"工具栏中单击"保存"按钮 ，保存装配文件。

5.7　本章小节

　　本章主要讲述了 UG NX 8.0 在机械装配中的使用，介绍了 UG NX 8.0 装配功能模块的基本功能与使用方法，包括装配结构的建立、装配约束的方法、装配爆炸图的创建等操作。

　　最后以实际零部件的装配为例进一步对 UG NX 8.0 装配模块的功能进行了介绍，从而使读者能够更加熟练掌握 UG NX 8.0 的装配功能。

5.8　习　　题

一、填空题

　　1．装配就是把加工好的零件按一定的_____和_____连接到一起，成为一部完整的机械产品。

　　2．利用"阵列组件"命令可将装配中的组件通过_____或_____的方式进行阵列，从而省去组件重复装配的烦琐，并可定义创建阵列时的_____。

　　3．在装配过程中，如果当前窗口中有多个相同的组件，可通过_____的方式创建新组件。

　　4．在 UG NX 8.0 中创建装配的爆炸视图，可以方便用户对组件进行观察，其中爆炸图的创建方式有_____和_____两种。

二、问答题

　　1．请简述装配的内容。
　　2．请简述装配的地位。

三、上机操作

　　根据路径下载文件/example/Char05/jiaju/，打开"jiaju.prt"文件，如图 5-98 所示，请用户参考本章介绍内容及此装配模型的装配关系重新将文件夹内的零部件进行装配。

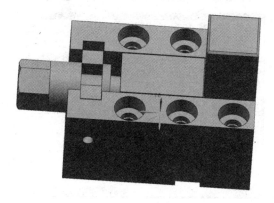

图 5-98　上机操作视图

第 6 章　绘制工程图

UG NX 8.0 的工程图主要是为了满足零件加工和制造出图的需要。在UG NX 8.0 中利用建模模块创建的三维实体模型，都可以利用工程图模块投影生成二维工程图，并且所生成的工程图与该实体模型是完全关联的。

学习目标：

- 了解工程图的管理及视图的管理功能
- 熟练掌握工程图的视图创建功能
- 熟练掌握工程图的视图编辑功能

6.1　工程图入门

创建各种投影视图是创建工程图最核心的问题。在UG NX 8.0 中，任何一个利用实体建模、曲面设计、装配操作等创建的三维模型，都可以用不同的投影方法、图样尺寸和比例建立多张二维工程图。

6.1.1　工程图界面简介

在UG NX 8.0 中，工程图环境是创建工程图的基础，利用实体建模、装配操作等创建的三维模型都可以将其引用到工程图环境中，并且可以利用UG NX 8.0 工程图模块中提供的工程图操作工具创建出不同的符合要求的二维工程图。

在建模模块下，执行"开始"→"制图"命令，即可进入工程图界面，如图 6-1 所示。

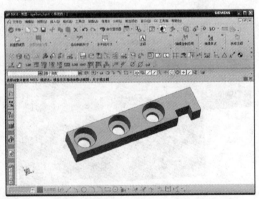

图 6-1　工程图界面

6.1.2　创建工程图

创建工程图即是新建图纸页，而新建图纸页则是进入工程图环境的第一步。在工程图环境中建立的任何图形都将在创建的图纸页上完成。在进入工程图环境时，系统会自动创建一张图纸页。

创建工程图的方法有两种：一种是通过创建工程图文件的方法进入工程图模块；另一种是在建模模块切入工程图。

1．新建工程图文件

单击"标准"工具栏中的 （新建）按钮，弹出"新建"对话框，单击"图纸"选项卡，在"单位"下拉列表框中选择"毫米"选项；单击"A3"图纸模板，设置"新文件名"中的"名称"和"文件夹"选项；单击"要创建图纸的部件"选项组中的 按钮，选择已完成创建的模型，如图 6-2 所示。

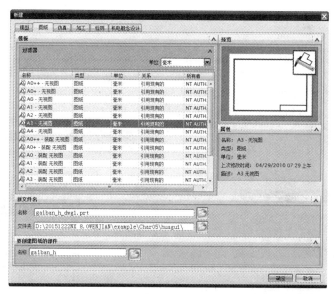

图 6-2　"新建"对话框

单击"新建"对话框中的 确定 按钮，即可进入工程图模块，并弹出如图 6-3 所示的"视图创建向导"对话框，默认选择"gaiban_h.prt"，单击 完成 按钮，即可创建如图 6-4 所示的工程图。

图 6-3　"视图创建向导"对话框

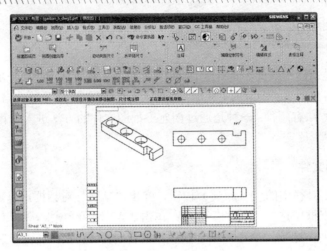

图 6-4　创建工程图视图

2．切入工程图方法

打开一个模型零件，执行"开始"→"制图"命令，切换为制图模块。单击"图纸"工具栏中的 (新建图纸页) 按钮，弹出"图纸页"对话框，选中"大小"下面的"使用模板"单选按钮，并选中"A3-无视图"选项，如图 6-5 所示；单击 完成 按钮，弹出如图 6-6 所示的"视图创建向导"对话框，后面的操作即重复新建工程图纸的操作。

图 6-5　"图纸页"对话框

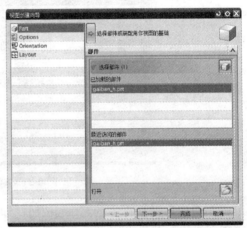

图 6-6　"视图创建向导"对话框

6.1.3　打开和删除工程图

对于同一个实体模型，若采用不同的投影方法、图样幅面尺寸和比例建立多张二维工程图，当要编辑其中一张或多张工程图时，必须先将其工程图打开。

如图 6-7 所示右键单击"部件导航器"中的图纸名称，在弹出的快捷菜单中选择"打开"命令，即可打开存在于同一工程图文件中的另外图纸。

如图 6-8 所示右键单击"部件导航器"中的图纸名称，在弹出的快捷菜单中选择"删除"命令，即可删除存在于同一工程图文件中的另外图纸。

图 6-7 打开图纸   图 6-8 删除图纸

6.1.4 编辑图纸页

　　在创建工程图的过程中，如果发现原来设置的工程图参数不符合要求，如图纸的格式、比例等，在工程图环境中可以对相关参数进行修改或编辑。

　　执行"编辑"→"图纸页"命令，弹出如图 6-9 所示的"图纸页"对话框，在该对话框中可以对图纸的名称、尺寸大小、比例、单位等进行编辑或修改。

图 6-9 编辑图纸页

6.1.5 入门实例——后盖工程图创建

　　本小节以一个后盖零件为例，简单介绍创建工程图的基本过程。

初始文件	下载文件/example/Char06/hougai.prt
结果文件	下载文件/result/Char06/hougai_dwg1.prt
视频文件	下载文件/video/Char06/后盖工程图.avi

步骤 01 启动 NX 8.0 软件并打开文件。

❶ 选择"开始"→"所有程序"→UG NX 8.0→NX 8.0，启动 NX 8.0 软件。执行"文件"
→"打开"命令，或者单击"标准"工具栏中的按钮，弹出如图 6-10 所示
的"打开"对话框。

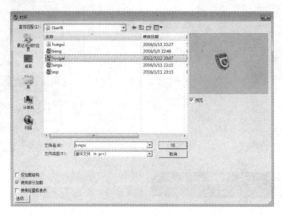

图 6-10　"打开"对话框

❷ 根据初始文件路径选中 hougai.prt 文件，并单击"打开"对话框中的 OK 按钮，打开零
件视图。

步骤 02 新建工程图。

❶ 选择"开始"→"所有应用模块"→"制图"命令，进入工程制图模块。

❷ 单击"图纸"工具栏中的按钮，弹出"图纸页"对话框，在"大小"
选项组中选中"标准尺寸"单选按钮，在"大小"下拉列表框中选择 A3-297×420，在
"比例"下拉列表框中选择 1:1；在"图纸页名称"中输入 hougai_dwg，如图 6-11 所
示。单击"确定"按钮，打开如图 6-12 所示的"基本视图"对话框。

图 6-11　"图纸页"对话框

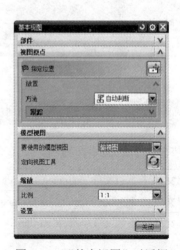

图 6-12　"基本视图"对话框

❸ 在"要使用的模型视图"下拉列表框中选择"俯视图"，其余参数均保持默认设置，并在图纸中拖动光标选择合适的位置放置视图，如图 6-13 所示。选择合适的位置并单击，即可创建如图 6-14 所示的俯视图。

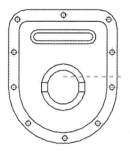

图 6-13　选择放置点　　　　　　　　　　图 6-14　创建俯视图

 放置完俯视图后，系统会自动投影其他视图，这时只要按Esc键即可放弃继续创建其他投影视图。

步骤 03　创建投影视图。

在工具栏中单击 ✂ （投影视图）按钮，弹出如图 6-15 所示的"投影视图"对话框，同时拖动光标创建投影视图，拖动到合适的位置后单击鼠标即可完成视图的创建。创建好的视图如图 6-16 所示。

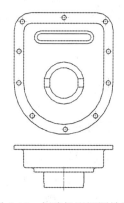

图 6-15　"投影视图"对话框　　　　　　图 6-16　创建投影视图效果

步骤 04　创建剖视图。

❶ 单击"图纸"工具栏中的 ⊙ （剖视图）按钮，弹出如图 6-17 所示的"剖视图"对话框。

❷ 在图纸中选择俯视图作为剖视图的父视图，如图 6-18 所示。

图 6-17　"剖视图"对话框　　　　　　　图 6-18　"剖视图"对话框

❸ 单击如图 6-19 所示俯视图的"中点"，向右拖动鼠标至合适的位置创建剖视图，如图 6-20 所示。

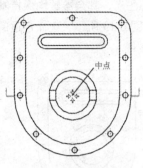

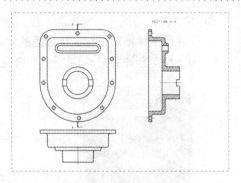

图 6-19 拾取视图中点 　　　　　　　　　图 6-20 完成剖视图创建

步骤 **05** 保存文件。执行"文件"→"另存为"命令，将文件保存在非中文路径的文件夹下，完成所有操作。

6.2 创建普通视图

视图是组成工程图的最基本元素。普通视图包括基本视图、投影视图、局部放大图、断开视图等。UG NX 8.0 提供了创建这些视图的操作命令，其中还包括了视图创建向导、更新视图等进行视图操作的命令。

6.2.1 视图创建向导

利用视图创建向导可按照软件提示逐步对图纸页添加一个或多个视图，前面已介绍了该命令的简单用法。

初始文件	下载文件/example/Char06/huagui/

具体操作步骤如下：

步骤 **01** 根据初始文件路径打开"huagui"文件夹下的"kazhuan.prt"文件，打开的文件视图如图 6-21 所示。

步骤 **02** 执行"开始"→"制图"命令，切换为制图模块；单击"图纸"工具栏中的 （新建图纸页）按钮，弹出"图纸页"对话框，选中"大小"下面的"使用模板"单选按钮，并选中"A3-无视图"选项，如图 6-22 所示。

图 6-21 打开零件视图 　　　　　　　　　图 6-22 "图纸页"对话框

步骤 **03** 单击"确定"按钮，打开新图纸并弹出"视图创建向导"对话框。

步骤 **04** 如图 6-23 所示选中"已加载的部件"下面的"kazhuan.prt"，单击 下一步 > 按钮，切入设置视图显示选项。

步骤 **05** 如图 6-24 所示在"视图边界"下拉列表框中选择"自动"选项，选中"显示隐藏线"复选框，在下面的下拉列表框中选择"不可见"，线宽选择最细的线条，选中"显示中心线"和"显示轮廓线"复选框；在"预览样式"下拉列表框中选择"着色"，单击 下一步 > 按钮，切入指定父视图的方位选择框。

图 6-23　选择投影部件

图 6-24　设置视图显示选项

步骤 **06** 如图 6-25 所示选中"模型视图"下面的"前视图"，单击 下一步 > 按钮，切入选择要投影的视图。

步骤 **07** 如图 6-26 所示依次单击 （父视图）按钮、 （左视图）按钮、 （俯视图）按钮，在"放置"下面的"选项"下拉列表框中选择"自动"，单击 完成 按钮，即可创建工程视图，如图 6-27 所示。

图 6-25　选择父视图

图 6-26　选择需投影的视图

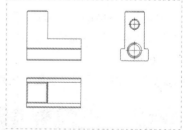

图 6-27　创建三视图

6.2.2　基本视图

选择基本视图命令，用户可使用连续投影的方式在图纸页上创建基于模型的视图。

具体操作步骤如下：

步骤 **01** 仍然以"kazhuan.prt"文件为例介绍该命令的操作。首先切入工程制图模块并创建一张空白图纸，单击 (基本视图) 按钮，弹出"基本视图"对话框。

步骤 **02** 如图 6-28 所示，在"放置"下面的"方法"下拉列表框中选择"自动判断"，在"模型视图"下面的"要使用的模型视图"下拉列表框中选择"俯视图"，在"比例"下拉列表框中选择 2:1。

步骤 **03** 单击图纸中的一点，即可创建俯视图，然后分别单击此图的正上、正右和右上 45°角，单击"基本视图"对话框中的 关闭 按钮，创建如图 6-29 所示的投影视图。

图 6-28　"基本视图"对话框

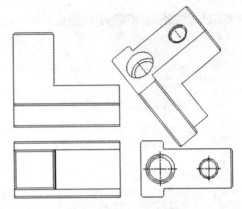

图 6-29　创建的投影视图

6.2.3　投影视图

利用投影视图命令可将任意一个投影视图重新激活为父视图，进行不同角度的投影操作。

具体操作步骤如下：

步骤 **01** 仍然以"kazhuan.prt"文件为例介绍该命令的操作。首先创建本零件的俯视图。

步骤 **02** 单击 (投影视图) 按钮，弹出"投影视图"对话框，在"铰链线"下面的"矢量选项"下拉列表框中选择"自动判断"，在"视图原点"下面的"方法"下拉列表框中选择"自动判断"，如图 6-30 所示。

步骤 **03** 此时，可以单击图纸内点创建投影视图了。

图 6-30　"投影视图"对话框

6.2.4　局部放大图

利用局部放大图命令可创建一个包含图纸视图放大部分的视图。

具体操作步骤如下：

步骤 **01** 仍然以"kazhuan.prt"文件为例介绍该命令的操作。首先创建本零件的俯视图。

步骤 **02** 单击 (局部放大图) 按钮，弹出"局部放大图"对话框，在"类型"下拉列表框中选择"圆形"，在"标签"下拉列表框中选择"圆"，如图 6-31 所示。

步骤 **03** 如图 6-32 所示以指定圆心和边界一点的方法绘制一个圆，该圆应能将需局部放大的部位包含在内。

步骤 **04** 在"局部放大图"对话框中设置"比例"选项的参数，并单击图纸中任意一点创建局部放大图，如图 6-33 所示。

图 6-31 "局部放大图"对话框

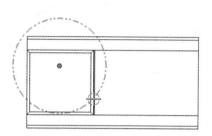

图 6-32 绘制局部放大的圆

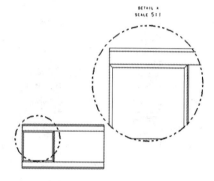

图 6-33 创建局部放大图

6.2.5 断开视图

利用断开视图命令创建用于将一个视图分为多个边界的断裂线，该命令常用于长条形零件绘制工程图中。

具体操作步骤如下：

步骤 **01** 根据本节开始提到的初始文件夹路径，打开"luogan.prt"文件，打开的文件视图如图 6-34 所示。

步骤 **02** 创建本零件的俯视图，如图 6-35 所示。

图 6-34 打开的零件视图

图 6-35 创建俯视图

步骤 03 单击 (断开视图) 按钮, 弹出 "断开视图" 对话框, 在 "类型" 下拉列表框中选择 "常规", 单击创建的俯视图作为 "主模型视图", 如图 6-36 所示。单击 "点 1" 构建 "断裂线 1", 单击 "点 2" 构建 "断裂线 2", 将 "断开视图" 对话框中的 "偏置" 均设置为 0, 如图 6-37 所示。

步骤 04 单击 "断开视图" 对话框中的 确定 按钮, 即可完成断开视图的操作, 如图 6-38 所示。

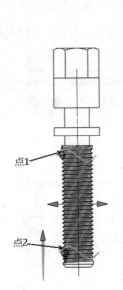

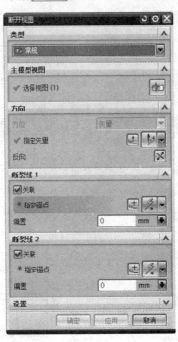

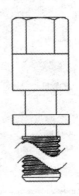

图 6-36　单击断裂点　　　图 6-37　"断开视图" 对话框　　　图 6-38　完成断开视图操作

6.2.6　更新视图

利用更新视图命令可更新选定视图的隐藏线、轮廓线、视图边界等, 以反映对模型的更改。当模型零件进行更改后, 工程图未进行变化, 单击 (更新视图) 按钮, 弹出如图 6-39 所示的 "更新视图" 对话框, 选择视图后, 单击 确定 按钮即可进行更新视图的操作。

图 6-39　"更新视图" 对话框

6.3　创建剖视图

UG NX 8.0 提供了多种创建剖视图的方法，包括局部剖视图、剖视图、半剖视图、旋转剖视图、折叠剖视图等不同的剖视图创建命令。

6.3.1　剖视图

剖视图是用来从父视图中创建一个投影剖视图的，以便显示部件内部的具体结构。

具体操作步骤如下：

步骤 01 根据本章开始提到的初始文件夹路径，打开 "kazhuan.prt" 文件，打开的文件视图如图 6-40 所示。

步骤 02 创建本零件的正面视图，如图 6-41 所示。

图 6-40　零件视图

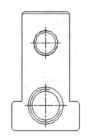

图 6-41　创建正面视图

步骤 03 单击  （剖视图）按钮，弹出如图 6-42 所示的 "剖视图" 对话框；单击创建的视图，"剖视图" 对话框变化为如图 6-43 所示。

图 6-42　"剖视图" 对话框

图 6-43　变化后的 "剖视图" 对话框

步骤 04 如图 6-44 所示单击创建工程视图的孔中心，并向右拖动鼠标，单击正右位置即可创建剖视图，如图 6-45 所示。

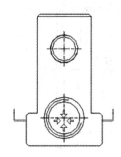

图 6-44　单击孔中心

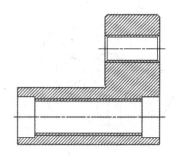

图 6-45　创建剖视图

151

6.3.2 半剖视图

半剖视图为剖视图的一种。当物体具有对称平面时，向垂直于对称平面的投影面上投射所得的图形，可以对称中心线为界，一半绘制成视图，另一半绘制成剖视图，这种组合的图形称为半剖视图。

初始文件	下载文件/example/Char06/lungu.prt

具体操作步骤如下：

步骤01 根据初始文件路径打开"lungu.prt"文件，打开的文件视图如图 6-46 所示。使用工程制图创建本零件的俯视图，如图 6-47 所示。

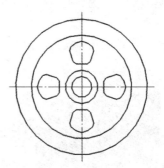

图 6-46　初始文件视图　　　　　　　　　图 6-47　创建俯视图

步骤02 单击 （半剖视图）按钮，弹出如图 6-48 所示的"半剖视图"对话框；单击创建的视图，"半剖视图"对话框变化为如图 6-49 所示。

图 6-48　"半剖视图"对话框　　　　图 6-49　变化后的"半剖视图"对话框

步骤03 如图 6-50 所示依次单击创建工程视图的象限点和孔中心，并向右拖动鼠标，单击正右位置即可创建半剖视图，如图 6-51 所示。

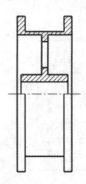

图 6-50　单击两点　　　　　　　　图 6-51　创建半剖视图

6.3.3　旋转剖视图

当利用一个剖切平面不能通过机件的各内部结构，而机件在整体上又具有回转轴时，可使用两个相交的剖切平面剖开机件，然后将剖面的倾斜部分旋转到与基本投影面平行并进行投影，这样得到的视图称为旋转剖视图。

初始文件	下载文件/example/Char06/xxp.prt

具体操作步骤如下：

步骤 01 根据初始文件路径打开"xxp.prt"文件，打开的文件视图如图 6-52 所示。使用工程制图创建本零件的俯视图，如图 6-53 所示。

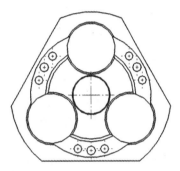

图 6-52　初始文件视图　　　　　　　　　　　　图 6-53　创建俯视图

步骤 02 单击 ◎（旋转剖视图）按钮，弹出如图 6-54 所示的"旋转剖视图"对话框；单击创建的视图，"旋转剖视图"对话框变化为如图 6-55 所示。

图 6-54　"旋转剖视图"对话框　　　　　图 6-55　变化后的"旋转剖视图"对话框

步骤 03 如图 6-56 所示依次单击"点 1""点 2""点 3"，并向上拖动鼠标，单击正上位置即可创建旋转剖视图，如图 6-57 所示。

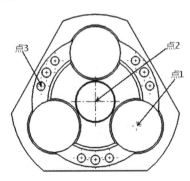

图 6-56　单击三点　　　　　　　　　　　图 6-57　创建旋转剖视图

6.3.4 折叠剖视图

利用折叠剖视图命令可使用任何视图中连接一系列指定点的截面线来创建一个折叠剖视图。
具体操作步骤如下：

步骤 01 同样使用"xxp.prt"零件创建俯视图，如图 6-58 所示。单击 （折叠剖视图）按钮，弹出
如图 6-59 所示的"折叠剖视图"对话框。

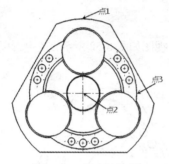

图 6-58 创建俯视图

图 6-59 "折叠剖视图"对话框

步骤 02 单击创建的俯视图，"折叠剖视图"对话框变化为如图 6-60 所示。单击对话框中的 按
钮，在弹出的下拉菜单中单击 按钮，依次单击俯视图中的"点 1""点 2""点 3"，单击 （放置
视图）按钮并向右拖动鼠标，单击正右位置上一点，创建的折叠剖视图如图 6-61 所示。

图 6-60 变化后的"折叠剖视图"对话框

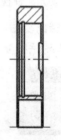

图 6-61 创建折叠剖视图

6.3.5 展开的点到点剖视图

利用展开的点到点剖视图命令可使用任何父视图中连接一系列指定点的截面线来创建一
个展开剖视图。
具体操作步骤如下：

步骤 01 同样使用"xxp.prt"零件创建俯视图，如图 6-62 所示。单击 （展开的点到点剖视图）按
钮，弹出如图 6-63 所示的"展开的点到点剖视图"对话框。

步骤 02 单击创建的俯视图，"展开的点到点剖视图"对话框变化为如图 6-64 所示。
单击对话框中的 按钮，在弹出的下拉菜单中单击 按钮，依次单击俯视图中的"点 1"～"点 7"
位置点，单击 （放置视图）按钮并向右拖动鼠标，单击正右位置上一点，创建的展开的点到点剖
视图如图 6-65 所示。

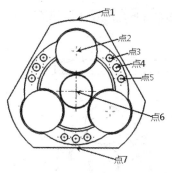

图 6-62　创建俯视图

图 6-63　"展开的点到点剖视图"对话框

图 6-64　变化后的"展开的点到点剖视图"对话框

图 6-65　创建剖视图

6.3.6　局部剖视图

局部剖视图是用剖切平面局部的剖开机件所得的视图。局部剖视图是一种灵活的表达方法，用剖视图的部分表达机件的内部结构，不剖的部分表达机件的外部形状。

具体操作步骤如下：

步骤 01　同样使用"xxp.prt"零件创建俯视图，然后创建向上的投影视图，如图 6-66 所示。

步骤 02　利用鼠标右键单击上方视图，在弹出的快捷菜单中选择"活动草图视图"选项，使用草图绘制如图 6-67 所示的艺术样条曲线。

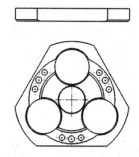

图 6-66　创建向上的投影视图

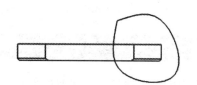

图 6-67　创建艺术样条曲线

步骤 03　单击 （局部剖视图）按钮，弹出如图 6-68 所示的"局部剖"对话框，单击代表上方视图的名称（此处为"ORTHO@23"），单击俯视图上一点，默认拉伸矢量；单击 （选择曲线）按钮，并单击创建的样条曲线，此时单击"局部剖"对话框中的 应用 按钮，即可创建局部剖视图，如图 6-69 所示。

图 6-68　"局部剖"对话框

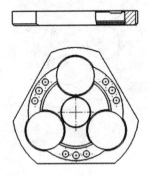

图 6-69　创建局部剖视图

6.4　编辑工程图

在向工程图添加视图的过程中，若发现原来设置的工程图参数不符合要求，可以对已有的工程图有关参数进行修改。进行工程图编辑或修改的命令包括移动/复制视图、视图对齐、视图边界、编辑截面线等。

6.4.1　移动/复制视图

UG NX 8.0 中，工程图中任何视图的位置都是可以改变的，其中移动和复制视图操作均可以改变视图在图形窗口中的位置。两者的不同点为：前者是将原视图直接移动到指定位置；后者是在原视图的基础上新建一个副本，并将副本移动到指定位置上。

新建视图后，要移动和复制视图，需执行"编辑"→"视图"→"移动/复制"命令，弹出如图 6-70 所示的"移动/复制视图"对话框。

- 选中视图后，单击 （至一点）按钮，拖动鼠标即可将选中的视图移动到图纸框内任何一个位置点。
- 选中视图后，单击 （水平）按钮，拖动鼠标只可将选中的视图水平移动。
- 选中视图后，单击 （竖直）按钮，拖动鼠标只可将选中的视图竖直移动。
- 选中视图后，单击 （垂直于直线）按钮，拖动鼠标可按某一矢量的垂直方向移动视图。
- 可选中"复制视图"复选框，将移动视图操作变为复制视图操作。

6.4.2　视图对齐

对齐视图是指选择一个视图作为参照，使其他视图以参照视图进行水平或竖直方向对齐。

执行"编辑"→"视图"→"视图对齐"命令，即可弹出如图 6-71 所示的"对齐视图"对话框，通过指定需对齐的视图和参照视图，用户可通过自动判断、水平、竖直、垂直于直线和叠加 5 种方式进行视图对齐操作。

图 6-70　"移动/复制视图"对话框

图 6-71　"视图对齐"对话框

6.4.3　视图边界

定义视图边界是将视图以所定义的矩形线框或封闭曲线为界限进行显示的操作。在创建工程图的过程中,经常会遇到定义视图边界的情况,例如在创建局部视图时,需将视图边界进行放大操作等。

执行"编辑"→"视图"→"边界"命令,弹出"视图边界"对话框,单击某一个视图名称,激活对话框中的选项,如图 6-72 所示,在该对话框中可设置视图边界类型为断裂线/局部放大图、手工生成矩形、自动生成矩形或由对象定义边界。

图 6-72　"视图边界"对话框

6.4.4　编辑截面线

利用编辑截面线命令可添加、删除或移动各段截面线、重新定义一条铰链或移动旋转剖视图的旋转点等。

执行"编辑"→"视图"→"截面线"命令,弹出"截面线"对话框,单击"选择剖视图"按钮,选中视图中某个剖视图,即可激活对话框中的部分选项,如图 6-73 所示,在该对话框中可进行添加段、删除段、移动段、移动旋转点等操作。

图 6-73　"截面线"对话框

6.4.5　视图相关编辑

利用视图相关编辑命令编辑视图中对象的显示，同时不影响其他视图中同一对象的显示。

利用该命令可进行擦除对象、编辑完整对象、编辑着色对象、编辑对象段等操作，这里以擦除对象操作进行介绍。

执行"编辑"→"视图"→"视图相关编辑"命令，弹出"视图相关编辑"对话框，选择需要编辑的视图，此时将激活对话框中的选项，如图 6-74 所示；单击 按钮，（擦除对象）按钮，即可弹出如图 6-75 所示的"类选择"对话框，此时用户只要选择需要擦除的对象并单击 确定 按钮即可完成操作。

图 6-74　"视图相关编辑"对话框

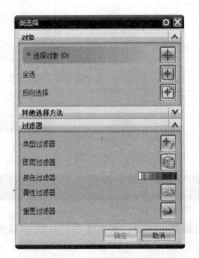

图 6-75　"类选择"对话框

注意，相应的操作对应相应的视图，对该命令感兴趣的用户可依次试验操作"视图相关编辑"对话框中的各项按钮。

6.5　实例进阶——泵体工程图创建

前面详细介绍了使用UG NX 8.0 进行工程图创建和编辑的各种命令，本节将通过一个实例综合介绍工程图创建的操作过程。

如图 6-76 所示为一泵体零件模型，若能完整地表达该零件模型的设计意图，需创建零件的俯视图、正视图、剖视图等。

初始文件	下载文件/example/Char06/beng.prt
结果文件	下载文件/result/Char06/beng_dwg1.prt
视频文件	下载文件/video/Char06/泵体工程图.avi

图 6-76　泵体零件模型

6.5.1　新建图纸页，创建模型俯视图

首先新建一A2 图纸页并进行设置后，创建阀体零件模型的俯视图。

具体操作步骤如下：

步骤 01 根据初始文件路径打开 beng.prt 文件，然后执行"文件"→"新建"命令，弹出"新建"对话框。

步骤 02 单击"新建"对话框中的"图纸"选项卡，在"过滤器"下面的"关系"中选择"引用现有部件"，"单位"选择"毫米"，选中"A0-无视图"选项；将"新文件名"下面的"名称"设置为"beng_dwg1.prt"，使用默认的"文件夹"路径；设置"要创建图纸的部件"下面的"名称"为"beng"，如图 6-77 所示。

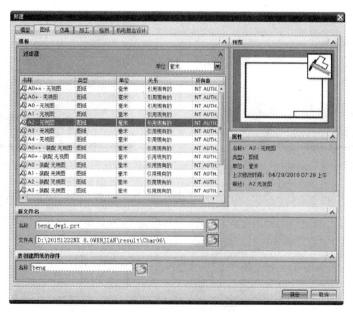

图 6-77　"新建"对话框

步骤 03 单击"新建"对话框中的"确定"按钮，创建新图纸页进入工程图模块，并弹出"视图创建向导"对话框。

步骤 04 如图 6-78 所示为"视图创建向导"对话框-部件选择项目，选中"已加载的部件"下面的"beng.prt"项目，其余为默认设置。

步骤 05 单击对话框中的"下一步"按钮，弹出"视图创建向导"对话框-选项设置项目，直接使用默认设置，如图 6-79 所示。

图 6-78 "视图创建向导"对话框-部件选择项目　　图 6-79 "视图创建向导"对话框-选项设置项目

步骤 06 单击对话框中的"下一步"按钮，弹出"视图创建向导"对话框-方位设置项目，选中"方位"下面的"前视图"选项，如图 6-80 所示。

步骤 07 单击对话框中的"下一步"按钮，弹出"视图创建向导"对话框-布局设置项目，单击"布局"下面的 （顶部）按钮，在"放置"下面的"选项"下拉列表框中选择"自动"，如图 6-81 所示。

图 6-80 "视图创建向导"对话框-方位设置项目　　图 6-81 "视图创建向导"对话框-布局设置项目

步骤 08 单击"视图创建向导"对话框中的"完成"按钮，即可创建工程图，如图 6-82 所示。

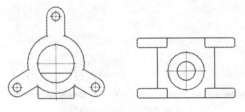

图 6-82 创建工程图

步骤 09 单击左边栏的  （部件导航器）按钮，弹出如图 6-83 所示的"部件导航器"窗口，右键单击导入的"FRONT@1"名称，在弹出如图 6-84 所示的快捷菜单中选择"删除"命令，将创建的主视图删除，只剩下一个俯视图，如图 6-85 所示为完成操作的图纸页。

图 6-83 "部件导航器"窗口   图 6-84 快捷菜单

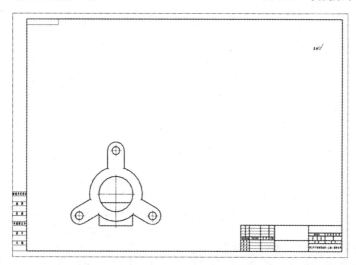

图 6-85 仅剩俯视图的图纸页

6.5.2 创建正视图

上面介绍了如何创建图纸页及创建俯视图的过程，下面我们将学习使用"投影视图"命令创建正视图的过程。

具体操作步骤如下：

步骤 01 单击 （投影视图）按钮，弹出"投影视图"对话框，在"铰链线"下面的"矢量选项"下拉列表框中选择"自动判断"，在"视图原点"下面的"方法"下拉列表框中选择"铰链"，其余为默认设置，如图 6-86 所示。

步骤 02 竖直向上拖动鼠标，可看到如图 6-87 所示的预览视图。

图 6-86 "投影视图"对话框

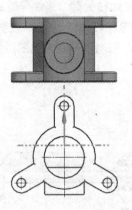

图 6-87 预览视图

步骤 03 找到适合的位置后，单击鼠标即可创建零件的正视图，如图 6-88 所示。单击"投影视图"对话框中的"关闭"按钮完成操作。

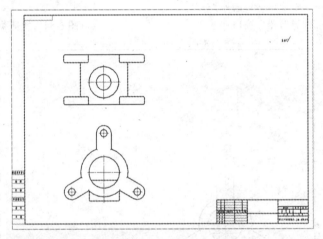

图 6-88 创建正视图后的图纸页

6.5.3 创建正视图的剖视图

完成正视图的创建后，可以大致看到零件模型的结构，若需要看清楚零件的内部结构则需要创建剖视图。

具体操作步骤如下：

步骤 01 单击 (剖视图) 按钮，弹出如图 6-89 所示的"剖视图"对话框。

步骤 02 单击图纸页中的正视图，"剖视图"对话框变化为如图 6-90 所示。

图 6-89 "剖视图"对话框

图 6-90 变化后的"剖视图"对话框

步骤 **03** 如图 6-91 所示单击正视图的圆孔中心，并如图 6-92 所示向右正方向拖动鼠标。

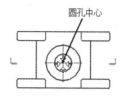

图 6-91 单击圆孔中心

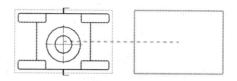

图 6-92 向右拖动鼠标

步骤 **04** 在适合的位置单击鼠标即可创建剖视图，如图 6-93 所示为完成剖视图创建的工程图纸页。

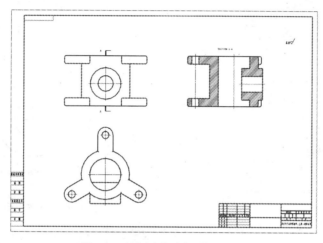

图 6-93 创建剖视图后的图纸页

6.5.4 进行简单的尺寸和符号标注

前面完成了 3 种视图的创建，为了完整视图，下面进行简单的尺寸标注和符号标注。

具体操作步骤如下：

步骤 **01** 单击 （螺栓圆中心线）按钮，弹出"螺栓圆中心线"对话框，在"类型"下拉列表框中选择"通过 3 个或更多点"选项，选中"放置"下面的"整圆"复选框，如图 6-94 所示。

步骤 **02** 依次单击 3 个孔后单击"螺栓圆中心线"对话框中的"确定"按钮，即可创建螺栓圆中心线，如图 6-95 所示。

图 6-94 "螺栓圆中心线"对话框

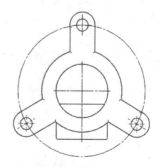

图 6-95 创建螺栓圆中心线

步骤 03 单击 √ （表面粗糙度符号）按钮，弹出"表面粗糙度"对话框，在"属性"下面的"材料移除"下拉列表框中选择"打开"，其余默认为如图 6-96 所示的设置。

步骤 04 单击正视图的上平面，即可创建粗糙度符号，如图 6-97 所示。

图 6-96　"表面粗糙度"对话框

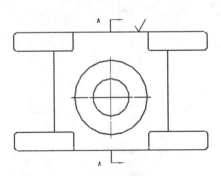

图 6-97　创建粗糙度符号

步骤 05 在"属性"下面的"材料移除"下拉列表框中选择"打开"，在"上部文本（a1）"下拉列表框中选择 Ra1.6，在"下部文本（a2）"下拉列表框中选择 Ra3.2，如图 6-98 所示。在"设置"选项组中进行参数设置，将"角度"设置为-90deg，在"圆括号"下拉列表框中选择"无"，如图 6-99 所示。

图 6-98　"表面粗糙度"对话框

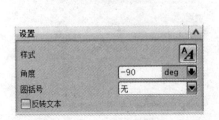

图 6-99　"设置"选项组

步骤06 单击剖视图的孔内壁视图，创建粗糙度符号，如图 6-100 所示。

步骤07 单击 （自动判断尺寸）按钮，弹出如图 6-101 所示的"自动判断尺寸"对话框，这里进行两项快速尺寸的介绍。

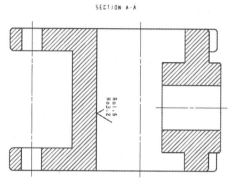

图 6-100　创建粗糙度符号

图 6-101　"自动判断尺寸"对话框

步骤08 如图 6-102 所示依次单击正视图的上平面和下平面，然后向左或向右拖动鼠标，在适合的位置单击鼠标，即可测量零件的高度并创建尺寸标注，如图 6-103 所示。

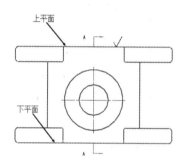

图 6-102　单击上/下平面

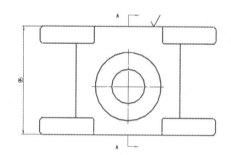

图 6-103　创建尺寸标注

步骤09 如图 6-104 所示单击俯视图小孔，在适合的位置再次单击鼠标，即可创建尺寸标注，如图 6-105 所示。

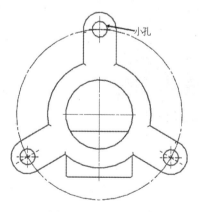

图 6-104　单击小孔

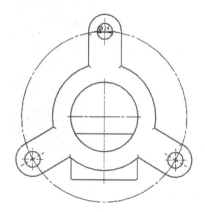

图 6-105　创建尺寸标注

6.6　本章小结

本章介绍了工程图管理、图纸创建、视图创建、创建剖视图及编辑工程视图的操作方法，并以一个综合实例介绍了回转零件创建工程图的一般操作过程。

6.7　习　题

一、填空题

1．工程制图的命令包含了用于图纸_____、视图_____、_____、注释、草图创建、表格创建和编辑的各种命令，这些命令被汇集在"_____"选项卡中。

2．利用"基本视图"命令可使用_____的方式在图纸页上创建基于模型的视图。

3．利用"断开视图"命令创建用于将一个视图分为多个边界的_____，命令常用于长条形零件绘制工程图中。

4．利用"更新视图"命令可更新选定视图的_____、_____、视图边界等以反映对模型的更改。

5．利用"编辑截面线"命令可_____、_____或_____各段截面线、重新定义一条铰链或移动旋转剖视图的旋转点等。

二、上机操作

打开下载文件/example/Char06/huagui/jiti.prt，如图 6-106 所示，用户可参考本章介绍内容及综合实例创建该基体零件的工程图。

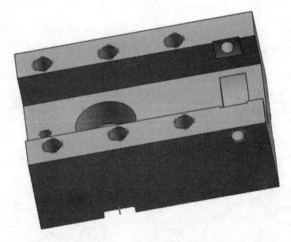

图 6-106　上机操作习题视图

第 7 章　添加工程图注释

本章将介绍对视图添加各种使用符号、尺寸标注、各种注释等制图对象的操作，这些操作我们称其为添加工程图注释。只有完成注释添加后，才能称之为一张完成的工程图。

学习目标：

- 掌握添加工程图尺寸的操作方法
- 掌握添加工程图使用符号的操作方法
- 掌握添加工程图各种注释的操作方法

7.1　实例入门——盘体注释

前面介绍过如图 7-1 所示盘体三维模型的创建方法，现在以此模型的工程图注释作为本章的入门实例。

图 7-1　盘体模型视图

初始文件	下载文件/example/Char07/panti_dwg1.prt
结果文件	下载文件/result/Char07/panti_dwg1.prt
视频文件	下载文件/video/Char07/盘体注释.avi

7.1.1 打开初始文件，了解工程图内容

根据初始文件路径打开panti_dwg1.prt文件，得到如图 7-2 所示盘体的二维工程图，从工程图信息可以看到，工程图中包含了俯视图、向下剖视图、向右剖视图及剖视图中的一个局部放大图。

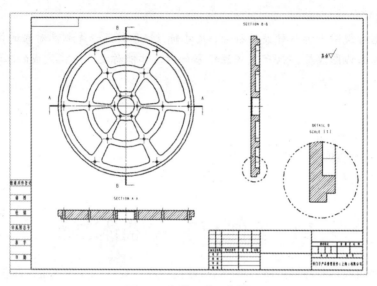

图 7-2　盘体二维工程图

7.1.2 螺栓圆中心线创建

进行其他标注之前，首先需要创建螺栓圆中心线，可以从俯视图中看到，图中包含了三个层次的圆，需要一层层地进行创建。

步骤01　单击 ⚙ （螺栓圆中心线）按钮，弹出"螺栓圆中心线"对话框，如图 7-3 所示。在"类型"下拉列表框中选择"通过 3 个或更多点"，选中"整圆"复选框，依次单击需标注圆的中心点，单击"确定"按钮，即可创建螺栓圆中心线，如图 7-4 所示。

图 7-3　"螺栓圆中心线"对话框

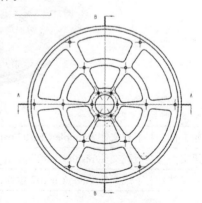

图 7-4　创建里层螺栓圆中心线

步骤 **02** 从图中可以看到，已经创建了最里层的螺栓圆中心线，然后使用同样的方法从里向外进行第二层螺栓圆中心线的创建，如图 7-5 所示。

步骤 **03** 同理，进行最外层螺栓圆中心线的创建，如图 7-6 所示，这样就完成了三层螺栓圆的创建。

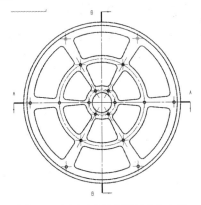

图 7-5　创建中间层螺栓圆中心线

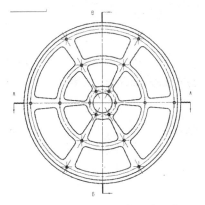

图 7-6　创建外层螺栓圆中心线

 进行螺栓圆创建时，切记不可同时选中不在一个层面上的圆。

7.1.3　几种标注的创建

该盘体上需要标注的尺寸很多，在这里仅介绍有代表性的几种，请读者按机械制图知识将标注补充完整。

步骤 **01** 单击 ♂ （孔尺寸）按钮，弹出"孔尺寸"对话框，如图 7-7 所示。

步骤 **02** 单击俯视图上的圆孔，标注结果局部放大，如图 7-8 所示。

图 7-7　"孔尺寸"对话框

步骤 **03** 单击 ⊔ （水平尺寸）按钮，弹出"水平尺寸"对话框，参数保持默认设置即可。单击如图 7-9 所示 1 和 2 代表的直线，创建如图 7-10 所示的水平标注。

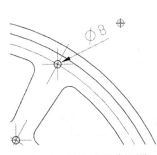

图 7-8　标注孔尺寸视图

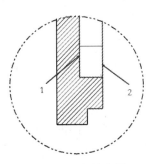

图 7-9　局部放大图

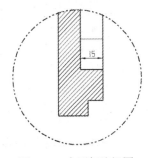

图 7-10　水平标注视图

步骤 **04** 除以上标注外，还需直径尺寸标注、半径尺寸标注、竖直尺寸标注、圆柱尺寸标注等，请读者参考步骤（1）、（2）、（3）进行其余的标注操作。

7.1.4 添加注释和标签

使用注释添加技术条件或标题栏文字，并添加表面粗糙度符号及基准特征等。

步骤 01 单击 **A**（注释）按钮，弹出"注释"对话框，如图 7-11 所示。在"格式化"下面输入图中字样，然后单击工程图图纸内的空白位置，即可创建如图 7-12 所示的文字注释。

图 7-11 "注释"对话框

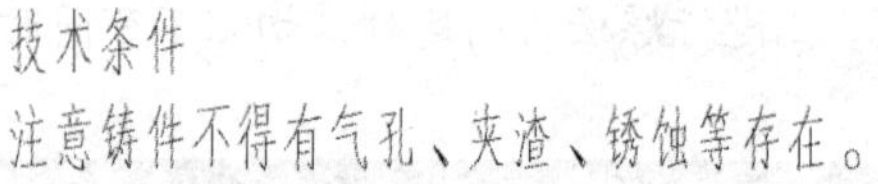

技术条件
注意铸件不得有气孔、夹渣、锈蚀等存在。

图 7-12 创建注释

步骤 02 单击 √（表面粗糙度符号）按钮，弹出如图 7-13 所示的"表面粗糙度"对话框，通过设置"属性"选项组中的各项参数并单击下剖视图上平面点，创建如图 7-14 所示的表面粗糙度符号。

图 7-13 "表面粗糙度"对话框

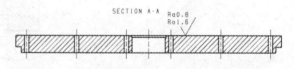

图 7-14 创建表面粗糙度

步骤 03 同样的，读者可自行添加标题栏、其余粗糙度、特征控制框等。

步骤 04 完成后将工程图进行保存。

7.2 添加尺寸标注

尺寸标注用于标识对象的尺寸大小。由于NX工程图模块和三维实体造型模块是完全相连的，因此工程图中进行标注尺寸是直接引用三维模型真实的尺寸，具有实际意义，无法进行改动，只能通过三维实体的尺寸改变工程图尺寸。

在NX 8.0中添加尺寸标注，可执行"插入"→"尺寸"命令，如图 7-15 所示，或者直接单击如图 7-16 所示的"尺寸"工具栏中的命令按钮。

图 7-15 "尺寸"命令菜单

图 7-16 "尺寸"工具栏

7.2.1 尺寸标注智能对话框

无论选择哪种尺寸标注方式，软件都会弹出一个尺寸标注智能对话框，如图 7-17 所示。对话框中常用参数的用途如下：

- 设置公差样式：⬛（公差样式）按钮，可以通过单击下拉箭头设置各种不同的公差样式。
- 设置尺寸精度：⬛（尺寸精度）按钮，可以通过单击下拉箭头设置不同的尺寸精度，最多可设置小数点后 6 位。
- 文本编辑器：🅰（文本编辑器）按钮，单击该按钮即可弹出如图 7-18 所示的"文本编辑器"对话框，在对话框中可以添加文本、改变文本样式、大小，并且可以在文本中添加各种不同的符号等。

图 7-18 "文本编辑器"对话框

图 7-17 尺寸标注智能对话框

- 设置尺寸标注样式：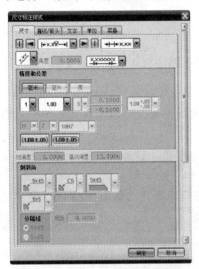（尺寸标注样式）按钮，单击该按钮即可弹出如图 7-19 所示的"尺寸标注样式"对话框，可在对话框中改变标注"尺寸"样式、"直线/箭头"样式、"文字"样式、"单位"样式和"层叠"样式。
- 重置：（重置）按钮，用于将尺寸标注智能对话框重置为最初始状态，删除用户设置内容。

7.2.2 常用的尺寸标注样式

在 NX 8.0 中，尺寸标注样式有很多种，在这里只介绍最常用的几种样式，如自动判断尺寸、水平、竖直、直径、半径等。

1．自动判断尺寸

可使用自动判断尺寸命令进行自动判断方式标注尺寸，例如系统可以自动判断用户需要的是水平、竖直、半径、直径等，是使用最多也是最为方便的标注方式。

2．水平尺寸

可选择一条直线或依次指定两点，可标注水平方向上的尺寸，标注结果如图 7-20 所示。

图 7-19 "尺寸标注样式"对话框

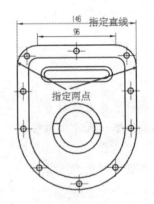

图 7-20 水平尺寸标注效果

3．竖直尺寸

可选择一条直线或依次指定两点，可标注竖直方向上的尺寸，标注结果如图 7-21 所示。

4．平行尺寸

可选择一条直线或依次指定两点，可标注平行于标注对象的尺寸，标注结果如图 7-22 所示。

5．垂直尺寸

可选择一条直线，再指定一点可标注点到直线的距离，标注结果如图 7-23 所示。

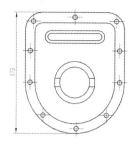

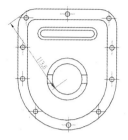

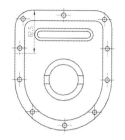

图 7-21　竖直尺寸标注效果　　　图 7-22　平行尺寸标注效果　　　图 7-23　垂直尺寸标注效果

6. 倒斜角尺寸

选择要标注的倒斜角边即可标注倒斜角尺寸，标注结果如图 7-24 所示。

7. 角度尺寸

依次选择两条非平行直线可标注两条直线的夹角，夹角的大小定义为所选的第一条直线沿逆时针旋转到所选的第二条直线的角度，标注结果如图 7-25 所示。

8. 圆柱尺寸

选择两个对象或两个点可标注两个对象之间圆柱的尺寸，标注结果如图 7-26 所示。

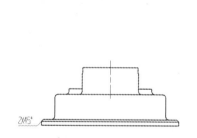

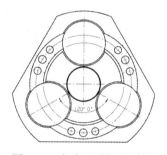

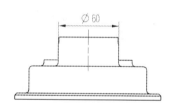

图 7-24　倒斜角尺寸标注效果　　　图 7-25　角度尺寸标注效果　　　图 7-26　圆柱尺寸标注效果

9. 孔尺寸

选择圆形对象的边缘可引出一段导引线标注圆形对象尺寸，标注结果如图 7-27 所示。

10. 直径尺寸

选择圆形或圆弧对象的边缘线可标注圆形对象直径尺寸，标注结果如图 7-28 所示。

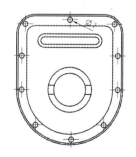

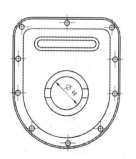

图 7-27　孔尺寸标注效果　　　　　　　图 7-28　直径尺寸标注效果

11．半径尺寸

选择圆或圆弧对象的边缘线可标注圆形对象半径尺寸，标注结果如图 7-29 所示。

12．弧长尺寸

选取圆弧可标注圆弧对象的弧长尺寸，标注结果如图 7-30 所示。

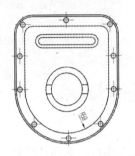

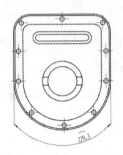

图 7-29　半径尺寸标注效果　　　　　　　图 7-30　弧长尺寸标注效果

7.3　添加注释和标签

本节将介绍各种注释标签的设置及放置位置，用户可通过直接单击工具栏上相应的命令按钮选择各种注释的方法和操作。

7.3.1　注释

注释又称文本注释，主要用于对图纸相关内容的进一步说明。例如，特征某部分的具体要求、标题栏中有关文本及技术要求等。

1．简单文本注释

单击 **A**（注释）按钮，弹出"注释"对话框，如图 7-31 所示，在"格式化"下面输入"NX 8.0 中文版"字样，然后单击工程图图纸内的任意位置，即可创建如图 7-32 所示的文字注释。

图 7-31　"注释"对话框

NX 8.0中文版

图 7-32　创建文字注释

2．带折线的注释

首先在工程图纸上创建如图 7-32 中的字样，关闭"注释"对话框。然后双击图纸上的字样，即可重新弹出"注释"对话框，如图 7-33 所示，选中"指引线"下面的"创建折线"复选框，在"类型"下拉列表框中选择"普通"；在"样式"下面的"箭头"下拉列表框中选择"填充的箭头"，在"短划线侧"下拉列表框中选择"自动判断"，完成设置后单击视图内一点作为终止点创建折线，如图 7-34 所示。

图 7-33　"注释"对话框

图 7-34　创建折线

3．编辑文本和符号输入

在"注释"对话框中的"文本输入"下面增加了"编辑文本"和"符号"两个项目。

使用"编辑文本"下面的 6 个按钮可对输入的文本进行清除、剪切、复制、粘贴、删除文本属性及选择下一个符号操作。

"符号"下面提供了如图 7-35 所示的"制图"符号和如图 7-36 所示的"形位公差"符号，方便用户在编辑文本时用到这些比较特殊的符号。

图 7-35　"制图"符号选择

图 7-36　"形位公差"符号选择

7.3.2 特征控制框

利用特征控制框命令可创建单行、多行或复合的特征控制框，该命令提供了注释直线度、平面度、圆度、圆柱度、同轴度等各种形位公差注释方式。

单击 （特征控制框）按钮，弹出"特征控制框"对话框，如图7-37所示，在"框"下面的"特性"下拉列表框中选择"倾斜度"，在"框样式"下拉列表框中选择"复合框"；在"公差"下面从左向右依次设置为φ（直径）、0.5、Ⓛ（最小实体状态）；"第一基准参考"下面从左向右依次设置为A、Ⓛ（最小实体状态），单击工程图图纸内的任意位置，即可创建特征控制框，如图7-38所示。

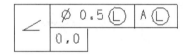

图7-37 "特征控制框"对话框

图7-38 创建特征控制框

7.3.3 基准特征符号

利用基准特征符号命令可注释基准特征符号，基准特征符号通常以字母表示。

单击 （基准特征符号）按钮，弹出"基准特征符号"对话框，如图7-39所示，在"基准标识符"下面的"字母"文本框中输入A；单击工程图图纸内的任意位置，即可创建基准特征符号，如图7-40所示。

图7-39 "基准特征符号"对话框

图7-40 创建基准特征符号

7.3.4　基准目标

基准目标命令主要注释基准目标符号，基准目标通常带有标签和索引。

单击 （基准目标）按钮，弹出"基准目标"对话框，如图 7-41 所示，在"目标"下面的"标签"文本框中输入A，将"索引"设置为9，单击工程图图纸内的任意位置，即可创建基准目标，如图 7-42 所示。

图 7-41　"基准目标"对话框

图 7-42　创建基准目标

7.3.5　表格注释

表格注释命令可用于在工程图创建和表格格式注释，通过设置表格的列数、行数及列宽创建表格。

单击 （表格注释）按钮，弹出"表格注释"对话框，如图 7-43 所示，设置"表大小"下面的"列数"为 3，"行数"为 6，"列宽"为 40，单击工程图图纸内的任意位置，即可创建表格，如图 7-44 所示。

图 7-43　"表格注释"对话框

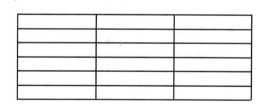

图 7-44　创建表格注释

双击创建表格的任意小格，弹出如图 7-45 所示的输入框，输入任意文字后按Enter键确认操作，多次输入即可得到如图 7-46 所示的表格输入视图。

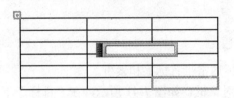

图 7-45　弹出文字输入框

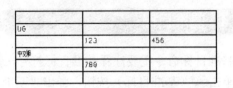

图 7-46　完成表格输入操作

7.3.6　零件明细表

零件明细表命令用于在装配工程图创建明细表。单击 ▦（零件明细表）按钮，单击图纸页上的任意位置，即可创建三列多行并带有标题栏名称（部件名、序号、数量）的空表格，如图 7-47 所示。

PC NO	PART NAME	QTY

图 7-47　创建零件明细表

7.3.7　标识符号

在装配工程图中，需要使用符号标注命令将装配的各个部件进行数字顺序标注，此处只介绍如何创建新符号标注。

单击 🔎（标识符号）按钮，弹出"标识符号"对话框，如图 7-48 所示，在"类型"下拉列表框中选择"圆"，将下面的"文本"设置为 2，单击工程图图纸内的任意位置，即可创建标识符号，如图 7-49 所示。

图 7-48　"标识符号"对话框

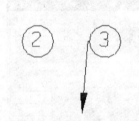

图 7-49　创建的标识符号

7.4　添加实用符号

实用符号包括目标点符号、相交符号、中心线符号、表面粗糙度符号、剖面线和焊接符号等。本节主要介绍常用实用符号的添加操作。

7.4.1　目标点符号

目标点符号命令可用于创建尺寸标注的目标点符号。

单击✕（目标点符号）按钮，弹出如图 7-50 所示的"目标点符号"对话框，在该对话框中可设置创建目标点符号的尺寸及样式，完成设置后单击图纸页上的任意位置，即可创建目标点符号。如图 7-51 所示为创建不同样式的目标点符号。

图 7-50　"目标点符号"对话框

图 7-51　创建目标点符号

7.4.2　相交符号

相交符号命令用于将两条曲线延伸，在延伸曲线的交点处标注相交符号。

具体操作步骤如下：

步骤 **01**　将一带有倒圆角特征的特征投影至图纸页上，投影视图如图 7-52 所示。

步骤 **02**　单击⊹（相交符号）按钮，弹出如图 7-53 所示的"相交符号"对话框。

步骤 **03**　单击"边线 1"作为"第一组"对象，单击"边线 2"作为"第二组"对象，单击"确定"按钮，即可创建相交符号，如图 7-54 所示。

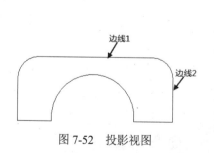

图 7-52　投影视图

图 7-53　"相交符号"对话框

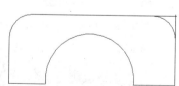

图 7-54　创建相交符号

7.4.3　剖面线

利用剖面线命令可通过指定区域中的点或边界曲线创建剖面线。

具体操作步骤如下：

步骤 01 同样在图纸页上创建如图 7-55 所示的投影视图。单击 （剖面线）按钮，弹出如图 7-56 所示的"剖面线"对话框。

步骤 02 在"边界"下面的"选择模式"下拉列表框中选择"区域中的点"，单击视图中所指位置，然后单击对话框中的"确定"按钮，即可创建剖面线，如图 7-57 所示。

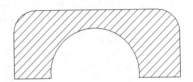

图 7-55　创建投影视图　　　　图 7-56　"剖面线"对话框　　　　图 7-57　创建剖面线

7.4.4　焊接符号

焊接符号命令用来标示焊接状态、焊缝形状等信息，利用该命令可创建用于标示这些信息的符号。

单击 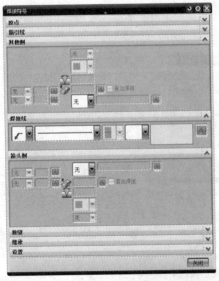（焊接符号）按钮，弹出如图 7-58 所示的"焊接符号"对话框，设置需标注的加工方式、角度、尺寸、标注等，单击图纸上一点即可创建焊接符号。焊接符号一般带指引线，如图 7-59 所示。

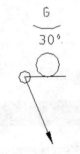

图 7-58　"焊接符号"对话框　　　　　　图 7-59　创建焊接符号

7.4.5 表面粗糙度符号

利用表面粗糙度符号命令可创建一个表面粗糙度符号来指定曲面参数，如粗糙度、处理或涂层、模式、加工余量和波纹。

单击√（表面粗糙度符号）按钮，弹出如图 7-60 所示的"表面粗糙度"对话框，设置"属性"下面的各种参数并在图纸内的单击一点，创建如图 7-61 所示的表面粗糙度符号。

图 7-60　"表面粗糙度"对话框

图 7-61　创建表面粗糙度符号

7.4.6 中心标记

利用中心标记命令可创建孔、圆柱等回转类零部件特征俯视图的中心标记。

单击⊕（中心标记）按钮，弹出如图 7-62 所示的"中心标记"对话框，单击一圆柱的俯视图投影外圆，然后单击对话框中的"确定"按钮，即可创建如图 7-63 所示的中心标记。

图 7-62　"中心标记"对话框

图 7-63　创建中心标记

7.4.7 3D 中心线

利用 3D 中心线命令可创建孔、圆柱等回转类零部件特征侧视图的中心标记。

单击（3D中心线）按钮，弹出如图 7-64 所示的"3D中心线"对话框，单击一圆柱的侧视图投影外边框，然后单击对话框中的"确定"按钮，即可创建如图 7-65 所示的 3D 中心线。

图 7-64　"3D 中心线"对话框

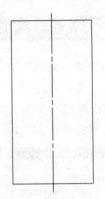

图 7-65　创建 3D 中心线

7.4.8　螺栓圆中心线

利用螺栓圆中心线命令可创建完整或不完整的螺栓圆中心线。该命令将所有中心在同一个圆上的特征中心线以圆的方式标注出来。

单击 （螺栓圆中心线）按钮，弹出"螺栓圆中心线"对话框，如图 7-66 所示，在"类型"下拉列表框中选择"通过 3 个或更多点"，选中"整圆"复选框，依次单击需标注圆的中心点，然后单击对话框中的"确定"按钮，即可创建如图 7-67 所示的螺栓圆中心线。

图 7-66　"螺栓圆中心线"对话框

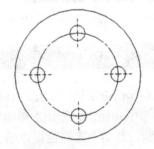

图 7-67　创建螺栓圆中心线

7.5　实例进阶——行星盘注释

前面介绍了使用工程图尺寸标注、注释、实用符号等进行工程图注释操作，如图 7-68 所示为完成注释操作的行星盘工程图视图，本小节主要介绍对本行星盘进行注释的主要操作。

本零件需标注的地方很多，为节省篇幅，本节将介绍主要的操作，其余可参考主要操作自行进行注释。

初始文件	下载文件/example/Char07/xxp.prt
结果文件	下载文件/result/Char07/xxp.prt
视频文件	下载文件/video/Char07/行星盘注释.avi

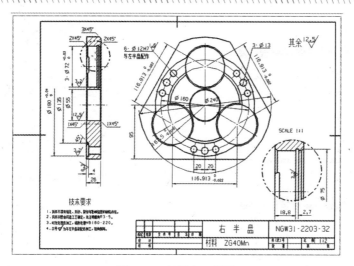

图 7-68　行星盘工程图

7.5.1　打开初始文件，添加中心线符号

首先需打开零件创建工程图。由于本小节零件的工程视图创建方法在前面章节已介绍过，这里就不再进行介绍。创建工程图后将中心线符号补充完整。

具体操作步骤如下：

步骤 01　根据起始文件路径打开"xxp-1.prt"文件，打开的视图如图 7-69 所示。

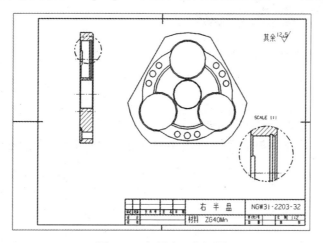

图 7-69　行星盘工程视图

步骤 02　用户可在视图中发现，中间俯视图的 3 个大圆、中心圆及周围 9 个小圆的中心线都没有创建，首先需将其补齐。单击 ⊕ （中心标记）按钮，弹出如图 7-70 所示的"中心标记"对话框，单击中心圆的外边线，然后单击对话框中的"确定"按钮，即可创建中心标记，如图 7-71 所示。

步骤 03　单击 ✥ （螺栓圆中心线）按钮，弹出"螺栓圆中心线"对话框，如图 7-72 所示。在"类型"下拉列表框中选择"通过 3 个或更多点"，选中"整圆"复选框，依次单击 3 个大圆的中心点，然后单击对话框中的"确定"按钮，即可创建螺栓圆中心线，如图 7-73 所示。

图 7-70　"中心标记"对话框

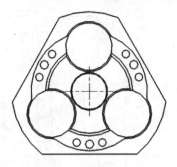

图 7-71　创建中心标记

图 7-72　"螺栓圆中心线"对话框

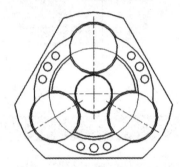

图 7-73　创建螺栓圆中心线

 外边9个小圆的中心线的创建可参考步骤（3），这里不再进行介绍。

7.5.2　尺寸标注

完成中心线补充操作后，将进行尺寸标注。因为本零件需要标注的地方很多，此处将对水平尺寸标注、直径尺寸标注及倒斜角标注进行单独介绍。

具体操作步骤如下：

步骤 01　将如图 7-74 所示的左边剖视图进行水平尺寸标注。

步骤 02　单击 （水平尺寸）按钮，弹出如图 7-75 所示的"水平尺寸"对话框，水平尺寸标注如图 7-76 所示。

图 7-74　左侧剖视图　　　　图 7-75　"线性尺寸"对话框　　　　图 7-76　水平尺寸标注

步骤 03 将如图 7-77 所示的中间俯视图进行径向尺寸标注。

步骤 04 单击 ⚲（直径尺寸）按钮，弹出如图 7-78 所示的"直径尺寸"对话框，直径尺寸标注如图 7-79 所示。

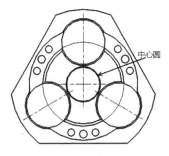

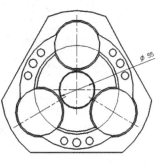

图 7-77　中间俯视图　　　　图 7-78　"直径尺寸"对话框　　　　图 7-79　直径尺寸标注

步骤 05 将左边剖视图进行倒斜角标注。单击 ⟋（倒斜角尺寸）按钮，弹出如图 7-80 所示的"倒斜角尺寸"对话框，单击视图中倒斜角直线后，在任意位置单击，即可创建倒斜角尺寸标注，如图 7-81 所示。

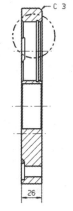

图 7-80　"倒斜角尺寸"对话框　　　　　　图 7-81　倒斜角尺寸标注

7.5.3　创建粗糙度符号，并添加技术条件

完成以上操作后，即可创建粗糙度符号，并在图纸的左下角空白处添加技术条件。

具体操作步骤如下：

步骤 01 单击 √（表面粗糙度符号）按钮，弹出如图 7-82 所示的"表面粗糙度"对话框，通过设置"属性"选项组中的各种参数并单击左边剖视图需创建粗糙度符号的直线，创建如图 7-83 所示的表面粗糙度符号。

步骤 02 单击 A（注释）按钮，弹出"注释"对话框，如图 7-84 所示。在"格式化"下面输入如图 7-85 所示的字样，然后单击工程图图纸左下角位置的一点，即可创建文字注释。

图 7-82　"表面粗糙度"对话框

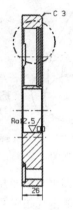

图 7-83　创建表面粗糙度符号

图 7-84　"注释"对话框

技术要求

1. 铸件不得有缩孔、夹砂、裂纹等影响强度的缺陷存在。
2. 铸件斜度由铸造工艺确定，未注明圆角 R3-5。
3. 时效处理后加工，调质处理 HB180-220。

图 7-85　创建注释字样

7.6　本章小结

本章主要介绍 NX 8.0 工程制图模块进行尺寸标注添加、注释和标签添加、实用符号添加的详细操作过程，并通过一个实例将工程图注释进行综合介绍。

7.7　习　题

一、填空题

1. 使用"快速"命令，用户可根据选定对象和光标的位置自动判断尺寸类型来创建尺寸。快速标注尺寸包括_____的尺寸标注和_____的尺寸标注。

2．利用"径向"命令可以创建圆形对象的_____或_____尺寸。

3．利用"厚度"命令，可创建一个厚度尺寸，用以测量_____之间的距离。使用厚度标注尺寸的方法类似于使用线性点到点创建尺寸。

4．利用"相交"命令用于将两条_____延伸，在延伸曲线的交点处标注相交符号，目的是为了_____。

5．焊接符号用来标示_____、_____等信息，利用该命令可创建用于标示这些信息的符号。

6．利用表面粗糙度符号命令可创建一个表面粗糙度符号来指定曲面参数，如_____、处理或涂层、模式、_____和_____。

二、上机操作

按下载文件路径/example/Char07/lungu.prt打开零件视图，如图 7-86 所示，用户可参考上一章操作内容创建本零件的工程图纸,根据本章操作内容添加该零件工程图纸的尺寸标注及注释内容。（内容随用户设置，但保证尺寸标注、注释及实用符号都能体现）

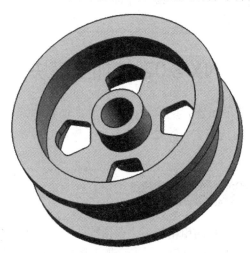

图 7-86 上机操作习题视图

第8章 NX 8.0 数控加工通用知识

本章主要介绍NX 8.0 数控加工模块、加工前的准备工作、刀具路径管理等内容。通过对本章内容的学习，可帮助读者快速掌握NX 8.0 数控加工的基础知识。

学习目标：

- 了解 NX 8.0 数控加工模块的基础知识
- 掌握程序、方法、几何、刀具父节点的建立方法
- 掌握刀具路径的生成、编辑、重播及可视化仿真的方法
- 了解后处理的初步知识

8.1 NX 8.0数控加工模块介绍

NX的数控加工模块包括平面铣、型腔铣、固定轴曲面轮廓铣、可变轴曲面轮廓铣、车加工、点位加工、线切割、切削仿真、后置处理等多个子模块，每个子模块中又包含多种不同的模板。

8.1.1 NX 8.0 数控加工模块简介

NX CAM提供了各种复杂零件的粗精加工，根据零件结构、加工表面形状和加工精度要求选择合适的加工类型，在每种加工类型中包含了多个加工模板，应用各加工模板可快速建立操作。

在交互操作过程中，用户可在图形方式下交互编辑刀具路径，观察刀具的运动过程，生成刀具位置源文件。同时应用其可视化功能，可以在屏幕上显示刀具轨迹，模拟刀具的真实切削过程，并通过过切检查和残留材料检查，检测相关参数设置的正确性。

UG提供了强大的默认加工环境，也允许用户自定义加工环境。用户在创建操作的过程中，可继承加工环境中已定义的参数，不必在每次创建新的操作时重新定义，从而避免了重复劳动，提高了操作效率。

UG的制造模块包括以下子模块，可以按需要选用。

（1）UG/CAM基础（UG/CAM Base）

UG/CAM基础（UG/CAM Base）模块提供了连接UG所有加工模块的基础。用户可以在图形方式下通过观察刀具运动，使用图形编辑刀具的运动轨迹，使之具有延伸、缩短和修改刀具轨迹等编辑功能。针对如钻孔、攻丝和镗孔等加工任务，它还提供了通用的点位加工程序。用户化对话特征允许用户修改对话和建立适合于它们的专用菜单，减少了培训时间和流水线加工

作业工步。通过使用操作模板，可进一步提高用户化水平，如允许用户建立粗加工、半精加工等专门的样板子程序，常用的加工方法和工艺参数都已标准化。

（2）UG/平面铣削（UG/Face Milling）

UG平面铣削模块功能包括多次走刀轮廓铣、仿形内腔铣、Z字形走刀铣削，规定避开夹具和进行内部移动的安全余量，提供型腔分层切削功能、凹腔底面小岛加工功能，对边界和毛料几何形状的定义、显示未切削区域的边界，提供一些操作机床辅助运动的指令，如冷却、刀具补偿、夹紧等。

（3）UG/型腔铣削（UG/ Cavity Milling）

UG/型腔铣削模块提供粗切单个或多个型腔、沿任意形状切去大量毛坯材料及可加工出型芯的全部功能。最突出的功能是对非常复杂的形状产生刀具运动轨迹，确定走刀方式。容差型腔铣削可用于加工不精确的设计形状的曲面之间有间隙和重叠的场合。可被分析的型腔面数目多达几百个。该模块提供了型芯和型腔加工过程的全自动化。

（4）等高加工（UG/ Cavity Milling）

等高加工通过切削多个切削层来加工零件实体轮廓与表面轮廓；还可用来半精加工、精加工"陡峭"模型。对于模芯/模腔类零件，无论其几何形状多么复杂，等高加工都可以直接对其进行粗加工或精加工。它还提供了多种刀路方式，在精加工中，用户可以强制使用顺铣或逆铣，或者采用顺逆铣复合方式以缩短加工时间。

（5）UG/固定轴铣削（UG/Fixed-Axis Milling）

UG/固定轴铣削模块提供了完全和综合的工具，用于产生 3 轴运动的刀具路径。实际上，它能加工任何曲面模型和实体模型，可以用功能很强的方法来选择需要加工的零件表面或加工部位。它有多种驱动方法和走刀方式可供选择，如沿边界、径向、螺旋线，以及沿用户定义的方向驱动，在边界驱动方法中还可选择同心圆和径向等多种走刀方式。

另外，它还可以控制逆铣、切削顺铣切削、沿螺旋路线进刀等。同时，还可轻易识别前道工序未能切除的区域和陡峭区，以便进一步清理这些地方。UG/固定轴铣削（UG/Fixed-Axis Milling）可以仿真刀具路径，产生刀位文件，用户可接受并存储此刀位文件，也可拒绝或按要求修改某些参数。

（6）UG/可变轴铣削（UG/Variable-Axis Milling）

UG/可变轴铣削模块提供任何UG曲面的固定轴和多轴铣削的功能。规定了3～5轴轮廓运动、刀具定向和曲面加工质量。通过曲面参数把刀具轨迹映射到加工面上，并利用任意曲线及点对刀具轨迹进行控制。

（7）UG/清根加工（UG/Flow Cut）

UG/清根加工可以有效地清除拐角及狭缝中残留的材料。在可能的条件下，清根加工可以通过优化生成一条连续的加工切削路径。清根加工会分析前一个工序未能加工到的区域，并自动决定其加工范围。

（8）UG/顺序铣削（UG/Sequential Milling）

UG/顺序铣削模块适用于用户要求对切削过程中刀具的每一步路径生成都要进行控制的

情况。UG/顺序铣削与几何模型是完全关联的，利用交互式可以逐段建立刀具路径，但处理过程的每一步都会受到总控制的约束。一个称为循环（Looping）的功能允许用户定义轮廓的里边和外边轨迹后，在曲面上生成多次走刀加工，并可生成中间各步的加工程序。

（9）UG/车削加工（UG/Turning）

UG/车削加工模块提供了加工回转类零件所需的全部功能，包括粗车、精车、切槽、车螺纹和打中心孔。零件的几何模型和刀具轨迹完全相关，刀具轨迹能随几何模型的改变而自动更新。

用户可控制的参数有进给速率、主轴转速、零件间隙等。若不做更改，这些参数将保持原有数值。通过屏幕显示刀具轨迹，对数控程序进行模拟，便可检测设置参数是否正确。文本输出生成一个刀位源文件（CLSF），对刀位文件可以存储、删除或按要求修改到正确位置。

（10）UG/线切割（UG/Wire EDM）

UG/线切割加工模块支持线框模型程序编制，可进行 2～4 轴线切割加工。它提供了多种走刀方式，如多次走刀的轮廓加工、电极丝反转和切割留有成块材料的加工。同时它也支持定程切割，以及使用不同直径的电极丝和功率大小的设置。用户还可以利用通用的后处理器来开发专用的后处理程序，生成适用于某个机床的数据文件。UG/线切割也支持流行的EDM软件包，如AGIE、Charmilles及其他软件。

（11）Nurbs（B样条）轨迹生成器（Nurbs（B-Spline）Path Generator）

Nurbs（B样条）轨迹生成器模块允许从UG/NC处理器中直接生成基于Nurbs的刀具轨迹数据。直接从UG实体模型中获得的新刀具轨迹可以加工出极其精确和超等级的零件。通过消除控制器等待时间，可看到物理纸带尺寸被减小到标准格式的 30%～50%，加工时间也明显减少。如果用户想充分利用新的高速机床的优点，而这些高速机床又提供功能强大的控制器特征的话，那么UG/Nurbs（B样条）轨迹生成器就是一个用户所必需的工具。

（12）UG/制造资源管理系统（UG/Genius）

UG/制造资源管理系统模块能方便、高效地建立制造数据并加以分类。功能强大的关系数据库系统特别适用于支持生产计划、刀具、NC程序、订货数据、库存管理等功能。UG/制造资源管理系统基于模块化原理，易于扩充，以适应不同用户的需要。它还具有可提供图形刀具分类、与UG/CAM的接口、各种MRP、DNC系统的接口等特点。

（13）UG/切削仿真（UG/CAM Visualize）

UG/切削仿真模块采用人机交互方式可模拟、检验和显示NC刀具的路径，是一种花费少、效率高的不用机床就能验证数控程序的好方法，节省了试切样件、机床调试时间，减少了刀具磨损和机床的清理工作。通过定义被切零件的毛坯形状，调用NC刀具轨迹数据，就可以检验由UG生成的刀具路径的正确性。作为检验的一部分，该模块还能计算出完工零件的体积和毛坯的切除量，因此，很容易确定原材料的损失。

（14）UG/图形刀轨编辑器（UG/Graphical Tool Path Editor）

UG/图形刀轨编辑器模块可以让用户观察到刀具沿其轨迹运动的情况，能够通过操纵图形和文本信息来编辑刀具轨迹，然后显示出一个编辑修改后生成的刀具轨迹结果。该模块还提供了刀具动画功能，可以向整个或部分刀轨段上显示动画，同时还可以控制动画的速度和方向。

另一个重要特点是，可对已经被限定了边界的刀具轨迹进行延伸和裁剪，如压板或夹具所限定的边界，并且能进行过切检查。

（15）UG/机床仿真（UG/Unisim）

UG/机床仿真模块为用户提供了一个功能强大的可视化系统，此系统是为提供一个"逼近现实"的加工仿真环境而设计的。其目的是为了在复杂的加工环境中减少加工时间、消除机床损坏并提高质量。UG/机床仿真包容了整个加工环境——机床、刀具、夹具和工件，以用来仿真，同时也是为了检验。通过使用从UG/CAM中得到的后处理的输出数据，UG/机床仿真可以精确地检测相互接触的部件之间的碰撞。

（16）UG/后置处理（UG/Postprocessing）

UG/后置处理模块包括图形后置处理器和UG通用后置处理器，可格式化刀具路径文件，生成指定机床可以识别的NC程序，支持 2～5 轴铣削加工、2～4 轴车削加工和 2～4 轴线切割加工。其中，UG后置处理器可以直接提取内部刀具路径进行后置处理，并支持用户自定义的后置处理命令。

（17）UG/车间工艺文档Shop/Doc

UG/车间工艺文档Shop/Doc可以自动生成车间工艺文档并以各种格式进行输出。NX提供了一个车间文档生成器，它从NX part文件中提取对加工车间有用的CAM文本和图形信息，包括数控程序中用到的刀具参数清单、操作次序、加工方法清单、切削参数清单，每一操作的刀轨验证用图形显示出来，以及每一操作的后处理过的G代码能显示出来，而且只能读不能修改。它们可以用文本文件（.txt）和超文本链接语言html两种格式输出。

8.1.2　初始化加工环境

（1）进入加工模块

在NX 8.0 中，可以直接新建加工文件，在主菜单上依次选择"文件（F）"→"新建（N）"命令，或者单击工具栏中的 ▯（新建）按钮，系统弹出"新建"对话框，单击 加工 选项卡，如图 8-1 所示。

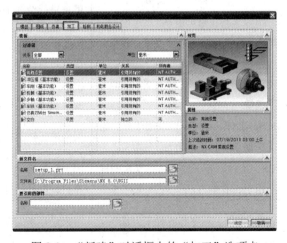

图 8-1　"新建"对话框中的"加工"选项卡

在"新建"对话框的"加工"选项卡下选择模板，输入名称并选择目录，单击"要引用的部件"后的按钮，系统弹出如图 8-2 所示的"选择主模型部件"对话框，从列表中或通过单击按钮选择主模型部件，单击两次 确定 按钮即可进入加工模块。

进入加工模块后，主菜单及工具栏会发生一些变化，将出现某些只在制造模块中才有的菜单选项或工具按钮，而另外一些在造型模块中的工具按钮将不再显示。

（2）加工环境设置

如果零件是首次进入加工模块，系统会弹出如图 8-3 所示的"加工环境"对话框，要求先进行初始化。

图 8-2 "选择主模型部件"对话框   图 8-3 "加工环境"对话框

CAM 设置下的列表框是在制造方式中指定加工设定的默认文件，即要选择一个加工模板集。选择模板文件将决定加工环境初始化后可以选用的操作类型，也决定在生成程序、刀具、方法、几何时可选择的父节点类型。CAM 设置模板如表 8-1 所示。

表 8-1 CAM 设置模板

设置	初始设置的内容	可以创建的内容
mill_planar （平面铣）	包括 MCS、工件、程序，以及用于钻、粗铣、铣半精加工和精铣的方法	用来进行钻和平面铣的操作、刀具和组
mill_contour （轮廓）	包括 MCS、工件、程序、钻方法、粗铣、半精铣和精铣	用来进行钻、平面铣和固定轴轮廓铣的操作、刀具和组
mill_multi-axis （多轴铣）	包括 MCS、工件、程序、钻方法、粗铣、半精铣和精铣	用来进行钻、平面铣、固定轴轮廓铣和可变轴轮廓铣的操作、刀具和组
Drill （钻孔）	包括 MCS、工件、程序，以及用于钻、粗铣、铣半精加工和精铣的方法	用来进行钻的操作、刀具和组
hole_making （制孔）	包括 MCS、工件、若干进行钻孔操作的程序，以及用于钻孔的方法	用于钻的操作、刀具和组，包括优化的程序组，以及特征切削方法几何体组
Turning （车削）	包括 MCS、工件、程序和 6 种车方法	用来进行车的操作、刀具和组

（续表）

设置	初始设置的内容	可以创建的内容
legacy_lathe（传统车削）	包括 MCS、工件、程序、中心线方法（钻）、粗加工、精加工、开槽、螺纹和向视图	原有车削操作、刀具和程序组。可以创建"方法"，但原有车削操作不能使用它们。可以创建和使用 MCS 几何体组，但原有车削操作将忽略工件几何体组（部件几何体和毛坯几何体）中的数据
wire_edm（线切割）	包括 MCS、工件、程序和线切割方法	用于进行线切割的操作、刀具和组，包括用于内部和外部修剪序列的几何体组
die_sequences（冲模加工）	包括 mill_contour 中的所有内容，以及常用于进行冲模加工的若干刀具和方法。过程助理将引导用户完成创建设置的若干步骤。这可确保系统将所需的选择存储在正确的组中	几何体按照冲模加工的特定加工序列进行分组。过程助理每次都将引导用户完成创建序列的若干步骤。这可确保系统将所需的选择存储在正确的组中
mold_sequences（模具加工）	包括 mill_contour 中的所有内容，以及常用于进行模具加工的若干刀具和方法。过程助理将引导用户完成创建设置的若干步骤。这可确保系统将所需的选择存储在正确的组中	几何体按照模具加工的特定加工序列进行分组。过程助理每次都将引导用户完成创建序列的若干步骤。这可确保系统将所需的选择存储在正确的组中

　　本书主要涉及前 8 种模板操作。在选择完模板文件后，在"加工环境"对话框中单击 确定 按钮，系统则根据指定的加工配置，调用相应的模板和相关的数据进行加工环境的初始化。

8.1.3　NX CAM 界面介绍

　　NX 8.0 加工模块的工作界面如图 8-4 所示，与其他模块的工作界面基本相同，除了显示常用的工具按钮外，还将显示在加工模块中特有的操作导航器和 3 个常用的工具栏，分别为刀片、操作、导航器。

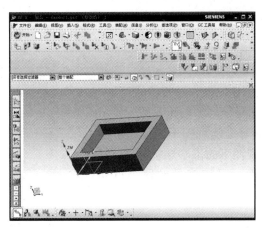

图 8-4　加工模块工作界面

1. "刀片"工具栏

"刀片"工具栏如图 8-5 所示，它提供新建数据的模板。"刀片"工具栏包括创建方法、创建程序、创建刀具、创建几何体和创建工序 5 种命令。该工具栏的功能也可以在如图 8-6 所示的"插入（S）"菜单下选择相应的选项。

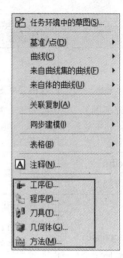

图 8-6　"插入"菜单

图 8-5　"刀片"工具栏

2. "操作"工具栏

"操作"工具栏如图 8-7 所示，该工具栏提供与刀位轨迹有关的功能，方便用户针对选择的操作生成其刀位轨迹；或者针对已生成刀位轨迹的操作，进行编辑、删除、重新显示或切削模拟。"操作"工具栏也提供对刀具路径的操作，如生成刀位源文件（CLSF文件）、后处理或车间工艺文件的生成等。

在工序导航器中没有选择任何操作时，"操作"工具栏选项将呈现灰色，不能使用。

3. "导航器"工具栏

"导航器"工具栏如图 8-8 所示，该工具栏用于确定工序导航器的显示视图，被选择的选项将会显示在导航窗口中，也可以通过在工序导航器中的空白处单击鼠标右键，在弹出的快捷菜单中进行视图的选择。

图 8-7　"操作"工具栏　　　　　　　　　　图 8-8　"导航器"工具栏

4. 工序导航器

工序导航器用于管理创建的操作及其他组对象。在主界面左侧单击 （工序导航器）按钮，即可显示工序导航器，其显示的内容会随视图不同而有所不同，如图 8-9 所示为几何视图下的工序导航器。当鼠标离开工序导航器的界面时，工序导航器会自动隐藏。

图 8-9　工序导航器

8.1.4　NX 数控加工一般步骤

数控编程的过程是指从加载毛坯，定义工序加工的对象，选择刀具，定义加工方式并生成该相应的加工程式，然后依据加工程式的内容，如加工对象的具体参数、切削方式、切削步距、主轴转速、进给量、切削角度、进退刀点、安全平面等详细内容来确立刀具轨迹的生成方式；仿真加工后对刀具轨迹进行相应地编辑修改、复制等；待所有的刀具轨迹设计合格后，进行后处理生成相应数控系统的加工代码进行DNC传输与数控加工。

目前，市场上流行的CAM软件均具备了较好的交互式图形编程功能，操作过程大同小异。NX的数控编程基本过程及内容如图 8-10 所示。

NX CAM加工过程如下所述。

（1）获得CAD数据模型。UG NX 8.0 是基于图形的交互式数控编程软件和编程前必须提供的CAD数据模型。它可以是NX直接造型的实体模型或者是经过数据转换的其他CAD模型。

（2）CAM数据模型的建立。根据加工对象建立CAM模型。

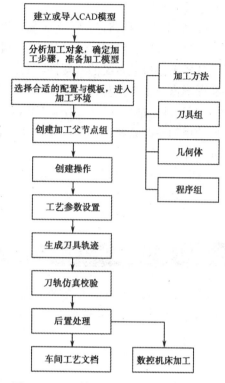

图 8-10　NX 数控编程的基本过程及内容

- 确定加工坐标系（MCS）：坐标系是加工的基准，将加工坐标系定位于机床操作人员确定的位置，同时保持坐标系的统一。
- CAD 数据模型数据处理：分析 CAD 数据模型，如果需要，还要对 CAD 模型进行修补完善，隐藏部分对加工不产生影响的曲面，以适合编程需要。
- 构造 CAM 辅助加工几何：针对不同驱动几何的需要，构造辅助曲线或辅助面；构建边界曲线限制加工范围。

（3）定义加工方案。主要包括以下几个方面。

- 确定加工对象及加工区域：在平面铣和型腔铣中加工几何用于定义加工时的零件几何、设定毛料几何、检查几何；在固定轴铣和变轴铣中加工几何用于定义要加工的轮廓表面。
- 刀具选择：刀具选择可通过模板新建刀具或从刀具库中选择创建加工刀具尺寸参数，创建和选择刀具时，应考虑加工类型、加工表面的形状、加工部位的尺寸大小等因素。
- 加工内容和加工路线规划：零件加工过程中，为保证精度，需要进行粗加工、半精加工、精加工，创建加工方法组。为了有效组织各操作和排列各操作在程序中的次序，需要创建程序组。

- 切削方式的确定：用于确定加工区域的刀具路径模式与走刀方式。
- 定义加工参数：加工参数包括切削过程中的切削参数、非切削移动参数，以及进给和转速等。

（4）生成刀具路径。在完成参数设置后，系统进行刀轨计算，生成加工刀具路径。

（5）刀具路径检验、编辑。对生成刀具路径的操作，可以在图形窗口中模拟刀具路径，以验证各操作参数定义的合理性。另外，可在图形方式下利用刀具路径编辑器对其进行编辑，并在图形窗口中直接观察编辑结果。

（6）刀具路径后处理输出NC程序。因为不同厂商生产的机床硬件条件不同，而且各种机床所使用的控制系统也不同，NX生成的刀具路径需要先经过后置处理才能送到数控机床进行零件的加工。

（7）机床试切加工。较复杂工件的数控程序可以先采用硬塑料、铝、硬石蜡、硬木等低成本的试切材料进行试切，经过试切切削验证后才能用于实际加工。

（8）编制车间工艺文档。包括工艺流程图、操作顺序信息、工具列表等，供以后查询参考。

8.1.5 入门实例——平面铣加工实例

下面将通过一个简单的零件加工来学习数控加工中平面铣操作的一般步骤。待加工的部件如图 8-11 所示，要对其进行以下的铣削加工。

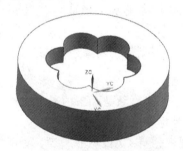

图 8-11 待加工部件

- 粗加工：平面铣，使用∅12 平底刀，侧面余量为 0.6，底面余量为 0.3。
- 精加工：平面轮廓铣，使用∅12 平底刀。

初始文件	下载文件/example/Char08/jiagong.prt
结果文件	下载文件/result/Char08/jiagong.prt
视频文件	下载文件/video/Char08/数控入门.avi

步骤01 启动 NX 8.0，并打开文件。

❶ 执行"开始"→"所有程序"→"UG NX 8.0"→"NX 8.0"命令，打开 NX 8.0 软件启动界面。

❷ 选择"文件"→"打开"命令，或者在工具栏中单击 （打开）按钮，弹出"打开"对话框，如图 8-12 所示。

❸ 选择文件"jiagong.prt"，单击 OK 按钮，打开文件，如图 8-13 所示。

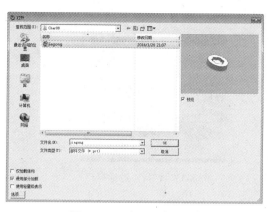

图 8-12　"打开"对话框

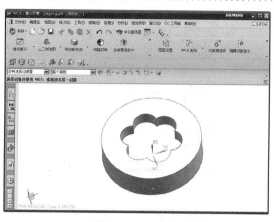

图 8-13　打开文件

步骤 02 进入建模模块。选择"开始"→"加工"命令，弹出如图 8-14 所示的"加工环境"对话框。在"CAM 会话配置"选项组中选择"cam_general"，在"要创建的 CAM 设置"选项组中选择"mill_planar"，系统完成加工环境的初始化工作，进入如图 8-15 所示的加工模块界面。

图 8-14　"加工环境"对话框

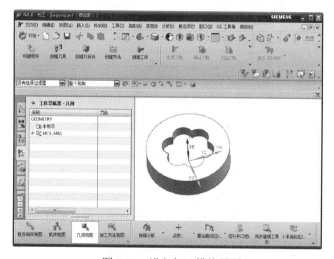

图 8-15　进入加工模块界面

步骤 03 坐标系的建立。

❶ 在"工序导航器-几何"中选择坐标系 MCS_MILL，进行加工坐标系的定位，双击"MCS_MILL"后，打开如图 8-16 所示的 Mill Orient 对话框。

❷ 单击对话框中的 按钮，弹出如图 8-17 所示的 CSYS 对话框，设置合适的机床坐标位置，单击"确定"按钮。

❸ 在 Mill Orient 对话框的"安全设置"选项组中对安全平面进行设置，在"安全设置选项"下拉列表框中选择"平面"，单击"指定平面"按钮，弹出如图 8-18 所示的"平面"对话框，在图形区中选择零件上表面作为安全平面。设置"距离"为 50，单击"确定"按钮，完成安全平面的设置。

图 8-16　Mill Orient 对话框

图 8-17　CSYS 对话框

步骤 04　"MILL_BND" 几何体的建立。

❶ 单击 "刀片" 工具栏中的 "创建几何体" 按钮，打开如图 8-19 所示的 "创建几何体" 对话框，在 "几何体子类型" 中单击 "MILL_BND" 按钮，在 "几何体" 下拉列表框中选择 WORKPIECE，设置 "名称" 为 "MILL_BND"，单击 "确定" 按钮，弹出如图 8-20 所示的 "铣削边界" 对话框。

图 8-18　"平面" 对话框

图 8-19　"创建几何体" 对话框

❷ 在 "铣削边界" 对话框中单击（指定部件边界）按钮，弹出如图 8-21 所示的 "部件边界" 对话框。单击（面边界）按钮，在图形区中选择零件的顶面，如图 8-22 所示，单击对话框中的 "确定" 按钮，完成部件边界的创建。

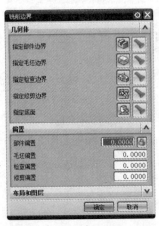

图 8-20　"铣削边界" 对话框

图 8-21　"部件边界" 对话框

❸ 在"铣削边界"对话框中单击 （指定毛坯边界）按钮，弹出如图 8-23 所示的"毛坯边界"对话框。单击 ✔（曲线边界）按钮，在图形区中选择零件顶面的外周边缘作为毛坯边界，如图 8-24 所示。单击两次 确定 按钮，完成毛坯边界的创建。

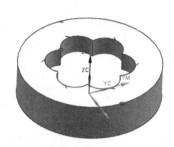

图 8-22　指定的部件边界

图 8-23　"毛坯边界"对话框

步骤 05 刀具的创建。

❶ 单击"创建"工具栏中的"创建刀具"按钮，系统弹出如图 8-25 所示的"创建刀具"对话框。

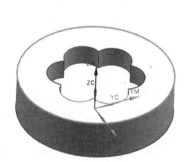

图 8-24　指定的毛坯边界

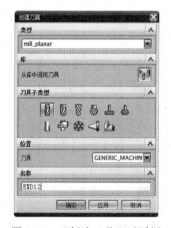

图 8-25　"创建刀具"对话框

❷ 在"类型"下拉列表框中选择"mill_planar"，在"刀具子类型"中单击 ▓（MILL）按钮，在"名称"中输入"END12"，其他参数保持默认，单击"确定"按钮，弹出如图 8-26 所示的"铣刀-5 参数"对话框。

❸ 在"尺寸"选项组中，将"直径"文本框中的大小修改为 12，其他参数保持默认值，单击"确定"按钮，完成刀具的创建。

步骤 06 创建平面铣粗操作。

❶ 单击"刀片"工具栏中的 ▓（创建工序）按钮，打开如图 8-27 所示的"创建工序"对话框。

❷ 在"创建工序"对话框的"类型"下拉列表框中选择"mill_planar",在"工序子类型"
中单击 ▣ (PLANAR_MILL) 按钮,在"程序"下拉列表框中选择 PROGRAM,在"刀
具"下拉列表框中选择"END12",在"几何体"下拉列表框中选择 WORKPIECE,
在"方法"下拉列表框中选择"MILL_ROUGH",在"名称"中输入"PLANAR_ROUGH",
弹出如图 8-28 所示的"平面铣"对话框。

图 8-26　"铣刀-5 参数"对话框　　图 8-27　"创建工序"对话框　　图 8-28　"平面铣"对话框

❸ 单击 ▣ (指定底面) 按钮,弹出如图 8-29 所示的"平面"对话框,选取零件模型的型
腔底面作为加工几何底平面,如图 8-30 所示,单击 确定 按钮返回到"平面铣"对话框。

步骤 07 刀轨设置。

❶ 在"切削模式"下拉列表框中选择"跟随部件"选项。

❷ 在"步距"下拉列表框中选择"刀具平直百分比"选项,并在"平面直径百分比"文
本框中输入 70。

❸ 单击"刀轨设置"中的 ▣ (切削层) 按钮,弹出如图 8-31 所示的"切削层"对话框,
在"类型"下拉列表框中选择"恒定",在"每刀深度"中的"公共"文本框中输入 6,
单击 确定 按钮返回到"平面铣"对话框。

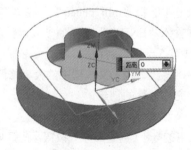

图 8-29　"平面"对话框　　　　图 8-30　指定的底面　　　　图 8-31　"切削层"对话框

❹ 单击"平面铣"对话框中的 （切削参数）按钮，系统弹出如图 8-32 所示的"切削参数"对话框。单击"策略"选项卡，在"切削顺序"下拉列表框中选择"深度优先"。单击"余量"选项卡，将"部件余量"设置为 0.6，单击 确定 按钮返回到"平面铣"对话框。

❺ 单击"平面铣"对话框中的 （非切削移动）按钮，系统弹出如图 8-33 所示的"非切削移动"对话框，单击 转移/快速 选项卡，在"安全设置选项"下拉列表框中选择"自动平面"，其余参数采用默认值，单击 确定 按钮，返回到"平面铣"对话框。

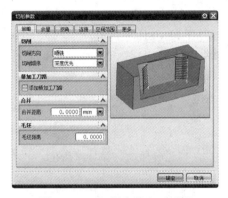

图 8-32 "切削参数"对话框

图 8-33 "非切削移动"对话框

❻ 单击"平面铣"对话框中的 "进给率和速度"按钮，系统弹出如图 8-34 所示的"进给率和速度"对话框。在"主轴速度"文本框中输入 1200，在"切削"文本框中输入 600，单位选择 mmpm；展开"更多"选项组，分别在"进刀""第一刀切削""步进"和"退刀"文本框中输入 400、300、300 和 400，单位选择 mmpm，单击 确定 按钮返回到"平面铣"对话框，完成"进给率和速度"的创建。

技巧提示 表面速度和每齿进给量可以通过单击主轴速度右侧的计算按钮自动生成。

步骤 08 刀具路径生成及验证。

❶ 单击"平面铣"对话框"操作"下的 （生成）按钮，生成刀轨如图 8-35 所示。

图 8-34 "进给率和速度"对话框

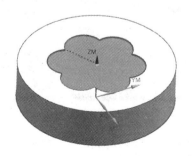

图 8-35 粗加工生成的刀轨

❷ 单击"平面铣"对话框"操作"下的 🔳（确认）按钮，系统弹出"刀轨可视化"对话框，选择"2D 动态"选项卡，单击"播放"按钮 ▶，即可观看平面铣粗加工的模拟加工过程。

步骤 09 侧壁铣削的创建

❶ 单击"刀片"工具栏中的 🖘（创建工序）按钮，打开"创建工序"对话框。

❷ 在"创建工序"对话框的"类型"下拉列表框中选择"mill_planar"，在"工序子类型"中单击 🔳（PLANAR_PROFILE）按钮，在"程序"下拉列表框中选择"PROGRAM"，在"刀具"下拉列表框中选择"END12"，在"几何体"下拉列表框中选择"MILL_BND"，在"方法"下拉列表框中选择"MILL_SEMI_FINISH"，在"名称"中输入"PLANAR_PROFILE"，如图 8-36 所示。单击"确定"按钮，弹出如图 8-37 所示的"平面轮廓铣"对话框。

❸ 在"部件余量"文本框中输入 0.1，在"切削深度"下拉列表框中选择"用户定义"，在"公共"文本框中输入 3，其他参数保持默认值。

 对"切削参数""非切削移动""进给率和速度"不进行修改，保持默认值。

❹ 单击"平面轮廓铣"对话框"操作"下的 🖘（生成）按钮，生成的刀轨如图 8-38 所示。

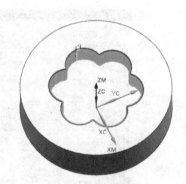

图 8-36　"创建工序"对话框　　图 8-37　"平面铣轮廓"对话框　　图 8-38　创建的刀轨

❺ 单击"平面轮廓铣"对话框中的 确定 按钮完成平面铣操作，将文件另存为非中文路径文件夹中。

8.2　加工前的准备工作

在应用NX进行加工编程操作之前，首先要进行一些辅助准备工作，包括模型分析、创建毛坯、创建加工装配模型等，这些工作大多数也可以在创建操作时进行。

8.2.1　模型分析

模型分析主要是分析模型的结构、大小、凹圆角的半径等。模型的大小决定了开粗使用多大的刀具；模型的结构决定了是否需要线切割加工等其他加工方式；圆角半径的大小决定了精加工时需要使用多大的刀清角。

模型分析工作可以通过"分析（L）"菜单中的命令完成，包括"测量距离（D）""几何属性（C）""NC助理"等。

1. 分析模型尺寸及加工深度

（1）测量模型尺寸

在加工界面中单击 ▤（测量距离）按钮，或者在主菜单中选择"分析（L）"→"测量距离（D）"命令，系统弹出如图 8-39 所示的"测量距离"对话框，选择模型上的两点，即可得到两点间的直线距离，如图 8-40 所示的模型短边长度为 392mm。

图 8-39　"测量距离"对话框

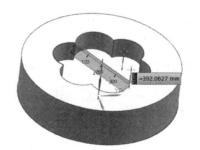

图 8-40　模型距离

（2）测量加工深度

在"测量距离"对话框中的"类型"下拉列表框中选择" ▤ 投影距离 "，选择模型型腔底面上一点，确定投影矢量为Z轴正方向，再分别选择模型外壁上表面和型腔底面的两点作为起点和终点，即可得到型腔深度，如图 8-41 所示的模型型腔深度为 100mm。

2．分析模型圆角半径

在主菜单中选择"分析（L）"→"几何属性（C）"命令，系统弹出如图 8-42 所示的"几何属性"对话框，选择模型中的某一圆角，系统弹出如图 8-43 所示的"信息"对话框，在其中的主曲率半径下可以看到圆角的曲率半径最大值和最小值。

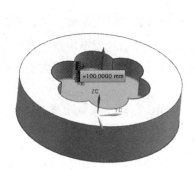

图 8-41　型腔深度　　　　　　　　　　　图 8-42　"几何属性"对话框

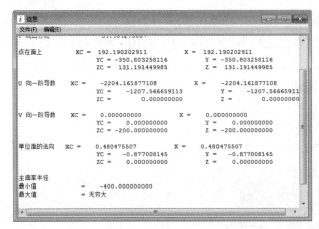

图 8-43　"信息"对话框

3．NC助理

"NC助理"是一个分析工具，它提供有关平面级别、圆角半径和拔模角的信息。该信息可以帮助用户确定切削刀具参数，如长度、直径、刀尖半径和锥角。分析结果可显示为图形和文本。

在CAM模块中，选择"分析（L）"→"NC助理（N）"命令，系统弹出如图 8-44 所示的"NC助理"对话框，主要包括以下几个选项。

- 分析类型：包括层、拐角半径、圆角半径和拔模角 4 种分析类型。
- 参考矢量：参考矢量确定系统在分析部件的层、圆角半径和拔模角时，应分析和显示部件的哪一侧。选择"参考矢量"，系统弹出如图 8-45 所示的"矢量"对话框，用于创建参考矢量。

- 参考平面：当分析部件的层和圆角半径时，系统将测量该平面的公差和限制，选择"参考平面"，系统弹出"平面"对话框，用于创建参考平面。
- 公差/角度：指定距离、半径和角度的公差用于定义各个分析类型的范围。
- 限制：最小层和最大层限制定义系统要对其进行分析和显示的所有层、圆角或角度的范围。

图 8-44　"NC 助理"对话框

图 8-45　"矢量"对话框

8.2.2　创建毛坯

毛坯主要用于定义加工区域范围，便于控制加工区域，使系统生成简洁、高效的刀具轨迹，以及在模拟刀具路径时观察零件的成型过程。毛坯的类型包括线边界定义毛坯和实体定义毛坯。

在进入加工模块前，应该在建模环境下建立用于加工零件的毛坯模型。有时还需要绘制一些封闭曲线作为边界几何。创建毛坯可以采用以下 3 种方法。

（1）直接建模建立毛坯。即打开待加工零件模型，按照和零件的位置关系，通过建模建立毛坯模型，是目前最为常用的方法。

（2）导入外部模型。打开所需要加工的零件模型，然后在该零件中通过NX 8.0 的文件导入操作导入要加工的零件毛坯。在加工零件的毛坯为铸件、锻件或半成品时该方法较为常用。

（3）偏置零件模型。打开所需要加工的零件模型，然后通过偏置零件的表面来创建毛坯。

毛坯模型可以是独立模型，也可以与要加工的零件装配为一个整体。常用零件模型和毛坯模型分开并采用装配的方法组合进行加工，这样加工信息和零件主模型信息相互分开，一方面可以保护加工信息不被其他人员意外破坏，另一方面可以方便添加定位元件、加紧机构或夹具体等部件。

8.3 父节点组的创建

在NX 8.0中创建操作之前，必须为该操作指定4个父节点组，用于存储加工信息，如刀具数据、几何体等，在父节点组中指定的信息都可以被操作所继承。UG加工应用模块提供了4个参数组：程序组、刀具组、几何组和加工方法组。

8.3.1 程序组的创建

程序组用于管理各操作和指定用来输出CLS文件和/或后处理的操作顺序。在很多情况下，用程序组来管理程序会比较方便，例如，一个复杂的零件往往需要在不同机床上进行加工，这时就应该将同一机床上加工的操作组合成程序组，以便刀具路径的输出，直接选择这些操作所在的父节点组即可。

在加工环境中，单击"刀片"工具栏中的 （创建程序）按钮，或者在如图8-46所示的主菜单中选择"插入（S）"→"程序（P）"命令，系统弹出如图8-47所示的"创建程序"对话框，利用该对话框可以创建程序组。

首次进入加工环境时，系统将自动创建3个程序组：NC_PROGRAM、未用项和PROGRAM，如图8-48所示，其中"未用项"不可删除，用于存放暂时不使用的操作。通常情况下，如果零件所包含的操作不多，可以不创建程序组，而是直接使用模板所提供的默认程序组创建所有操作。

图 8-46 创建程序

图 8-47 "创建程序"对话框

图 8-48 初始程序视图

8.3.2 刀具的创建

NX CAM在加工过程中，刀具是从毛坯上切除材料的工具，在创建铣削、车削或孔操作时必须创建刀具或从刀具库中选择刀具。创建或选择刀具时，应考虑加工类型、加工表面形状、加工部位尺寸等因素。

各种类型的刀具创建步骤基本相同，只是参数设置有所不同。在"刀片"工具栏中单击 （创建刀具）按钮，或者在主菜单上选择"插入（S）"→"刀具（T）"命令，系统弹出"创建刀具"对话框。选择不同的加工模板，"创建刀具"对话框会有所不同，在对话框的"类型"下拉列表框中选择模板零件后，对话框即变为对应的"创建刀具"对话框，在该对话框中设置刀具的有关参数，然后单击 确定 或 应用 按钮即可完成刀具的创建。

1. 创建铣刀

铣刀是实际加工中最为常用的刀具类型，如图 8-49 所示为创建铣削操作时的"创建刀具"对话框。在铣削加工中，铣刀的类型很多，有立铣刀、面铣刀、T 形铣刀、鼓形铣刀、螺纹铣刀等。

2. 创建孔加工刀具

孔加工刀具包括麻花钻、铰刀、丝锥等，在"创建刀具"对话框中的"类型"下拉列表框中选择"drill"或"hole_making"时，对话框切换到如图 8-50 所示的"创建刀具"对话框。

"创建刀具"对话框的"刀具子类型"选项组中显示了各种孔加工刀具的模板，选择好子类型后，单击 确定 或 应用 按钮，系统将弹出子类型对应的"刀具参数"对话框，如图 8-51 所示为选择 （钻头）子类型时弹出的"钻刀"对话框。

图 8-49　"创建刀具"对话框

图 8-50　"创建刀具"对话框

图 8-51　"钻刀"对话框

3. 创建车刀

车削刀具的创建主要在于车削刀片的定义，常见的车削刀片按 ISO/ANSI/DIN 或刀具厂商标准划分，NX 车削支持所有刀具。在"创建刀具"对话框中的"类型"下拉列表框中选择"turning"时，对话框切换到如图 8-52 所示的车削"创建刀具"对话框，在其中可以创建标准车刀、杯形车刀、螺纹车刀、成形车刀等。

4. 刀具库

NX 8.0 中通过刀具库来管理常用的刀具。在创建刀具时,可以从刀具库中调用刀具,也可以将创建好的刀具存入刀具库中,方便以后调用。

(1)从刀具库中调用刀具

在"创建刀具"对话框中,"库"选项组用来从刀具库中调用刀具。展开该选项组,单击 （从库中调用刀具）按钮,系统弹出如图 8-53 所示的"库类选择"对话框,可选择的选项包括铣削刀具、孔加工刀具、车削刀具和实体刀具。

图 8-52 "创建刀具"对话框   图 8-53 "库类选择"对话框

选择刀具时,首先要确定加工刀具类型,单击对应类型前的⊞按钮,然后选择所需要的刀具子类型,单击 确定 按钮,系统会弹出如图 8-54 所示的"搜索准则"对话框,在其中输入查询条件,单击 确定 按钮,系统将弹出如图 8-55 所示的"搜索结果"对话框,把当前刀具库中符合搜索条件的刀具列表显示在屏幕上,从列表中选择一个所需的刀具,单击 确定 按钮即可。

图 8-54 "搜索准则"对话框   图 8-55 "搜索结果"对话框

（2）将刀具导出到库中

对于已经设置好参数的刀具，"库"选项组用来将刀具导出到库中。展开"库"选项组，单击（导出刀具到库中）按钮，系统弹出如图 8-56 所示的"选择目标类"对话框，选择所要存储的目标类，单击 确定 按钮，系统弹出如图 8-57 所示的"模板属性"对话框，为刀具选择夹持器，单击 确定 按钮即可将刀具导出到库中。

图 8-56　"选择目标类"对话框

图 8-57　"模板属性"对话框

8.3.3　几何体的创建

创建几何体主要是在零件上定义要加工的几何对象和指定零件在机床上的加工位置。几何体包括加工坐标系、部件和毛坯，其中加工坐标系属于父级，部件和毛坯属于子级。

在加工环境中，单击"刀片"工具栏中的（创建几何体）按钮，或者在主菜单中选择"插入（S）"→"几何体（G）"命令，系统会弹出如图 8-58 所示的"创建几何体"对话框。

由于不同加工模板所需要创建的几何体不同，在"类型"下拉列表框中选择不同的模板，根据要创建的加工对象类型，在"几何体子类型"中选择要创建的几何体子类型，在"几何体"下拉列表框中选择父节点组，并在"名称"文本框中输入要创建的几何体名称后，单击 确定 或 应用 按钮，系统会根据所选择的几何模板类型，弹出相应的对话框，以供用户进行几何对象的具体定义。

在各对话框中完成对象的选择和参数设置后，单击 确定 按钮，返回到"创建几何体"对话框。在所选择的父节点组下创建指定名称的几何组，并显示在工序导航器的几何视图中。如图 8-59 所示，新建了名为"MILL_GEOM"的几何体组，其父节点组为"MCS_MILL"，在工序导航器中可以修改新建几何体组的名称，也可以通过右键快捷菜单对几何体组进行编辑、剪切、复制等操作。

图 8-58　"创建几何体"对话框

图 8-59　工序导航器-几何

在创建几何体时所选择的父节点组确定了新建几何组与存在几何组的参数继承关系,新建几何组将继承其父节点组的所有参数。在操作导航器的几何视图中,几何组的相对位置决定了它们之间的参数关系,下一级几何组继承上一级几何组的参数。当几何组的位置关系发生改变时,其继承的参数会随位置变化而改变。可以在操作导航器中通过剪切和粘贴的方式,或者以直接拖动的方式改变其位置,从而改变几何组的参数继承关系。

由于加工类型的不同,在创建几何体对话框中可以创建不同类型的几何组。对于铣削几何体边界和区域的创建操作将在有关章节详细介绍,本节主要介绍加工坐标系和铣削几何体的创建方法。

1. 创建加工坐标系和参考坐标系

在NX CAM中,除了使用工作坐标系(WCS)外,还会用到加工中的两个特有的坐标系,即加工坐标系(MCS)和参考坐标系(RCS)。

加工坐标系,即机床坐标系,是所有后续刀轨输出点的基准位置。在刀具路径中,所有坐标点的坐标值均与加工坐标系相关联,如果移动加工坐标系,则后续刀具路径输出的坐标基准位置将重新定位。加工坐标系(MCS)的显示可以通过选择"格式"→"MCS显示"命令来转换。

参考坐标系(RCS)用于重新定位未建模的几何参数(即刀轴矢量、安全平面等)。系统默认RCS是"绝对坐标系",不显示在屏幕中,首次选中"链接MCS/RCS"复选框或在组中定义RCS时,系统将初始化并显示RCS。

在"创建几何体"对话框的"几何体子类型"选项组中单击 （MCS）按钮,再单击 确定 或 应用 按钮,系统将弹出如图 8-60 所示的MCS对话框,该对话框中有机床坐标系、参考坐标系、安全设置、下限平面、避让及布局和图层6 个选项组。

图 8-60　MCS 对话框

2. 创建"铣削几何体"

在平面铣和型腔铣中,"铣削几何体"用于定义加工时的"零件几何体""毛坯几何体"和"检查几何体";在固定轴曲面轮廓铣和多轴铣中,用于定义要加工的轮廓表面。

"创建几何体"对话框中的工件（WORKPIECE）和"铣削几何体"（MILL_GEOM）按钮可执行相同的功能。单击这两个按钮,可从选定的体、面、曲线或曲面区域定义部件、毛坯和"检查几何体"。另外,使用这两个按钮还可定义"部件"偏置、"部件材料",并保存当前显示的布局和图层。这里以"铣削几何体"为例说明它们的创建方法。

在"创建几何体"对话框中的"几何体子类型"选项组中单击（MILL_GEOM）按钮,再单击 确定 或 应用 按钮,系统将弹出如图 8-61 所示的"铣削几何体"对话框。

（1）创建"铣削几何体"的选项

"铣削几何体"对话框中主要有"几何体""偏置""描述"和"布局和图层"4 个选项组。

（2）创建和编辑"部件几何体"

单击"铣削几何体"对话框中的（指定部件）按钮，系统弹出如图 8-62 所示的"部件几何体"对话框，该对话框用于选择需要加工的零件，在图形区中选择零件的"面"或"实体"，然后单击 确定 按钮返回到"铣削几何体"对话框。

选择好部件以后，"铣削几何体"对话框中（指定部件）按钮后的（显示）按钮被激活，单击该按钮可以显示选择的部件。如果需要对已经定义好的"部件几何体"进行编辑，可以单击（指定部件）按钮，在弹出的"部件几何体"对话框中对部件进行编辑。

（3）创建和编辑"毛坯几何体"

单击"铣削几何体"对话框中的（指定毛坯）按钮，系统弹出如图 8-63 所示的"毛坯几何体"对话框，该对话框用于选择需要加工零件的毛坯，在图形区中选择毛坯后，单击 确定 按钮返回到"铣削几何体"对话框。同样，对于定义好的毛坯几何体，也可以进行编辑、显示等操作。

图 8-61　"铣削几何体"对话框

图 8-62　"部件几何体"对话框

图 8-63　"毛坯几何体"对话框

（4）创建和编辑检查几何体

"检查几何体"用于描述加工中不希望与刀具发生碰撞的区域，"检查几何体"的创建步骤与"部件几何体"和"毛坯几何体"相似。

8.3.4　加工方法的创建

通常情况下，为了保证加工的精度，零件加工过程中需要进行粗加工、半精加工和精加工几个步骤，它们的主要差异在于加工余量、公差、表面加工质量等。创建加工方法就是为粗加工、半精加工和精加工指定统一的加工公差、加工余量、进给量等参数。

在加工环境中，单击"刀片"工具栏中的（创建方法）按钮，或者在主菜单上选择"插入（S）"→"方法（M）"命令，系统将会弹出如图 8-64 所示的"创建方法"对话框。

根据加工类型，在"类型"下拉列表框中选择不同的模板，在"方法"下拉列表框中选择已经存在的加工方法作为父节点组，并在"名称"文本框中输入要创建的方法名称后，单击 确定 或 应用 按钮，系统根据所选择的操作类型，弹出相应的创建方法对话框，用于具体指定加工方法的参数值，在对应文本框中输入部件余量、公差，设置好切削方法、进给等参数后，单击 确定 按钮，完成加工方法的创建，返回"创建方法"对话框。

本小节将以铣削为例说明加工方法的创建步骤及其参数设置。如图 8-65 所示的"铣削方法"对话框，该对话框中主要包括"余量""公差""刀轨设置"和"选项"4 个选项组。

1. 余量

"余量"选项组为当前所创建的加工方法指定加工余量。部件余量是指零件加工后剩余的材料，这些材料在后续操作中将被切除。余量的大小应根据加工精度要求的高低来确定，一般粗加工余量大，半精加工余量小，精加工余量为 0。引用该加工方法的所有操作都有相同的余量。

2. 公差

"内公差"和"外公差"可用来定义偏离"部件"曲面的允许范围，值越小，切削就会越准确。"内公差"限制刀具在加工过程中越过零件表面的最大过切量；"外公差"限制刀具在加工过程中没有切至零件表面的最大间隙量。

3. 刀轨设置

"刀轨设置"选项组主要用于设置引用该加工方法组的操作所采用的切削方法和进给速度。

图 8-64 "创建方法"对话框

图 8-65 "铣削方法"对话框

"进给"是影响加工精度和加工零件表面质量及加工效率的重要因素之一。在一个加工刀具路径中存在着非切削运动和切削运动，每种运动中还包含不同的移刀方式和切削条件，需要设置不同的进给速度，进给速度参数关系如图 8-66 所示。

4. 选项

"选项"选项组主要包括"颜色"和"编辑显示"两个选项。

"颜色"选项用于设置不同刀具路径的显示颜色，观察刀具路径时可以区分不同类型的刀具运动。

在"铣削方法"对话框中单击 （颜色）按钮，系统将弹出如图 8-67 所示的"刀轨显示颜色"对话框，单击每个运动类型后面对应的颜色块，会弹出如图 8-68 所示的"颜色"对话框，从中可以选择一种颜色，然后单击 确定 按钮，作为指定运动类型的显示颜色。

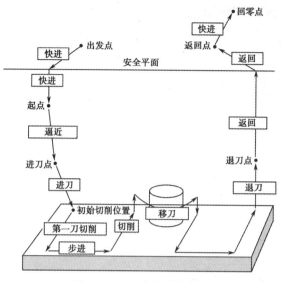

图 8-66　NX 中的进给关系

图 8-67　"刀轨显示颜色"对话框

"编辑显示"用于指定切削仿真时刀具显示的形状、显示频率、刀轨显示方式、显示速度等。在"铣削方法"对话框中单击 (编辑显示)按钮，系统将弹出如图 8-69 所示的"显示选项"对话框。

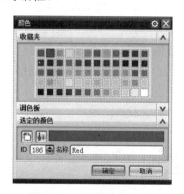

图 8-68　"颜色"对话框

图 8-69　"显示选项"对话框

8.3.5　操作的创建

操作包含所有用于产生刀具路径的信息，如几何体、刀具、加工余量、公差、进给等。当用户根据零件加工要求建立程序组、刀具组、几何组和加工方法组之后，就可以利用以上父节点组创建操作。当然，在没有建立程序组、刀具组、几何组和加工方法组的情况下，也可以通过引用模板提供的默认对象创建操作，在进入对话框以后再进行几何体、刀具、加工方法等的创建或选择。

创建操作的步骤如下：

步骤 01　在加工环境中，单击"刀片"工具栏中的 (创建工序)按钮，或者选择"插入（S）"→"工序（E）"命令，系统将会弹出如图 8-70 所示的"创建工序"对话框。

图 8-70   "创建工序"对话框

步骤 02 在"类型"下拉列表框中选择所需要的工序类型模板,系统将根据所选择的类型显示其工序子类型模板。

步骤 03 在"程序"下拉列表框中选择已经存在的程序组,在"刀具"下拉列表框中选择已经创建的刀具,在"几何体"下拉列表框中选择已经存在的几何组,在"方法"下拉列表框中选择已经存在的加工方法组,并在"名称"文本框中输入要创建的操作名称。

步骤 04 单击 确定 或 应用 按钮,系统根据所选择的工序类型,弹出相应的操作对话框,用于具体参数值的设置。

步骤 05 参数设置好以后,单击对话框中的 🔧 (生成)按钮,生成刀具路径。

8.4 刀具路径的管理

对于生成的刀具路径,可以通过NX提供的刀具路径管理相关操作对其进行重播、仿真等,从不同角度观察刀具路径是否符合编程要求,对于不符合要求的刀具路径可以进行剪切、复制、编辑等工作。

8.4.1 重播刀具路径

"重播刀轨"选项将在图形窗口中显示已生成的刀具路径。"重播刀轨"可以验证刀具路径的切削区域、切削方式、切削行距等参数,有助于决定是否接受或拒绝刀轨。

"重播刀轨"是最快的刀轨可视化选项,显示沿一个或多个刀轨移动的刀具或刀具装配,并允许刀具的显示模式为线框、实体和刀具装配。在"重播"中,如果发现过切,则高亮显示过切,并在重播完成后在信息窗口中报告这些过切。

刀具路径的重播有以下几种方式。

- 在工序导航器中选择需要重播的刀具路径，单击"操作"工具栏中的（重播刀轨）按钮。
- 在工序导航器中选择需要重播的刀具路径，然后选择"工具（T）"→"工序导航器（O）"→"刀轨（L）"→"重播（R）"命令。
- 在工序导航器中右键单击需要重播的刀具路径，在弹出的快捷菜单中选择"重播"命令。
- 在操作对话框中单击（重播刀轨）按钮，对已生成的刀具路径进行重播。

8.4.2　刀具路径编辑

在NX中，可以通过如图 8-71 所示的"刀轨编辑器"对话框对已生成的刀具路径进行编辑，并在图形窗口中观察编辑结果。

刀具路径编辑器可以通过以下几种方式调出。

- 在工序导航器中选择一个或多个已经生成的刀具路径，单击"操作"工具栏中的（编辑刀轨）按钮。
- 在工序导航器中选择一个或多个已经生成的刀具路径，选择"工具（T）"→"工序导航器（O）"→"刀轨（L）"→"编辑（E）"命令。
- 在工序导航器中右键单击一个或多个已经生成的刀具路径，在弹出的快捷菜单中选择"刀轨"→"编辑"命令。

在"刀轨编辑器"对话框中，可以为刀轨添加新刀轨事件，对选定的刀轨进行剪切、复制、粘贴、移动、延伸、修剪、反向等操作，或者进行过切检查，其步骤是先选定需要编辑的刀轨，然后选择编辑类型，再设置编辑参数。

选择刀具路径时，可以在"选择过滤器"下拉列表框中选择"全部""第一刀/最后一刀""编辑的"或是"锐刺/插削运动"等不同类型的刀轨。

图 8-71　"刀轨编辑器"对话框

8.4.3　仿真刀具路径

刀具路径仿真功能可查看以不同方式进行动画模拟的刀轨。在刀具路径仿真中可查看正要移除的路径和材料，控制刀具的移动、显示并确认在刀轨生成过程中刀具是否正确切削原材料、是否过切等。

模拟实体切削可以直接在计算机屏幕上观察加工效果，这个加工过程与实际机床加工十分类似，但是所用时间要短得多，并且即使加工过程中产生碰撞或过切也不会对机床或工件造成伤害，大大降低加工风险。通过实体切削仿真可以及时发现实际加工时存在的问题，以便编程人员及时修正。

模拟刀具路径时，应该先在工序导航器中选择一个或多个已生成刀具路径的操作，或者包含已生成刀具路径操作的程序组，然后单击 （确认刀轨）按钮，或者单击"操作"工具栏中的 （确认刀轨）按钮，或者在工序导航器中选择右键快捷菜单中的"刀轨"→"确认"命令，或者选择"工具（T）"→"工序导航器（O）"→"刀轨（L）"→"确认（V）"命令，系统将弹出如图 8-72 所示的"刀轨可视化"对话框。选择刀具路径显示模式后，单击对话框中的 （播放）按钮，即可模拟刀具的切削运动。

刀具路径仿真有 3 种方式：重播刀具路径、3D动态显示刀具路径和 2D动态显示刀具路径。

（1）重播

重播方式验证是沿一条或几条刀具路径显示刀具的运动过程，验证中的回放可以对刀具运动进行控制，并在回放过程中显示刀具的运动。

在"重播"选项卡中可以指定刀具路径的刀位点，设置在切削模拟过程中刀具的显示方式，重播中除了"刀轨列表窗口""进给率"和"动画控制"3 个选项外，还有"刀具"和"显示"两个选项。

（2）3D动态

3D动态通过三维实体的方式显示刀具和刀具夹持器沿着一个或多个刀轨移动，仿真材料的移除过程，这种模式还允许在图形窗口中进行缩放、旋转和平移。在"刀轨可视化"对话框中单击 3D动态 选项卡，如图 8-73 所示。

图 8-72　"刀轨可视化"对话框

图 8-73　"3D动态"选项卡

在 3D动态显示的操作对话框中除了重播刀具路径中的"刀位点选择""动画控制""刀具显示"等选项外，还增加了有关"IPW"的选项。

（3）2D动态

2D动态材料移除通过显示刀具沿着一个或多个刀轨移动，表示材料的移除过程，但是刀具只能显示为着色的实体。

以2D动态或3D动态方式仿真时，需要先指定加工零件的毛坯，如果在创建几何对象时没有指定毛坯，系统会弹出警告窗口，提醒当前没有毛坯可用于验证，需要进行毛坯的创建。

8.4.4　列出刀具路径

对已生成刀具路径的操作，可通过该操作查看刀具路径所包含的信息，包括刀位点、进给率、辅助信息等。

单击对话框中的 🔂（列表）按钮，或者单击"操作"工具栏中的 🔂（列表）按钮，或者在操作导航器中选择右键快捷菜单中的"刀轨"→"列表"命令，或者选择"工具（T）"→"操作导航器（O）"→"刀轨（L）"→"列表（L）"命令，系统将弹出如图8-74所示的"信息"对话框，从中可以查看刀具路径的相关信息。

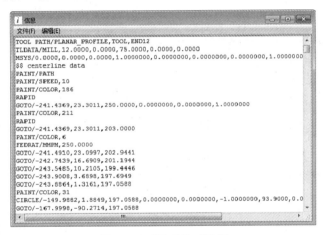

图8-74　"信息"对话框

8.5　后处理

NC 文件是由G、M代码所组成并用于实际机床上加工的程序文件。因为每台机床结构/控制系统对程序格式和指令都有不同要求，NX CAM 中生成的零件加工刀轨不能驱动机床，所以刀轨文件必须经过处理，以符合某一机床结构/控制系统的要求，这一过程就是"后处理"。

8.6　本章小结

本章是为初学NX 8.0 数控加工的读者所准备的，介绍的都是最基础的知识和最常用的NX命令。通过本章的学习，可以了解所要学习和应用的软件工具的特点，NX 8.0 的常用操作及数控加工的通用基础知识。

8.7 习　题

一、填空题

1．NX的数控加工模块包括_____、_____、固定轴曲面轮廓铣、可变轴曲面轮廓铣、_____、点位加工、_____、切削仿真及后置处理等多个子模块，每个子模块中又包含多种不同的模板。

2．车削加工模块提供了加工回转类零件所需的全部功能，包括_____、_____、切槽、_____和打中心孔。零件的几何模型与刀具轨迹完全关联，刀具轨迹能随几何模型的改变而自动更新。

3．NX 8.0 加工模块的工作界面与其他模块的工作界面基本相同，除了显示常用的工具按钮外，还将显示在加工模块中特有的操作导航器和 3 个常用工具栏，分别为_____、_____、_____。

4．创建或选择刀具时，应考虑_____、_____、_____等因素。

5．_____是影响加工精度和加工零件表面质量及加工效率的重要因素之一，在一个加工刀具路径中存在着_____和_____，每种运动中还包含不同的移刀方式和切削条件，需要设置不同的进给速度。

二、问答题

1．请简述NX数控加工的一般步骤。

2．请分析在加工之前进行模型分析的作用。

3．创建毛坯可以采用哪几种方法？

第9章　平面铣数控加工

平面铣是一种常用的数控加工方法，用来加工直壁平底的零件。本章主要介绍NX 8.0平面铣削加工技术，包括平面铣的基本概念，平面铣操作的几何体，平面铣中切削方式、步进距离、进退刀方法、切削参数等各种参数的设置。

学习目标：

- 了解平面铣入门知识
- 掌握平面铣操作中的几何体设置方法
- 掌握平面铣操作中的刀轨设置方法
- 掌握本章中的平面铣实例

9.1　平面铣操作入门

平面铣是一种常用的操作类型，用来加工直壁平底的零件，可用做平面轮廓、平面区域或平面岛屿的粗加工和精加工，它平行于零件底面进行多层铣削。

在加工过程中，首先进行水平方向的XY两轴联动，完成一层加工后再进行Z轴下切进入下一层，逐层完成零件加工。通过设置不同的切削方法，平面铣可以完成挖槽或轮廓外形的加工。

9.1.1　创建平面铣操作

在NX 8.0中打开要进行加工的零件CAD模型，执行"开始"→"加工（N）"命令，进入加工模块，如图9-1所示。

如果零件是首次进入加工模块，系统会弹出如图9-2所示的"加工环境"对话框，根据零件的结构特点、表面加工类型和应采用的加工方法选择一种合适的加工配置，不同的配置决定了设置类型和操作类型，以及后处理、刀位位置源文件、库文件（用于指定刀具、机床、切削方法、零件材料、主轴转速、进给等）和车间工艺文档的格式。

对于平面铣选择"mill_planar"，单击"确定"按钮，系统根据指定的加工配置，调用相应的模板和相关数据库进行加工环境的初始化工作。

图 9-1　加工模块的进入

图 9-2　"加工环境"对话框

1．创建平面铣操作

进入加工界面后，首先要创建程序、刀具、几何与加工方法父节点组，然后在"创建"工具栏中单击 （创建工序）按钮，弹出"创建工序"对话框，如图 9-3 所示，选择"类型"为平面铣，即"mill_planar"。在"mill_planar"加工类型中共包括 15 种工序子类型，每一个按钮代表一种子类型，单击不同的按钮，所弹出的操作对话框也会有所不同，完成的操作功能也会不同。平面铣工序子类型如表 9-1 所示。

表 9-1　平面铣工序子类型

图标	英文	中文	说明
	FACE_MILLING_AREA	表面区域铣	用加工面定义的表面铣
	FACE_MILLING	表面铣	用于切削实体上的平面
	FACE_MILLING_MANRAL	表面手动铣	切削方法默认为手动的表面铣
	PLANAR_MILL	平面铣	用平面边界定义切削区域，加工到底平面
	PLANAR_PROFILE	平面轮廓铣	默认切削方法为轮廓铣削的平面铣，常用于修边
	ROUGH_FOLLOW	跟随零件粗铣	默认切削方法为跟随零件切削的平面铣
	ROUGH_ZIGZAG	往复式粗铣	默认切削方法为往复式切削的平面铣
	ROUGH_ZIG	单向粗铣	默认切削方法为单向切削的平面铣
	CLEANUP_CORNERS	清理拐角	利用上一操作中的过程工件（IPW）进行拐角清理的平面铣
	FINISH_WALLS	精铣侧壁	默认方法为轮廓铣削，默认深度只有底面的平面铣
	FINISH_FLOOR	精铣底面	默认方法为跟随零件，默认深度只有底面的平面铣
	THREAD_MILLING	螺纹铣	利用螺旋切铣削螺纹
	PLANAR_TEXT	文本铣	对文字曲线进行雕刻加工
	MILL_CONTROL	机床控制	创建机床控制事件，添加后处理命令
	MILL_USER	自定义方式	自定义参数建立操作

在"创建工序"对话框中选择平面铣加工子类型为"PLANAR_MILL",并指定工序所在的程序组、所使用的刀具、几何与加工方法父节点组,输入工序名称,单击"确定"或"应用"按钮,系统弹出如图9-4所示的"平面铣"对话框。

图 9-3 "创建工序"对话框　　　　　　图 9-4 "平面铣"对话框

2. "平面铣"对话框

在"平面铣"对话框中,可以通过以下步骤创建平面铣操作。

步骤 01 指定平面铣工序的父节点组。在"创建工序"对话框中分别选择"程序""刀具""几何体"和"方法"的父节点组;或者在"平面铣"对话框的各模块中选择或重新选择相应父节点组,前面没有建立的父节点组也可以在此处单击相应的"新建"按钮建立父节点组。

步骤 02 指定平面铣中的几何体。在"平面铣"对话框中指定"部件边界"和"底面",从而确定加工区域。

步骤 03 指定刀轴及刀轨参数。刀轴和刀轨参数决定了刀具路径,平面铣中刀轴默认为"+ZM轴",刀轴设置中要设定"切削模式""步距""切削角""切削层""切削参数""非切削参数""进给率和转速""拐角控制"等参数。

步骤 04 刀轨后处理参数。在"平面铣"对话框中单击"展开机床控制"按钮,可以设置刀轨开始和结束的后处理事件、运动输出等。

步骤 05 刀轨生成及仿真校验。设置完"平面铣"对话框中的所有参数后,可以单击 ▸ (生成刀轨)按钮来生成刀轨。对生成的刀轨,为了检验其是否满足需要,可以单击 ▨ (刀轨确认)按钮来检查刀具路径。

9.1.2 入门实例——简单零件平面铣

下面将通过一个简单的零件加工来练习平面铣操作的一般步骤,部件中MCS的位置已经设置好,毛坯、刀具也已经创建完成,通过平面铣来完成如图9-5所示零件的粗加工。

图 9-5　零件模型

初始文件	下载文件/example/Char09/pingmian-1.prt
结果文件	下载文件/result/Char09/pingmian-1-final.prt
视频文件	下载文件/video/Char09/平面铣入门.avi

步骤 01　启动 NX 8.0 软件，并打开文件。

❶ 执行"开始"→"所有程序"→"UG NX 8.0"→"NX 8.0"，进入 NX 8.0 软件启动
界面。

❷ 执行"文件（F）"→"打开（O）"命令，或者单击"标准"工具栏中的 （打开）
按钮，弹出"打开"对话框。

❸ 在如图 9-6 所示的对话框中选择文件，然后单击"OK"按钮打开文件。

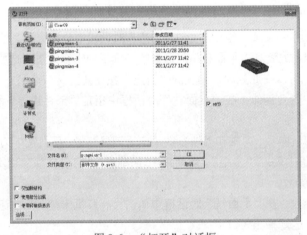

图 9-6　"打开"对话框

步骤 02　进入数控加工模块，验证刀轨。

❶ 执行"开始"→"加工（N）"命令，系统完成加工环境的初始化工作，进入如图 9-7
所示的加工模块界面。

❷ 单击 （部件导航器）按钮，打开如图 9-8 所示的"部件导航器"，右键单击"块"
按钮，在弹出的快捷菜单中选择"显示"命令，将毛坯显示出来。

❸ 在"操作导航器"工具栏中单击 （几何视图）按钮，单击屏幕右侧的 （工序导航
器）按钮，打开"工序导航器-几何"窗口，如图 9-9 所示。

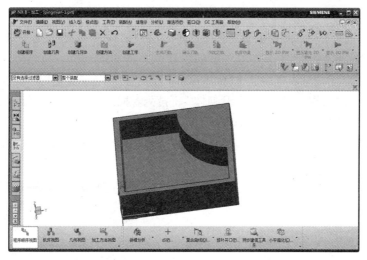

图 9-7　加工模块界面

图 9-8　显示毛坯　　　　　　　　　　　图 9-9　"工序导航器-几何"窗口

❹ 双击"WORKPIECE"节点,弹出如图 9-10 所示的"铣削几何体"对话框,单击 ⬡(指定毛坯)按钮,弹出如图 9-11 所示的"毛坯几何体"对话框,在"类型"下拉列表框中选择"几何体"选项,选择图形区中的矩形块作为毛坯。

图 9-10　"铣削几何体"对话框　　　　　图 9-11　"毛坯几何体"对话框

❺ 单击两次  按钮,完成毛坯的选择。

步骤 03 创建毛坯边界。

❶ 单击"刀片"工具栏中的 ▓ (创建几何体)按钮,打开如图 9-12 所示的"创建几何体"对话框。

❷ 在"类型"下拉列表框中选择"mill_planar",在"几何体子类型"中单击 ▣ (MILL_BND)按钮,在"位置"选项组的"几何体"下拉列表框中选择父节点组为"WORKPIECE",在"名称"文本框中输入"Blank"。

❸ 单击"创建几何体"对话框中的 应用 按钮,打开如图 9-13 所示的"铣削边界"对话框。

图 9-12 "创建几何体"对话框

图 9-13 "铣削边界"对话框

❹ 在"铣削边界"对话框中单击 ▣ (指定毛坯边界)按钮,弹出如图 9-14 所示的"毛坯边界"对话框。

❺ 单击 ∫ (曲线边界)按钮,选择如图 9-15 所示零件顶面的 4 条外周边缘作为毛坯边界。单击两次 确定 按钮,完成毛坯的选择,返回到"创建几何体"对话框。

图 9-14 "毛坯边界"对话框

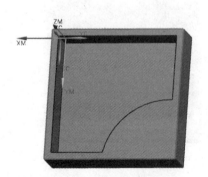

图 9-15 选择毛坯边界

步骤 **04** 创建部件边界。

❶ 在"创建几何体"对话框的"类型"下拉列表框中选择"mill_planar"，在"几何体子类型"中单击 (MILL_BND)按钮，在"位置"下拉列表框中选择父节点组为"BLANK"，在"名称"文本框中输入"Part"，如图 9-16 所示。

❷ 单击"创建几何体"对话框中的 应用 按钮，打开如图 9-17 所示的"铣削边界"对话框。

图 9-16　"创建几何体"对话框

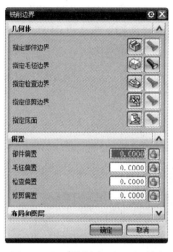

图 9-17　"铣削边界"对话框

❸ 在"铣削边界"对话框中单击 (指定部件边界)按钮，弹出如图 9-18 所示的"部件边界"对话框。

❹ 单击 (面边界)按钮，选择如图 9-19 所示的零件顶面和型腔底面，创建部件边界。

图 9-18　"部件边界"对话框

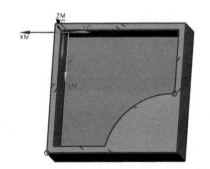

图 9-19　选择部件边界

❺ 单击 确定 按钮，完成部件边界的选择，返回到"创建几何体"对话框，单击 取消 按钮，完成边界的创建。

步骤 05 创建平面铣操作。

❶ 单击"刀片"工具栏中的 按钮,打开"创建工序"对话框。

❷ 在"创建工序"对话框的"类型"下拉列表框中选择"mill_planar",在"工序子类型"中单击 按钮,在"程序"下拉列表框中选择父节点组为"PROGRAM",在"刀具"下拉列表框中选择父节点组为"MILL_D16R0",在"几何体"下拉列表框中选择父节点组为"PART",在"方法"下拉列表框中选择父节点组为"MILL_ROUGH",在"名称"文本框中输入"PLANAR_ROUGH",如图 9-20 所示。

❸ 单击 确定 按钮,打开"平面铣"对话框,如图 9-21 所示。

图 9-20 "创建工序"对话框

图 9-21 "平面铣"对话框

❹ 单击 按钮,弹出如图 9-22 所示的"平面"对话框,选择零件模型的型腔底面作为加工几何底平面,如图 9-23 所示,单击 确定 按钮返回到"平面铣"对话框。

图 9-22 "平面"对话框

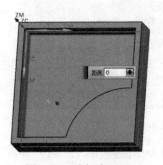

图 9-23 选择底平面

步骤 06 设置切削参数及安全平面。

❶ 在"平面铣"对话框的"刀轨设置"选项组中单击 (切削层)按钮,弹出"切削层"对话框,如图 9-24 所示,选择"类型"为"恒定",设置"公共"为 5,单击 确定 按钮返回到"平面铣"对话框。

❷ 单击"平面铣"对话框中的 (非切削移动)按钮,系统弹出"非切削移动"对话框。

❸ 单击"转移/快速"选项卡,在"安全设置选项"下拉列表框中选择"自动平面"选项,其余参数保持系统默认值,单击 确定 按钮,返回到"平面铣"对话框。

步骤 07 刀具路径生成及验证。

❶ 单击"平面铣"对话框"操作"下的 (生成)按钮,生成刀轨,如图 9-25 所示。

图 9-24 "切削层"对话框

图 9-25 生成的刀轨

❷ 单击"平面铣"对话框"操作"下的 (确认)按钮,弹出如图 9-26 所示的"刀轨可视化"对话框,单击"2D 动态"选项卡,单击"播放" 按钮,模拟加工结果,如图 9-27 所示。

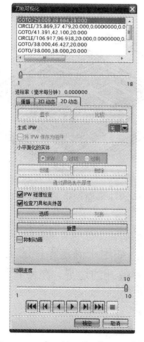

图 9-26 "刀轨可视化"对话框

图 9-27 模拟加工结果

9.2 平面铣操作中的几何体

平面铣不会直接使用实体模型来定义加工几何体，而是通过几何体边界来定义切削范围，用底平面定义切削深度。"边界几何体"和"底平面"是平面铣操作的特有选项，刀具在它们限定的范围内进行切削。

9.2.1 平面铣操作的几何体类型

平面铣所涉及的几何体部分包括 ▣（部件边界）、▣（毛坯边界）、▣（检查边界）、▣（修剪边界）和 ▣（底面）5 种，通过它们可以定义和修改平面铣操作的加工区域。

1．部件边界

部件边界用于描述加工完成后的零件轮廓，它控制刀具的运动范围，可以通过选择面、曲线、点等来定义部件边界。选择面时，以面的边界所形成的封闭区域来定义，保留区域的内部或外部；曲线可以直接定义切削范围；选择点时，通过将点以选择的顺序用直线连接起来定义切削范围；通过曲线或点定义的边界有开放和封闭之分，如果区域是开放的，其材料左侧或右侧保留，如果区域是封闭的，材料内部或外部保留。平面铣部件边界如图 9-28 所示。

2．毛坯边界

毛坯边界用于描述被加工材料的范围，其边界定义方法与部件边界的定义方法相似，但是毛坯边界只能是封闭的。平面铣毛坯边界如图 9-29 所示。

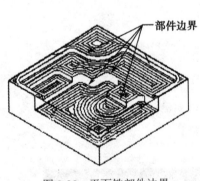

图 9-28　平面铣部件边界

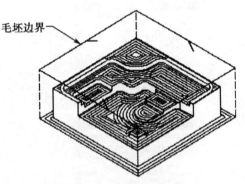

图 9-29　平面铣毛坯边界

3．检查边界

检查边界用于描述加工中不希望与刀具发生碰撞的区域，如用于固定零件的工装夹具等。检查边界的定义方法与毛坯边界相同，只有封闭的边界，没有敞开的边界，在检查边界定义的区域内不会产生刀具路径。平面铣检查边界如图 9-30 所示。

4．修剪边界

修剪边界用于进一步控制刀具的运动范围。如果操作产生的整个刀轨涉及的切削范围中某一区域不希望被切削，可以利用修剪边界将这部分刀轨去除。修剪边界的定义方法和零件边界相同。平面铣修剪边界如图 9-31 所示。

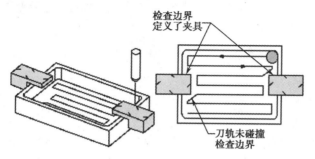

图 9-30　平面铣检查边界

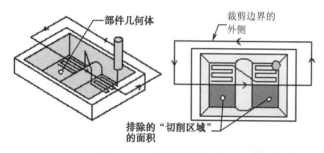

图 9-31　平面铣修剪边界

5．底平面

如图 9-32 所示，底平面是指平面铣加工中的最低高度，每一个操作只可以指定一个底平面。可以直接在零件上选择水平面来定义底平面，也可以将一平面进行一定的偏置来作为底平面，或者通过"平面"对话框来生成底平面。如果用户不指定底平面，系统将使用加工坐标系（MCS）的 X-Y 平面。"平面"对话框如图 9-33 所示。

图 9-32　平面铣的底平面

图 9-33　"平面"对话框

9.2.2　边界操作

平面铣所涉及的"部件几何体""毛坯几何体""检查几何体""修剪几何体"都是通过边界（Boundary）来定义的。边界定义约束切削移动的区域，这些区域既可以由包含刀具的单个边界定义，也可以由包含和排除刀具的多个边界的组合定义。

1．边界的一般特性

边界的行为、用途和可用性因使用它们的加工模块的不同而有所差别。不过，无论属于哪个应用程序，所有边界都具有一些共同的特性。

边界具有如下特点：

- 边界具有开始端。
- 边界包含刀具定位方式。
- 边界具有方向性。
- 边界需要指定材料侧。
- 边界可以是封闭的，也可以是开放的。
- 边界分为临时边界和永久边界两种。

2．边界的创建

边界可以通过有效的"几何体"创建。如图 9-34 所示，在"平面铣"对话框中单击相应的选择和编辑边界按钮，系统弹出如图 9-35 所示的"边界几何体"对话框。对于平面铣操作中的各种边界的定义，包括部件边界、毛坯边界、检查边界和修剪边界，其选择方法都是一样的。

选择不同的边界定义模式，创建边界的操作也有所不同，下面分别进行说明。

图 9-34　"平面铣"对话框

图 9-35　"边界几何体"对话框

（1）"曲线/边"定义边界

在"边界几何体"对话框的"模式"下拉列表框中选择"曲线/边界"选项，系统弹出如图 9-36 所示的"创建边界"对话框。可以通过选择现有曲线和边来创建边界。

（2）"点"定义边界

在"边界几何体"对话框的"模式"下拉列表框中选择"点"选项，系统弹出"创建边界"对话框。可以通过指定一系列关联或不关联的点来创建边界。

图 9-36　"创建边界"对话框

"点"模式下可以通过"点构造器"来定义点，系统在点与点之间以直线相连，形成一个开放或封闭的外形边界。"点"模式定义外形边界时，除没有"成链"选项外，其他选项与"曲线/边"模式相同。

（3）"面"定义边界

"面"模式是系统默认的模式选项，可以通过一个片体或实体的单个平面创建边界。通过"面"模式选择边界时，生成的边界一定是封闭的。选择"面"模式时，需要先定义以下选项。

- "忽略孔"："忽略孔"选项会使系统忽略选择用来定义边界的面上的孔。如果不选中该复选框，系统则会在所选择的面上围绕每个孔创建边界，如图 9-37 所示。

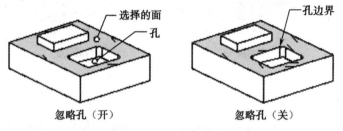

图 9-37　忽略孔开/关

- "忽略岛"："忽略岛"选项会使系统忽略选择用来定义边界的面上的岛。如果不选中该复选框，系统则会在所选择的面上每个岛的周围创建边界，如图 9-38 所示。

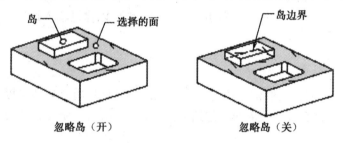

图 9-38　忽略岛开/关

- "忽略倒斜角"：利用"忽略倒斜角"选项，可以指定在通过所选面创建边界时是否识别相邻的倒斜角、圆角和圆。如果不选中"忽略倒斜角"复选框，则会在所选面的边上创建边界；如果选中该复选框，创建的边界将包括与选定面相邻的倒斜角、圆角和圆，如图 9-39 所示。
- "凸边"："凸边"选项可以为沿着选定面的凸边出现的边界成员控制刀具位置。在该选项下拉列表框中，"对中"可以为沿凸边创建的所有边界成员指定"对中"刀具位置，"对中"是默认设置；"相切"可以为沿凸边创建的所有边界成员指定"相切"刀具位置。
- "凹边"："凹边"选项可以为沿所选面的凹边出现的边界成员控制刀具位置。在该选项下拉列表框中，"相切"可以为沿凹边创建的所有边界成员指定"相切"的刀具位置，"相切"是默认设置；"对中"可以为沿凹边创建的所有边界成员指定"对中"刀具位置。

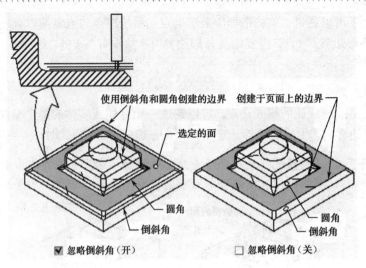

图 9-39　忽略倒斜角开/关

（4）"边界"定义边界

"边界"模式可以选择现有永久边界作为平面加工的外形边界。当选择一个永久边界时，系统会以临时边界的形式创建一个副本。然后就可以像编辑任何其他临时边界一样编辑该副本。该临时边界与永久边界由创建的曲线和边相关联，而不与永久边界本身相关联。这意味着，即使永久边界被删除，临时边界仍然存在。

选择边界时，可以在绘图区直接单击边界图素，也可以通过输入边界名称来选择边界。单击"显示"按钮可以显示当前文件中已经创建的相应边界。

3．边界的编辑

平面铣操作使用边界几何体计算刀轨，不同的边界几何体组合使用可以方便产生所需的刀轨。如果产生的导轨不符合要求或是想改变刀轨，可以编辑已定义好的边界几何体来改变切削区域。

对于已经创建的边界几何体，单击"选择或编辑边界"按钮，即可对所需编辑的边界几何体进行编辑。

9.3　平面铣操作的刀轨设置

在数控铣削加工中，刀轨参数的设置决定了零件的加工质量。NX中铣削刀轨设置主要包括切削模式、切削步距、切削层、切削参数、非切削移动、进给率和速度等，下面分别介绍。

9.3.1　切削模式

在平面铣操作中，切削模式决定了用于加工区域的刀位轨迹模式，共有 8 种，分别为 ☰（往复）、☷（单向）、↩（单向轮廓）、▣（跟随周边）、▣（跟随部件）、〇（摆线）、▣（轮廓铣）、凸（标准驱动），其中前 6 种用于区域铣削，后两种用于轮廓或外形铣削。

1. 往复切削

"往复"切削产生的刀轨为一系列的平行直线,刀具轨迹直观明了,没有抬刀,允许刀具在步距运动期间保持连续的进给运动,数控加工的程序段数较少,每个程序段的平均长度较长,能最大限度地对材料进行切除,是最经济和节省时间的切削运动。"往复"切削产生的相邻刀具轨迹切削方向彼此相反,其结果是交替出现一系列的"顺铣"和"逆铣"切削。指定"顺铣"和"逆铣"切削方向不会影响此类型的切削行为,但会影响其中用到的"清壁"操作的方向。

往复切削方法因顺铣和逆铣的交替产生,引起切削方向的不断变化,给机床和工装带来冲击振动,影响工件表面的加工质量,因此通常用于内腔的粗加工,往往要求内腔的形状要规则一些,以使产生的刀轨连续,余量尽可能均匀。往复切削刀轨示例如图 9-40 所示。

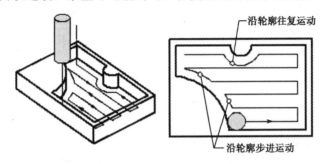

图 9-40　"往复"切削

2. 单向切削

"单向"切削的刀轨为一系列的平行直线。如图 9-41 所示,"单向"切削时,刀具在切削轨迹的起点进刀,切削到终点后,刀具退回,转换平面高度,转移到下一行的切削轨迹,直至完成切削为止。

采用单向走刀模式,可以让刀具沿最有利的走刀方向加工(顺铣或逆铣),可获得较好的表面加工质量,但需反复抬刀,空行程较多,切削效率低。通常用于岛屿表面的精加工和不适宜"往复"切削的场合。

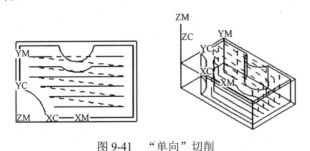

图 9-41　"单向"切削

3. 单向轮廓切削

"单向轮廓"切削方式与"单向"切削相似,但是在进行横向进给时,刀具沿切削区域的轮廓进行切削,如图 9-42 所示。该方式可以使刀具始终保持"顺铣"或"逆铣"切削。

"单向轮廓"切削通常用于粗加工后要求余量均匀的零件加工,如对要求较高的零件或薄壁零件。

4．跟随周边切削

"跟随周边"切削将产生一系列同心封闭的环行刀轨，所产生的刀轨与切削区域的形状有关，这些刀轨的形状是通过偏移切削区的外轮廓获得的，当内部偏置的形状产生重叠时，它们将被合并为一条轨迹，然后重新进行偏置产生下一条刀轨，如图 9-43 所示。

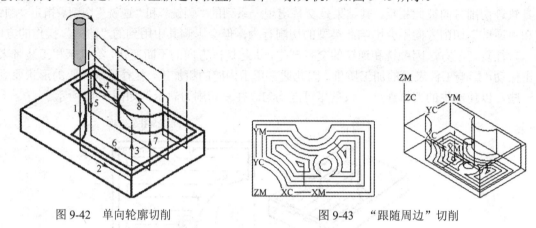

图 9-42　单向轮廓切削　　　　　　　　　　图 9-43　"跟随周边"切削

"跟随周边"切削可以指定由外朝内或由内朝外的切削方向，如图 9-44 所示。如果是由内朝外加工内腔，由接近切削区边缘的刀轨决定顺铣或逆铣；如果是由外朝内加工内腔，由接近切削区中心的刀轨决定顺铣或逆铣。由此知道，如果选择顺铣，靠近外周的壁面刀轨产生逆铣。为了避免这种情况的发生，可以附加绕外周壁面的刀轨来解决。因此，若选择"跟随周边"切削方式，在平面铣"切削参数"对话框中存在一个"壁清理"的选择，用于决定是否附加绕外周壁面的刀轨。

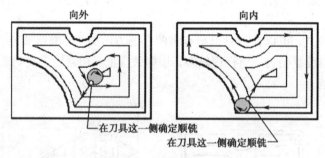

图 9-44　"跟随周边"切削

5．跟随部件切削

"跟随部件"切削产生一系列仿形被加工零件所有指定轮廓的刀轨，既仿形切削区的外周壁面也仿形切削区中的岛屿，这些刀轨的形状是通过偏移切削区的外轮廓和岛屿轮廓获得的，如图 9-45 所示。

跟随部件的刀轨是连续切削的刀轨，与"往复"切削一样没有空切，且能够维持单纯的顺铣或逆铣，因此，既有较高的切削效率也能维持切削稳定和加工质量。当只有一条外形边界几何体时，跟随周边和跟随部件所生成的刀轨是一样的，建议优先选用跟随部件方式进行加工。

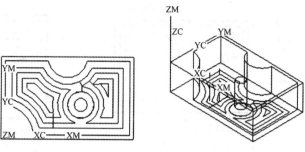

图 9-45　"跟随部件"切削

6. 摆线切削

摆线切削的目的在于通过产生一个小的回转圆圈,避免在切削时发生全刀切入而导致切削的材料量过大,使刀具断裂。摆线切削如图 9-46 所示。

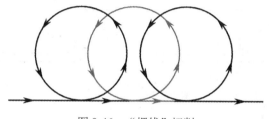

图 9-46　"摆线"切削

摆线切削适合岛屿间、内部锐角和狭窄区域的加工,还可用于高速加工,以较低而且较为均匀的切削负荷进行粗加工。该切削方式需要定义步距和摆线路径宽度,如图 9-47 所示。

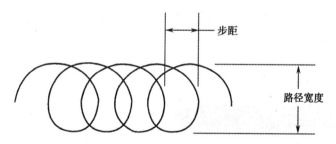

图 9-47　"摆线"切削的步距与路径宽度

7. 轮廓铣切削

轮廓铣创建一条或指定数量的切削刀路来对部件壁面进行精加工,如图 9-48 所示。轮廓铣可以加工开放区域,也可以加工封闭区域。轮廓铣不允许刀轨自我相交,以防止过切零件。对于具有封闭形状的可加工区域,轮廓刀路的构建和移刀与"跟随部件"切削模式相同。

也可以通过在"附加刀路"中指定一个值来创建附加刀路以允许刀具向"部件几何体"移动,并以连续的同心切削方式移除壁面上的材料,如图 9-49 所示。

轮廓铣通常用于零件侧壁或者外形轮廓的半精加工或精加工,具体应用有内壁和外形的加工、拐角的补加工、陡壁的分层加工等。

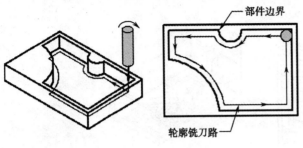

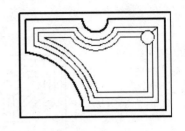

图 9-48　"轮廓铣"切削 　　　　　　　图 9-49　"轮廓铣"切削附加刀路

8．标准驱动切削

标准驱动是一个类似轮廓铣的"轮廓"切削方法。但轮廓铣不允许刀轨自我交叉，而标准驱动可以通过"切削参数"对话框中的选择决定是否允许刀轨自我交叉，如图 9-50 所示。

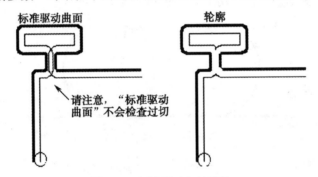

图 9-50　标准驱动与轮廓铣

标准驱动不检查过切，可能会导致刀轨重叠。使用"标准驱动"切削方法时，系统将忽略所有"检查"和"修剪"边界。

标准驱动切削适用于雕花、刻字等轨迹重叠或相交的加工操作，也可以用于一些对外形要求较高的零件加工。

9.3.2　切削步距

步距是指相邻两次走刀之间的距离。在平行切削方式下，步距指两行之间的间距，而在环绕切削方式下，步距指两环的间距。它是一个关系到刀具切削负荷、加工效率和零件的表面质量的重要参数。步距越大，走刀数量就越少，加工时间越短，但是切削负荷增大。因此，粗加工采用较大的步距值，精加工则采用较小值。

在UG中可以直接通过输入一个常数值或刀具直径的百分比来指定该距离；也可以间接通过输入残余高度并使系统计算切削刀路间的距离来指定该距离；还可以设置一个允许的范围来定义可变的横向距离，再由系统来确定横向距离的大小。

"步距"下拉列表框中包括"恒定""残余高度""刀具直径"和"多个/变量平均值"4个选项，以下分别说明。

1. 恒定

"恒定"指定连续的切削刀路间距离为常量。选择该选项后，在其下方的"距离"文本框中输入数值或相应的刀具直径百分比即可。如果刀路之间的指定距离没有均匀分割区域，系统会减小刀路之间的距离，以便保持恒定步距。如图 9-51 所示，指定的步距是 0.750，但 3.50 不能被 0.750 整除，系统将其减小为 0.583，以在宽度为 3.50 的切削区域中保持恒定步距。

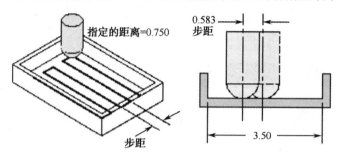

图 9-51 系统保持恒定步距

2. 残余高度

通过指定两个刀路间加工后剩余材料的高度，从而在连续切削刀路间确定固定距离。选择该选项后，在其下方的"高度"文本框中输入数值即可。系统将计算所需的步距，从而使刀路间的残余高度为指定的高度，如图 9-52 所示。由于边界形状不同，所以每次计算出的切削步距也不同。为了保护刀具在移除材料时负载不至于过重，最大步距被限制在刀具直径长度的 2/3 以内。

残余高度与加工表面粗糙度有着密切关系，当用球头铣刀加工平面时，残留高度 h 与行距 L 之间的关系可以表示为：

$$L = 2\sqrt{2Rh - h^2}$$

3. 刀具直径

以有效刀具直径与百分比参数积作为切削步距值，从而在连续切削刀路之间建立起固定距离。选择该选项后，在其下方的"刀具直径百分比"文本框中输入数值即可。与"恒定"选项相同，如果刀路间距没有均匀分割为区域，系统将减小这一刀路间距以保持恒定步距。

有效刀具直径是指实际接触型腔底面的刀具直径，对于球头铣刀，系统将其整个直径用作有效刀具直径。对于其他刀，有效刀具直径按 D-2CR 计算，如图 9-53 所示。

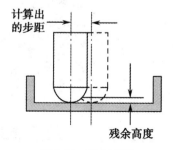

图 9-52 残余高度

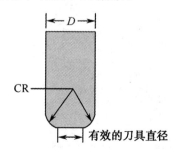

图 9-53 有效刀具直径

4. 多个/变量平均值

"多个/变量平均值"选项通过指定相邻两条刀具路径之间的最大和最小横向距离或是为不同刀路分别指定间距，系统自动确定实际使用的横向进给距离。

随着所选择的切削方法不同，选择该选项后所弹出的参数界面也会有所差异。变量平均值选项可以为往复、单向和单向轮廓创建步距，该步距能够调整以保证刀具始终与平行于单向和回转切削的边界相切。对于跟随周边、跟随部件、轮廓铣和标准驱动模式，可以指定多个步距大小，以及每个步距大小所对应的刀路。

9.3.3 切削层

切削层用于指定平面铣的每个切削层的深度，深度由岛屿顶面、底面、平面或输入的数值来定义。单击"平面铣"对话框中的▤（切削层）按钮，弹出如图 9-54 所示的"切削层"对话框，该对话框的上部用于指定切削深度的定义方法，下部用于设置相应的参数。

9.3.4 切削参数

切削参数是每种操作共有的选项，但对其中某些选项会随着操作类型的不同和切削方法的不同而有所区别。单击"平面铣"对话框中的▱（切削参数）按钮，系统弹出如图 9-55 所示的"切削参数"对话框，在该对话框中可以修改操作的切削参数。"切削参数"对话框中包括"策略""余量""拐角""连接""空间范围"和"更多"6 个选项卡，每个选项卡下面又有具体的参数设置。

1. 策略

"策略"选项卡是"切削参数"对话框中的默认选项，用于定义最常用的或主要的参数，可设置的参数有切削方向、切削顺序、精加工刀路、毛坯距离等。

（1）切削方向

"切削方向"用于定义平面铣加工中的刀具在切削区域内的进给方向，有"顺铣""逆铣""跟随边界"和"边界反向"4 个选项。

图 9-54 "切削层"对话框

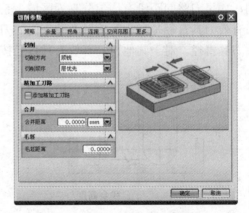

图 9-55 "切削参数"对话框

（2）切削顺序

"切削顺序"用于指定切削区域加工时的加工顺序，包括"深度优先"和"层优先"两个选项。

- 层优先：每次切削完工件上所有区的同一高度的切削层后再进入下一层的切削，刀具在各个切削区域间不断转移，该方式比较适合薄壁件的加工。
- 深度优先：每次将一个切削区的所有层切削完毕再进入下一区的切削，也就是说，刀具在到达底部后才会离开腔体。这种方式抬刀次数较少。

（3）精加工刀路

"精加工刀路"是指刀具完成主要切削刀路后所做的最后切削的刀路。选中"添加精加工刀路"复选框，并输入精加工步距值，系统将在边界和所有岛的周围创建单个或多个刀路。该选项可用于标准驱动和轮廓铣之外的其他操作。

（4）毛坯距离

"毛坯距离"应用于零件边界的偏置距离，用于创建"毛坯几何体"。

2．余量

"余量"选项卡用于确定完成当前操作后部件上剩余的材料量和加工的容差参数。在"切削参数"对话框中单击"余量"选项卡，在该选项卡下可以设置部件余量、最终底面余量、毛坯余量、检查余量、修剪余量、内/外公差等参数。

- 部件余量：指定"部件几何体"周壁加工后剩余的材料厚度，通常粗加工和半精加工要为精加工留有一定的余量。
- 最终底面余量：指定完成刀轨之后腔体底部面和岛的顶部留下未切的材料量。
- 毛坯余量：指定切削时刀具偏离已定义"毛坯几何体"的距离。"毛坯余量"用于具有相切条件的毛坯边界或"毛坯几何体"。
- 检查余量：指定刀具位置与已定义检查边界的距离。
- 修剪余量：指定刀具位置与已定义修剪边界的距离。
- 内/外公差：指定刀具可以偏离实际部件表面的允许范围。"内公差"指定刀可以向工件方向偏离预定刀轨（触碰表面）的最大距离，"外公差"指定刀可以远离工件方向偏离预定刀轨的最大距离。

3．拐角

"拐角"选项卡用于防止刀具在切削凹角或凸角时过切部件或是因切削负荷太大而折断。利用拐角控制可以达到如下目的：在凸拐角处实现绕拐角的圆弧刀轨、延伸修剪的刀轨和延伸相交的尖锐刀轨；在凹拐角处实现进给减速，达到消除负荷增加、因扎刀引起的过切、表面不光滑等问题；在凹拐角处添加比刀具半径稍大的圆弧刀轨，与进给减速配合获得光滑的圆角表面质量。

在"切削参数"对话框中单击"拐角"选项卡，如图 9-56 所示，该选项卡主要包括"拐角处的刀轨形状""圆弧上进给调整"和"拐角处进给减速"3 个选项组。

图 9-56   "拐角"选项卡

- 拐角处的刀轨形状：对加工中的凸角和凹角处的刀轨进行设置，包括"凸角"和"光顺"两个选项。

在"凸角"下拉列表框中可以选择圆弧、延伸修剪和延伸 3 种凸角刀轨形状之一，对应刀轨形状如图 9-57 所示。

如果选择"圆弧"，系统将通过在刀轨中插入等于刀具半径的圆弧，保持刀具与材料余量相接触，拐角变成了圆弧的中心；如果选择"延伸"，系统将通过延伸拐角处的切线来形成拐角，从而导致在腔体加工操作中刀具在拐角处离开边界；选择"延伸修剪"，系统将在尖角处对刀路进行修剪。"延伸"只可应用于沿着壁的刀路。

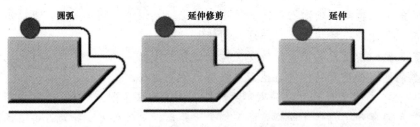

图 9-57   "凸角"刀轨

"光顺"选项用于控制是否在拐角处添加圆角，该选项下拉列表框中包括"无"和"所有刀路"两个选项。选择"无"时，表示刀具在切削过程中遇到拐角时不添加圆角；选择"所有刀路"时，表示在切削过程中遇到拐角时，所有刀具路径均添加圆角，在"半径"和"步距限制"文本框中输入数值即可。

- 圆弧上进给调整：因为进给率是在刀的中心计算，刀具切削拐角时侧边的进给率实际上大大高于或低于计算的进给率，"圆弧上进给调整"可以保证刀具外侧的切削速度不变，控制圆弧的刀具进给率，使刀轨圆弧部分的切屑负载与刀轨线性部分的切屑负载相匹配。当选择该选项时，可以分别在"最大补偿因子"和"最小补偿因子"文本框中输入补偿系数。

- 拐角处进给减速：为了减小零件在拐角处切削时的"啃刀"现象，可以通过指定"拐角处进给减速"选项，在零件拐角处设置进给减速，它只用于凹角切削。

4．连接

在"切削参数"对话框中单击"连接"选项卡，如图 9-58 所示。该选项卡不包括"切削顺序""优化"和"开放刀路"3 个选项组。

图 9-58　"连接"选项卡

- 切削顺序：区域排序提供了多种自动或手动指定切削区域加工顺序的方法。
- 优化：包括"跟随检查几何体"和"短距离移动上的进给"两个复选框。
- 开放刀路：使用跟随部件方式进行切削时，在某些区域可能会产生开放的刀路。开放刀路提供了"保持切削方向"和"变换切削方向"两个选项。选择"保持切削方向"时，刀具将在切削到开放轮廓端点处抬刀，移动到切削开始边下刀并进行下一行的切削；选择"变换切削方向"时，则在端点处直接下刀，反向进行下一行切削。

5．空间范围

"空间范围"是指在本操作完成对工件的加工之后，工件相对于零件而言剩余的未切削掉的材料，如图 9-59 所示。例如，先由平面铣操作使用一把大直径的刀具进行粗加工挖槽之后，一个小半径的内拐角处必然有未切削形成，在创建这个粗加工操作的过程中生成这个拐角处的未切削边界，然后利用这些边界作为毛坯边界定义一个新的平面铣操作，使用一把小直径的刀具清理内拐角处的剩余材料。

在"切削参数"对话框中单击"空间范围"选项卡，如图 9-60 所示，在该选项卡下包括毛坯、参考刀具和重叠 3 个选项组。系统通过所选参数决定是否在创建本次操作的过程中，同时在未切削材料的周边生成永久边界或曲线，可以利用这些边界或曲线作为毛坯边界定义一个后续的平面铣操作来清理这些未切削材料。

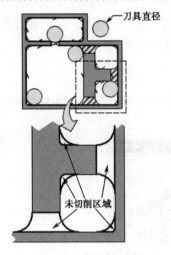

图 9-59   未切削区域

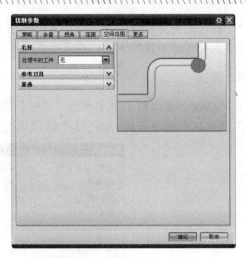

图 9-60   "空间范围"选项卡

6. 更多

在"切削参数"对话框中单击"更多"选项卡，如图 9-61 所示，在该选项卡下包括"安全距离""原有的""底切"和"下限平面"4 个选项组。

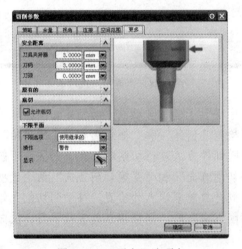

图 9-61   "更多"选项卡

9.3.5 非切削移动

非切削移动控制如何将多个刀轨段连接为一个操作中相连的完整刀轨。非切削移动在切削运动之前、之后和之间定位刀具。非切削移动可以简单到单个的进刀和退刀，也可以复杂到一系列定制的进刀、退刀和移刀（分离、移刀、逼近）运动，这些运动的设计目的是协调刀路之间的多个部件曲面、检查曲面和提升操作。各种非切削移动如图 9-62 所示。

单击"平面铣"对话框中的 （非切削移动）按钮，系统弹出如图 9-63 所示的"非切削移动"对话框，该对话框中包括"进刀""退刀""起点/钻点""转移/快速""避让"和"更多"6 个选项卡。

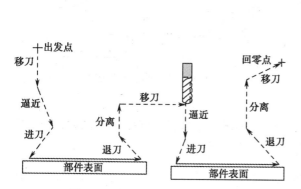

图 9-62　各种非切削移动

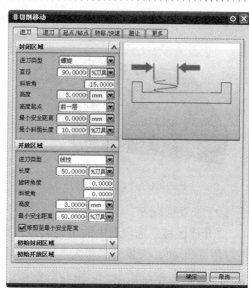

图 9-63　"非切削移动"对话框

1. 进刀

刀具切入工件的方式，不仅影响加工质量，同时也直接关系到加工的安全。合理的安排刀具的进刀方式可以避免刀具受到碰撞，引起刀具断裂、破损，缩短刀具寿命。为了使切削载荷平稳变化，在刀具切入和切出工件时应尽量保证刀具的渐入和渐出。在选择进刀方式时应考虑到方便排屑、切削的安全性和刀具的散热，同时还要有利于观察切削状况。

"进刀"选项卡中包括"封闭区域""开放区域""初始封闭区域"和"初始开放区域"4 个选项组。

（1）封闭区域

"封闭区域"选项组用于定义封闭区域的进刀方式。共有 5 种进刀类型可供选择，分别是螺旋（默认设置）、与开放区域相同、沿形状斜进刀、插铣和无。选择不同的进刀类型，需要设置的参数也有所不同。

- 螺旋：这种进刀方式从工件上面开始，螺旋向下切入，如图 9-64 所示。由于采用连续加工的方式，可以比较容易地保证加工精度。而且，由于没有速度突变，可以使用较高的速度进行加工。"螺旋"进刀方式能使刀具与被切削材料保持相对恒定的接触状态，容易保证精度。
- 沿形状斜进刀："沿形状斜进刀"会创建一个倾斜进刀移动，该进刀方式会沿第一个切削运动的形状移动。"沿形状斜进刀"允许沿所有被跟踪的切削刀路倾斜，而不用考虑形状。当与跟随部件、跟随周边或轮廓铣结合使用时，进刀将根据步进向内还是向外来跟踪向内或向外的切削刀路，如图 9-65 所示。当与往复切削、单向或单向轮廓结合使用时，与"线性"进刀方法相同。
- 与开放区域相同：应用与开放区域相同的进刀方法。
- 插铣：刀具从指定高度直接切入工件。

- 无：不指定任何进刀运动，删除在刀轨开始处的逼近运动和刀轨结束处的离开运动。

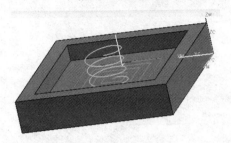

图 9-64　"螺旋"进刀

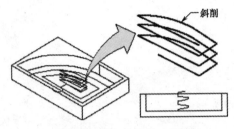

图 9-65　"沿形状斜"进刀

（2）开放区域

"开放区域"选项组中的进刀类型包括与封闭区域相同、线性、圆弧、点、线性-沿矢量、角度-角度-平面、矢量平面和无，它们的适应范围有所不同。

- 与封闭区域相同：应用与封闭区域相同的进刀方法，包括螺旋、沿形状斜进刀、插削等。
- 线性：将创建一个线性进刀移动，其方向可以与第一个切削运动相同，也可以与第一个切削运动成一定角度，如图 9-66 所示。当切削方式为往复切削、单向或单向轮廓结合使用时，"线性"进刀与"沿外形"进刀方法产生的进刀轨迹相同。线性进刀需要设置的参数有长度、旋转角度、倾斜角度、高度、最小安全距离等，其中，"旋转角度"控制刀具切入材料内的斜度，该角度是在部件表面中测量的，其他参数与"螺旋"进刀相同。
- 圆弧：会创建一个与切削移动的起点相切的圆弧进刀移动，如图 9-67 所示。"圆弧"进刀需要设置的参数有圆弧半径、圆弧角度、高度、最小安全距离等，"圆弧角度"和"圆弧半径"将确定圆周移动的起点，其他参数与"螺旋"进刀相同。
- 点：将通过点构造器为线性进刀指定起点，与切入点相连形成进刀路线，这种进刀运动是直线运动。
- 线性-沿矢量：使用矢量构造器可定义进刀方向，单击 ![]（矢量构造器）按钮来定义进刀方向，在"长度"文本框中输入进刀长度即可，这种进刀运动也是直线运动。

图 9-66　"线性"进刀　　　　　　　　　　图 9-67　"圆弧"进刀

- 角度-角度-平面：根据两个角度和一个平面指定进刀路线，"旋转角度"和"倾斜角度"定义进刀方向，"平面"将定义长度。
- 矢量平面：使用矢量构造器可定义进刀方向。平面构造器定义平面来指定起始平面，定义长度。

（3）初始封闭区域/初始开放区域

初始封闭区域/初始开放区域选项组用于指定首次进刀方式。

2．退刀

单击"非切削移动"对话框中的"退刀"选项卡。退刀设置指定平面铣的退刀点及退刀运动。从切削层的切削刀轨的最后一点到退刀点之间的运动就是退刀运动，它以退刀速度进给。退刀类型包括与进刀相同、线性、圆弧、点、线性-沿矢量、角度-角度-平面、矢量平面和无，其设置可以参考进刀。

3．起点/钻点

单击"非切削移动"对话框中的"起点/钻点"选项卡，如图 9-68 所示，该选项卡下主要包括"重叠距离""区域起点"和"预钻孔点"3 选项组。

* 重叠距离：指定切削结束点和起点的重合深度。"重叠距离"将确保在进刀和退刀移动处进行完全清理。所指定的值表示总重叠距离，如图 9-69 所示。刀轨在切削刀轨原始起点的两侧同等地重叠（如图 9-69 所示的距离 A）。无论何时使用"自动"进刀和退刀移动，都会实施重叠。

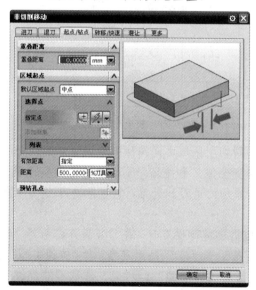

图 9-68 "起点/钻点"选项卡

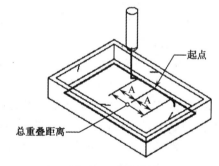

图 9-69 重叠距离

* 区域起点：指定加工的开始位置。定制起点不必定义精确的进刀位置，它只需定义刀具进刀的大致区域。系统根据起点位置、指定的切削模式和切削区域的形状来确定每个切削区域的精确位置。对于多区域切削，可以为每个区域指定切削起点，如果指定了多个起点，则每个切削区域使用与此切削区域最近的点。切削区域起点有默认区域起点、选择点、有效距离等。
* 预钻孔点：在进行平面铣粗加工时，为了改善刀具下刀时的受力状态，可以先在切削区域钻一个大于刀具直径的孔，再在这个孔中心下刀。预钻孔点代表预先钻好的孔，

刀具将在没有任何特殊进刀的情况下，下降到该孔并开始加工。预钻孔点的参数设置与区域起点相似。

4. 转移/快速

"转移/快速"选项卡指定刀具如何从一个切削刀路移动到另一个切削刀路。单击"非切削移动"对话框中的"转移/快速"选项卡，如图 9-70 所示，它主要包括"安全设置""区域之间""区域内"和"初始的和最终的"4 个选项组。

- 安全设置：用于设置安全平面及切削区域间的移刀方式等。选项"安全设置选项"用来确定安全平面及其具体位置，刀具在进刀前和退刀后会移动到该平面上，如图 9-71 所示。

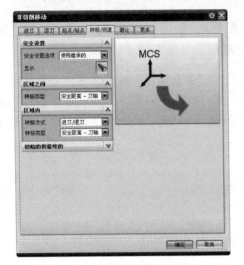

图 9-70 "转移/快速"选项卡

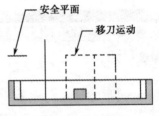

图 9-71 安全平面

- 区域之间：用于控制为在较长距离内或在不同切削区域之间清除障碍而添加的退刀和进刀，它包括间隙、前一平面、直接、最小安全值 Z 和毛坯平面 5 个传递类型选项。
- 区域内：控制为在较短距离内清除障碍物而添加的退刀和进刀，它包括进刀/退刀（默认值）、抬刀和插削和无 3 个选项。
  - ➢ "抬刀和插削"将添加竖直移刀运动，但需要进行移刀时，先沿竖直方向抬刀，移动到下一进刀起始处插铣进刀，该选项需要设置"抬刀/插削高度"和"传递类型"；"进刀/退刀"会添加水平运动，需要设置"传递类型"；"无"选项不添加进退刀运动。"传递类型"的设置可以参考上述"区域之间"进行设置。
- "初始的和最终的"：用于设置初始进刀和最终退刀的安全距离，有间隙、相对平面和无 3 个选项，可参考上述"区域之间"进行设置。

5. 避让

"避让"用于定义刀具轨迹开始以前和切削以后的非切削运动的位置和方向。合理设置"避让"参数可以在加工中有效地避免刀具主轴等与工件、夹具和其他辅助工具的碰撞。在该选项卡中可以利用 ⬆（点构造器）和 ⬆（矢量构造器）等指定辅助点和刀轴矢量，作为控制刀具运动的参考几何。

　　单击“非切削移动”对话框中的“避让”选项卡，如图 9-72 所示，它主要包括“出发点”“起点”“返回点”和“回零点”4 个选项组。

6．更多

　　单击“非切削移动”对话框中的“更多”选项卡，如图 9-73 所示，它主要用于“碰撞检查”和“刀具补偿”的设置。

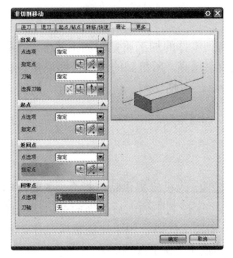

图 9-72　“避让”选项卡

图 9-73　“更多”选项卡

- 碰撞检查：用于选择加工仿真中是否做碰撞检查。
- 刀具补偿：用于设置是否进行刀具补偿及其补偿设置。使用不同尺寸的刀具时，采用刀具补偿可针对一个刀轨获得相同的结果。在“刀具补偿位置”下拉列表框中可以指定何处应用刀具补偿。

9.3.6　进给率和速度

　　“进给率和速度”用于设置各种刀具运动类型的移动速度和主轴转速。单击“平面铣”对话框中的 🔧 （进给率和速度）按钮，系统弹出如图 9-74 所示的“进给率和速度”对话框，它包括“自动设置”“主轴速度”“进给率”“单位”等选项组。

1．自动设置

　　NX 标准安装提供了基于 ASCII 的数据库，用于存放切削刀具、夹持器、机床，以及进给率和速度数据。

　　如果已经指定了部件材料、刀具材料、切削方法和切削深度参数，可以单击“进给率和速度”对话框中的 ⚡ （从表格中重置）按钮，系统会使用这些参数从预定义表格中抽取适当的“表面速度”和“每齿进给量”值，然后根据处理

图 9-74　“进给率和速度”对话框

器的不同（"车""铣"等）计算"主轴速度"和一些切削进给率。如果刀具材料或部件材料未定义，系统将弹出"进给速度错误"对话框，需要定义刀具和部件材料。

2. 主轴速度

"主轴速度"决定刀具转动的速度，单位是每分钟转数。主轴速度可以通过"自动设置"由系统计算得到，也可以直接在文本框中输入数值。

3. 进给率

"进给率"是加工中的重要参数，其值将直接影响到零件的加工质量和加工效率。一般来说，同一刀具的其他参数相同时，进给率越大，加工效率越高，所得到的加工表面质量也会越差。在NX中可以为不同刀具运动类型设置不同的进给率，包括切削、快速、逼近、进刀、第一刀切削、单步执行、移刀、退刀、离开等。

9.3.7 机床控制

机床控制主要用来定义和编辑后处理命令等相关选项，为机床提供特殊指令，主要控制机床的动作，如主轴开停、换刀、冷却液开关等。NX在机床控制中插入后处理命令，这些命令在生成的CLSF文件和后处理文件中将产生相应的命令和加工代码，用于控制机床动作。机床控制包括"开始刀轨事件""结束刀轨事件"和"运动输出"3个选项。

1. 开始刀轨事件

"开始刀轨事件"用于通过先前定义的参数组或指定新的参数组来指定操作的启动后处理命令。单击"平面铣"对话框中"机床控制"选项组开始刀轨事件后的 ![图标]（复制自…）按钮，系统弹出如图 9-75 所示的"后处理命令重新初始化"对话框。该对话框主要用于从系统中现有的模板中调用默认的开始刀轨事件，在"从"下拉列表框中有"模板"和"操作"两个选项，可以根据具体的加工类型和子类型，结合数控机床对开始刀轨的要求进行选择。

单击"平面铣"对话框中"机床控制"选项组开始刀轨事件后的 ![图标]（编辑）按钮，系统弹出如图 9-76 所示的"用户定义事件"对话框，该对话框主要用于编辑用户定义事件，包括删除、剪切、粘贴、列表显示等。

2. 结束刀轨事件

"结束刀轨事件"通过使用先前定义的参数集或指定新的参数集，为操作指定刀轨结束后处理命令，其相关设置可参考"开始刀轨事件"的设置。

3. 运动输出

"运动输出"用于控制刀具路径的生成方法。现有许多机床控制器允许沿着实际的圆形刀轨或有理 B 样条曲线（NURBS）移动刀具。当使用该选项时，系统自动将一系列线性移动转换为一个圆形移动，或者将线性/圆形移动转换为有理 B 样条曲线。在"运动输出"下拉列表框中包括"直线""圆弧-垂直于刀轴""圆弧-垂直/平行于刀轴""Nurbs"和"Sinumerik"5 个选项。

图 9-75　"后处理命令重新初始化"对话框

图 9-76　"用户定义事件"对话框

9.4　实例进阶——工件平面铣加工

本节将通过一个型腔零件的平面铣粗加工和平面轮廓铣精加工来练习平面铣的加工操作。

9.4.1　零件加工工艺分析

下面将通过平面铣来完成如图 9-77 所示的零件模型的加工。该零件轮廓尺寸为 100mm×104mm×25mm，毛坯尺寸为 100mm×104mm×28mm，槽深为 20mm，带有缺口和凸台。

该零件是一个典型的平面铣零件，拐角半径为 4mm，所用最小刀具的直径不能大于 8mm。但是由零件轮廓尺寸可知，该槽腔较大，用 8mm直径加工效率较低，所以此处选择两把直径分别为 16mm 和 8mm 的立铣刀。先使用大直径刀具去除大部分材料，再使用小直径刀具清除侧壁及拐角残留材料。最终加工工艺方案如表 9-2 所示。

图 9-77　零件模型

表 9-2　数控加工工艺

序号	加工模板	刀具	刀具直径	侧壁余量	底面余量
1	平面铣	MILL_D16R0	16	0.3	0.2
2	平面轮廓铣	MILL_D8R0	8	0	0.2

9.4.2 平面铣粗加工

初始文件	下载文件/example/Char09/pingmian-2.prt
结果文件	下载文件/result/Char09/pingmian-2-final.prt
视频文件	下载文件/video/Char09/平面铣粗加工.avi

步骤 01 打开文件，进入加工环境。

❶ 执行"文件"→"打开"命令，弹出"打开"对话框，根据初始文件路径选择文件 pingmian-2.prt，然后单击 OK 按钮打开文件。

❷ 执行"开始"→"加工"命令，进入加工模块环境，在弹出的"加工环境"对话框的"CAM 会话设置"选项组中选择 cam_general，在"要创建的 CAM 设置"选项组中选择 mill_planar，单击"确定"按钮，完成加工环境的初始化工作，进入加工界面。

步骤 02 创建刀具。

❶ 单击"刀片"工具栏中的 ![icon]（创建刀具）按钮，或者如图 9-78 所示执行"插入"→"刀具"命令，弹出"创建刀具"对话框。

❷ 在"类型"下拉列表框中选择模板类型为"mill_planar"，在"刀具子类型"中单击 ![icon]（MILL）按钮，在"位置"选项组中设置"刀具"为 GENERIC_MACHINE，在"名称"文本框中输入 MILL_D16R0，如图 9-79 所示。单击 应用 按钮，系统弹出"铣刀-5 参数"对话框。

图 9-78 选择"刀具"命令

图 9-79 "创建刀具"对话框

❸ 按如图 9-80 所示进行刀具参数设置，单击 确定 按钮，返回到"创建刀具"对话框。

❹ 按照相同的步骤创建直径为 8mm 的铣刀，参数设置如图 9-81 所示。单击 确定 按钮，完成创建刀具。

步骤 03 创建部件几何体。

❶ 单击"工序导航器"工具栏中的 ![icon]（几何视图）按钮，在弹出如图 9-82 所示的"工序导航器-几何"窗口中双击 WORKPIECE 节点，弹出如图 9-83 所示的"铣削几何体"对话框。

图 9-80 16mm 刀具参数

图 9-81 8mm 刀具参数

❷ 单击 ⊕（指定毛坯）按钮，弹出"毛坯几何体"对话框，如图 9-84 所示。在"类型"下拉列表框中选择"几何体"，然后如图 9-85 所示选择实体矩形块作为毛坯几何体。

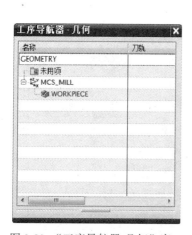

图 9-82 "工序导航器-几何"窗口

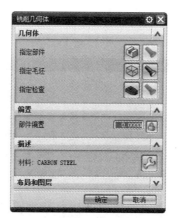

图 9-83 "铣削几何体"对话框

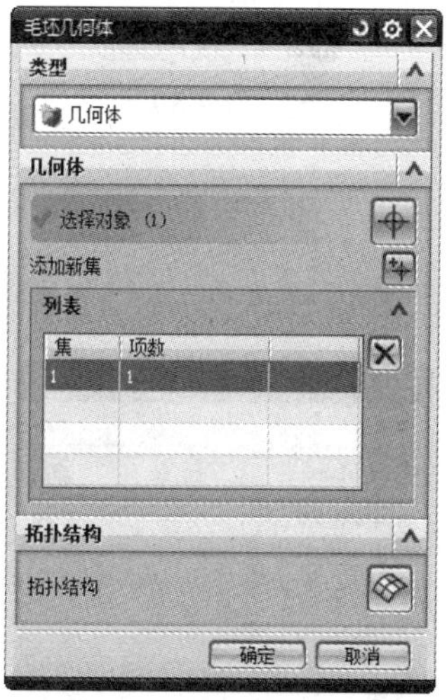

图 9-84 "毛坯几何体"对话框

❸ 单击两次 确定 按钮，完成毛坯几何体的选择。

步骤 04 创建部件材料。执行"工具"→"部件材料"命令，弹出如图 9-86 所示的"搜索结果"对话框，选取材料 MAT0_00266，即铝合金 7050。

步骤 05 创建部件边界。

❶ 单击"刀片"工具栏中的 ◥（创建几何体）按钮，或者执行"插入"→"几何体"命令，打开"创建几何体"对话框。

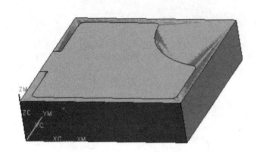

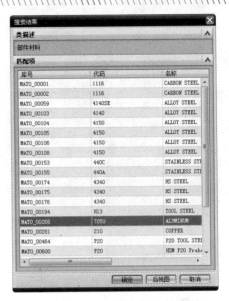

图 9-85　毛坯几何体　　　　　　　　　图 9-86　"搜索结果"对话框

❷ 在"创建几何体"对话框的"类型"下拉列表框中选择 mill_planar，在"几何体子类型"
中单击 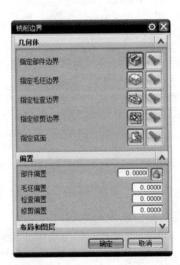（MILL_BND）按钮，在"位置"下拉列表框中设置"几何体"父节点组为
WORKPIECE，在"名称"文本框中输入 PLANAR，如图 9-87 所示。

❸ 单击"创建几何体"对话框中的 应用 按钮，打开如图 9-88 所示的"铣削边界"对
话框。

❹ 在"铣削边界"对话框中单击 （指定部件边界）按钮，弹出"部件边界"对话框，
如图 9-89 所示。

图 9-87　"创建几何体"对话框　　　图 9-88　"铣削边界"对话框　　　图 9-89　"部件边界"对话框

❺ 在"部件边界"对话框中单击 （曲线边界）按钮，选中 手工单选按钮，弹出如图
9-90 所示的"平面"对话框。

❻ 在"类型"下拉列表框选择"自动判断"，并选择工件上表面两条棱线，采用两直线
方式构建平面，如图 9-91 所示。

图 9-90　"平面"对话框

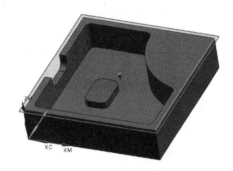

图 9-91　定义边界平面

❼ 如图 9-92 所示，依次选择部件外壁上表面的粗线所示的外侧边，单击 创建下一个边界 按
钮，将材料侧改为 ⦿外部，选择粗线所示的内侧边，单击 确定 按钮，完成侧壁边界
的创建，创建好的边界如图 9-93 所示。这样创建的边界可以忽略侧壁缺口的存在，可
以使用平面铣加工部件。

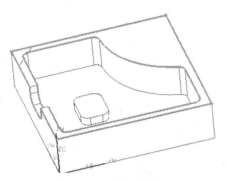

图 9-92　选择部件边界

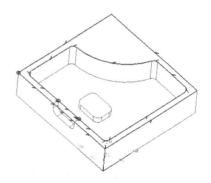

图 9-93　创建好的侧壁边界

❽ 在"部件边界"对话框中单击 ▨（面边界）
按钮，选择零件凸台顶面和型腔底面，创
建部件边界。创建好的部件边界如图 9-94
所示。

步骤 06　创建毛坯边界。

❶ 利用图层设置将毛坯设置为可见，部件为
不可见。

❷ 在"铣削边界"对话框中单击 ▨（指定毛
坯边界）按钮，弹出如图 9-95 所示的"毛
坯边界"对话框。

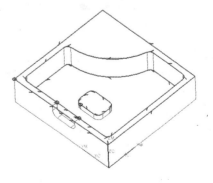

图 9-94　创建好的部件边界

❸ 单击 ▨（面边界）按钮，如图 9-96 所示选择毛坯顶面作为毛坯边界。

❹ 单击 确定 按钮，完成毛坯边界的选择，返回"铣削边界"对话框。

图 9-95 "毛坯边界"对话框

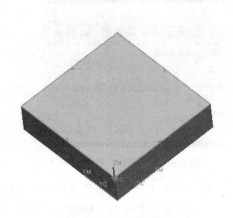

图 9-96 选择毛坯边界

步骤 07 创建底平面。在"铣削边界"对话框中单击 （指定底面）按钮，弹出如图 9-97 所示的
"平面"对话框。如图 9-98 所示，选取零件模型的型腔底面作为加工几何体底平面，单击两次 确定
按钮，返回到"平面铣"对话框。

图 9-97 "平面"对话框

图 9-98 选择底平面

步骤 08 创建工序，设置各种参数。

❶ 单击"刀片"工具栏中的 （创建工序）按钮，或者执行"插入"→"工序"命令，
打开"创建工序"对话框。

❷ 在"创建工序"对话框的"类型"下拉列表框中选择 mill_planar，在"工序子类型"中
单击 （PLANAR_MILL）按钮，在"程序"下拉列表框中选择父节点组为 PROGRAM，
在"刀具"下拉列表框中选择父节点组为 MILL_D16R0，在"几何体"下拉列表框中
选择父节点组为 PLANAR，在"方法"下拉列表框中选择父节点组为 MILL_ROUGH，
在"名称"文本框中输入 PLANAR_ROUGH，如图 9-99 所示。

❸ 单击 确定 按钮，打开"平面铣"对话框，如图 9-100 所示。

图 9-99 "创建工序"对话框

图 9-100 "平面铣"对话框

❹ 在"平面铣"对话框的"切削模式"下拉列表框中选择 跟随部件 ，在"步距"下拉列表框中选择 刀具平直百分比 ，在"平面直径百分比"文本框中输入 50。

❺ 在"刀轨设置"选项组中单击 （切削层）按钮，弹出"切削层"对话框，如图 9-101 所示。在其中选择"类型"为"用户定义"，在"公共"文本框中输入 3，设置"增量侧面余量"为 0.01，以防止侧刃摩擦，选中"临界深度顶面切削"复选框，清除岛顶残余材料，单击 确定 按钮，返回"平面铣"对话框。

❻ 单击"平面铣"对话框中的 （切削参数）按钮，弹出如图 9-102 所示的"切削参数"对话框。

图 9-101 "切削层"对话框

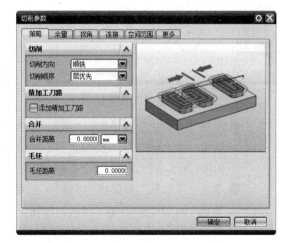

图 9-102 "切削参数"对话框

255

❼ 单击 策略 选项卡，按如图 9-103 所示设置参数；单击 余量 选项卡，按如图 9-104 所示设置参数，其余参数采用默认值，单击 确定 按钮，返回"平面铣"对话框。

图 9-103 "策略"选项卡

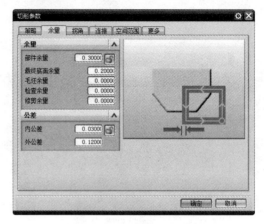

图 9-104 "余量"选项卡

❽ 单击"平面铣"对话框中的 按钮，系统弹出"非切削移动"对话框，单击 进刀 选项卡，设置"斜坡角"为 10，"最小安全距离"为 3mm，如图 9-105 所示；单击 转移/快速 选项卡，在"安全设置选项"下拉列表框中选择"自动平面"，如图 9-106 所示，其余参数采用默认值，单击 确定 按钮，返回"平面铣"对话框。

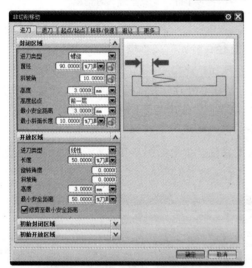

图 9-105 "进刀"选项卡

图 9-106 "传递/快速"选项卡

❾ 单击"平面铣"对话框中的 （进给率和速度）按钮，系统弹出"进给率和速度"对话框；单击 （从表格中重置）按钮，系统自动计算出进给率和速度，或者直接如图 9-107 所示进行设置，单击 确定 按钮，返回"平面铣"对话框。

❿ 单击"平面铣"对话框中的 （生成）按钮，生成刀轨，如图 9-108 所示。单击"平面铣"对话框中的 （确认）按钮，弹出如图 9-109 所示的"刀轨可视化"对话框，单击"2D 动态"选项卡，单击 （播放）按钮，模拟加工结果，如图 9-110 所示。

图 9-107　"进给率和速度"对话框

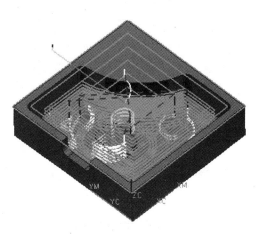

图 9-108　生成的刀轨

图 9-109　"刀轨可视化"对话框

图 9-110　模拟加工结果

9.4.3　平面轮廓铣精加工

初始文件	下载文件/example/Char09/pingmian-3.prt
结果文件	下载文件/result/Char09/pingmian-3-final.prt
视频文件	下载文件/video/Char09/平面铣精加工.avi

步骤 **01** 打开文件，进入加工环境。

打开 NX 8.0 软件，执行"文件"→"打开"命令，或者在工具栏中单击 （打开）按钮，弹出"打开"对话框，选择文件 pingmian-3.prt，然后单击 OK 按钮打开文件，系统自动进入加工界面。

步骤 02 复制几何节点。

在"工序导航器-几何"窗口中右键单击 PLANAR 几何节点，在弹出的快捷菜单中选择 📋 复制 命令，然后执行 📋 粘贴命令，产生一个新的几何节点。在产生的新节点上单击鼠标右键，在弹出的快捷菜单中选择 📋 重命名命令，输入新名称为 PLANAR_1，如图 9-111 所示。

步骤 03 编辑几何节点。

❶ 在"工序导航器-几何"窗口中双击 PLANAR_1，弹出如图 9-112 所示的"铣削边界"对话框。在"铣削边界"对话框中单击 ▦（指定毛坯边界）按钮，弹出"毛坯边界"对话框。

图 9-111 "工序导航器-几何"窗口

图 9-112 "铣削边界"对话框

❷ 在"毛坯边界"对话框中单击 移除 按钮，然后单击 确定 按钮，移除毛坯边界，返回"铣削边界"对话框。

❸ 在"铣削边界"对话框中单击 ▦（指定部件边界）按钮，弹出如图 9-113 所示的"部件边界"对话框。

❹ 在"部件边界"对话框中通过单击 ▲（上一个）和 ▼（下一个）按钮，选择部件顶面最外围边界，如图 9-114 所示的粗线，单击 移除 按钮，然后单击 确定 按钮，移除该边界，返回"铣削边界"对话框。

图 9-113 "部件边界"对话框

图 9-114 待移除的部件边界

步骤 04 更改操作名称。

在"工序导航器-几何"窗口中单击 PLANAR_1，展开几何节点，可以看到随着前面几何节点的复制，同时产生了一个新的操作。在新产生的操作上单击鼠标右键，在弹出的快捷菜单中选择 重命名 命令，输入新名称为 PLANAR_CONTOUR，如图 9-115 所示。

步骤 05 更改操作参数。

❶ 在"工序导航器-几何"窗口中双击 PLANAR_CONTOUR，系统弹出如图 9-116 所示的"平面铣"对话框。

❷ 在"刀轨设置"选项组的"方法"下拉列表框中选择 MILL_FINISH。

❸ 在"刀轨设置"选项组的"切削模式"下拉列表框中选择 轮廓加工，即平面轮廓铣，在"步距"下拉列表框中选择 恒定，在"最大距离"文本框中输入 0.3。

❹ 在"刀轨设置"选项组中单击 （切削层）按钮，弹出"切削层"对话框，如图 9-117 所示，设置"增量侧面余量"为 0，将前面平面铣粗加工中所留的侧面余量完全清除。单击 确定 按钮，返回"平面铣"对话框。

❺ 其他参数采用默认值。

图 9-115 重命名操作

图 9-116 "平面铣"对话框

图 9-117 "切削层"对话框

步骤 06 刀具路径生成。单击"平面铣"对话框中的 按钮，生成刀轨，如图 9-118 所示。

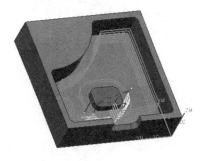

图 9-118 生成的刀轨

259

9.5 本章小结

本章主要讲解了 NX 8.0 平面铣削加工的相关知识和创建加工操作的基本步骤，并结合实例讲解了创建操作的过程和参数设置。

9.6 习 题

一、填空题

1．平面铣所涉及的几何体部分包括_____、_____、_____、修剪边界和_____ 5 种，通过它们可以定义和修改平面铣操作的加工区域。

2．NX中铣削刀轨设置主要包括切削模式、_____、切削层、_____、非切削移动、进给率和_____。

3．机床控制主要用来_____和_____后处理命令等相关选项，为机床提供特殊指令，主要控制机床的动作，如_____、换刀、冷却液开关等。

二、上机操作

打开下载文件/example/Char09/pingmian-li.prt，零件视图如图 9-119 所示，请根据本章所学内容对该零件进行平面铣加工操作。

图 9-119 上机操作零件视图

第 10 章　型腔铣数控加工

型腔铣操作是数控加工中应用最广泛的加工方法。本章主要介绍UG NX 8.0 的型腔铣加工技术，包括型腔铣的基本概念、创建型腔铣操作的基本步骤、几何体的各种类型及其创建，以及切削层、非切削参数、切削参数等的设置。

另外，还介绍了等高轮廓铣和插铣的创建及参数设置，以及两者的优缺点，并列举了型腔铣、等高轮廓铣和插铣的应用实例。

学习目标：

- 了解型腔铣的基本知识及操作流程
- 掌握型腔铣的创建及参数设置
- 学习插铣的创建及参数设置
- 学习等高轮廓铣的创建及参数设置

10.1　型腔铣概述

型腔铣操作可用于大部分非直壁、岛屿和槽腔底面为平面或曲面的零件的粗加工，以及直壁或斜度不大的侧壁精加工，也可用于平面的精加工及清角加工，是数控加工中应用最为广泛的操作。

10.1.1　型腔铣的特点

型腔铣操作可移除平面层中的大量材料，常用于在精加工操作之前对材料进行粗铣。其操作具有以下特点。

- 型腔铣根据型腔或型芯的形状，将要加工的区域在深度方向上划分为多个切削层进行切削，每个切削层可以指定不同的深度，生成的刀位轨迹可以不同。
- 型腔铣可以采用边界、面、曲线或实体定义"部件几何体"和"毛坯几何体"。
- 型腔铣切削效率较高，但加工后会留有层状余量，因此常用于零件的粗加工。
- 型腔铣刀轴固定，可用于切削具有带锥度的壁及轮廓底面的部件。平面铣可以加工的零件，型腔铣也可以加工。
- 型腔铣刀轨的创建很容易，只要指定"部件几何体"和"毛坯几何体"，即可生成刀具路径。

10.1.2　型腔铣与平面铣的区别

平面铣和型腔铣操作作为NX中最为常用的两种铣削操作，既有相同点，又有不同点，了解它们的异同，有助于创建更加高效的刀位轨迹。

1. 相同点

- 两者都可以切削掉垂直于刀轴的切削层中的材料。
- 刀具路径的大部分切削模式相同，可以定义多种切削模式。
- 切削参数、非切削参数的定义方式基本相同。

2. 不同点

- "平面铣"使用边界来定义部件材料；"型腔铣"使用边界、面、曲线和体来定义部件材料。
- "平面铣"用于切削具有竖直壁面和平面突起的部件；"型腔铣"则用于切削带有锥形壁面和轮廓底面的部件。

平面铣和型腔铣所存在的相同点和不同点，决定了它们用途上的不同，"平面铣"适用于直壁的、岛屿的顶面和槽腔的底面为平面的零件加工；而"型腔铣"适用于非直壁的、岛屿和槽腔底面为平面或曲面的零件加工。

10.1.3　入门实例——等高轮廓铣简单实例

本例将通过等高轮廓铣来完成如图 10-1 所示零件的半精加工。加工刀具使用直径为 12mm 的牛鼻铣刀，毛坯通过部件偏置生成，具体加工方案如表 10-1 所示。

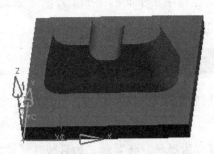

图 10-1　零件模型

初始文件	下载文件/example/Char10/denggao.prt
结果文件	下载文件/result/Char10/denggao-final.prt
视频文件	下载文件/video/Char10/等高轮廓铣.avi

表 10-1　数控加工工艺

序号	加工模板	刀具	刀具直径	余量
1	等高轮廓铣	MILL_D12R4	12	0.2

步骤 **01**　打开文件，进入加工环境。

❶ 执行"开始"→"所有程序"→"UG NX 8.0"→"NX 8.0"，打开 NX 8.0 软件。

❷ 执行"文件"→"打开"命令，或者在工具栏中单击 📂 （打开）按钮，系统弹出"打开"对话框。

❸ 在对话框中选择文件 denggao.prt，然后单击 OK 按钮打开文件，进入 NX 8.0 初始界面。

❹ 执行"开始"→"加工"命令，系统弹出"加工环境"对话框。

❺ 在"加工环境"对话框中选择 mill_contour，单击 确定 按钮，完成加工环境的初始化工作，进入如图 10-2 所示的加工模块界面。

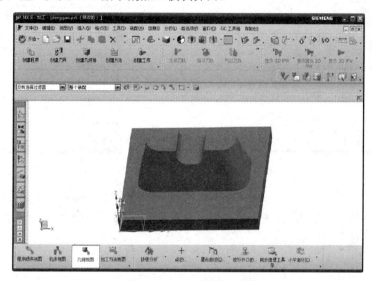

图 10-2　加工模块界面

步骤 **02**　创建刀具。

❶ 在"刀片"工具栏中单击 🔧 （创建刀具）按钮，或者执行"插入"→"刀具"命令，弹出如图 10-3 所示的"创建刀具"对话框。

❷ 在"名称"文本框中输入刀具名称为 MILL_D12R4，其他参数使用默认值，单击 确定 按钮，系统弹出"铣刀-5 参数"对话框。

❸ 在刀具"直径"文本框中输入 12，在底圆"下半径"文本框中输入 4，在"长度"文本框中输入 50，在"刀刃长度"文本框中输入 40，在"刀刃"文本框中输入 3，如图 10-4 所示。单击 确定 按钮，完成铣刀的创建。

步骤 **03**　创建铣削几何体。

❶ 在"工序导航器"工具栏中单击 🔧 （几何视图）按钮，单击屏幕右侧的 🔧 （工序导航器）按钮，打开"工序导航器-几何"窗口。

❷ 在"工序导航器-几何"窗口中双击 WORKPIECE 节点，弹出如图 10-5 所示的"铣削几何体"对话框。

❸ 单击"铣削几何体"对话框中的 📦 （指定部件）按钮，弹出"部件几何体"对话框，在图形区中选择实体模型作为部件，单击 确定 按钮，完成部件几何体的选择，返回"铣削几何体"对话框。

图 10-3 "创建刀具"对话框

图 10-4 "铣刀-5 参数"对话框

❹ 单击"铣削几何体"对话框中的 ⊕（指定毛坯）按钮，弹出"毛坯几何体"对话框，在"类型"下拉列表框中选择"部件的偏置"，设置偏置值为 2，单击两次 确定 按钮，完成毛坯几何体的创建。

步骤 04 创建等高轮廓铣。

❶ 单击"刀片"工具栏中的 ⻊（创建工序）按钮，系统弹出"创建工序"对话框。

❷ 在"工序子类型"中单击 ⻊（ZLEVEL_PROFILE）按钮，在"程序"下拉列表框中选择父节点组为 PROGRAM，在"刀具"下拉列表框中选择父节点组为 MILL_D12R4，在"几何体"下拉列表框中选择父节点组为 WORKPIECE，在"方法"下拉列表框中选择父节点组为 MILL_SEIM_FINISH，在"名称"文本框中输入 ZLEVEL_SEIM_FIN，如图 10-6 所示。

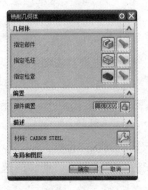

图 10-5 "铣削几何体"对话框

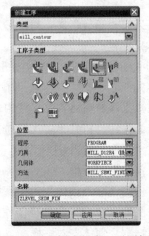

图 10-6 "创建工序"对话框

❸ 单击 确定 按钮，系统弹出如图 10-7 所示的"深度加工轮廓"对话框。

❹ 在"深度加工轮廓"对话框中单击 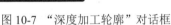（指定切削区域）按钮，系统弹出如图 10-8 所示的"切削区域"对话框。

图 10-7　"深度加工轮廓"对话框　　　　　图 10-8　"切削区域"对话框

❺ 在图形区中选择凸台所有的侧面，如图 10-9 所示，单击 确定 按钮，完成切削区域的选择，返回"深度加工轮廓"对话框。

❻ 在"深度加工轮廓"对话框中选择"陡峭空间范围"为"仅陡峭的"，在"角度"文本框中输入 70，在"合并距离"文本框中输入 0.5，在"最小切削长度"文本框中输入 0.2，在"每刀的公共深度"下拉列表框中选择"恒定"，在"最大距离"文本框中输入 0.3，如图 10-10 所示。

图 10-9　选择切削区域　　　　　　　　图 10-10　设置操作参数

❼ 在"深度加工轮廓"对话框中单击 （切削参数）按钮，系统弹出"切削参数"对话框。

❽ 单击"连接"选项卡，在"层到层"下拉列表框中选择"使用转移方法"，如图 10-11 所示；单击 确定 按钮，完成切削参数的设置，返回"深度加工轮廓"对话框。

❾ 在"深度加工轮廓"对话框中，单击"刀轨设置"选项组中的 （非切削移动）按钮，系统弹出"非切削移动"对话框。

❿ 在"开放区域"选项组的"进刀类型"下拉列表框中选择"线性-相对于切削"，在"长度"文本框中输入 10，单位选择 mm，其他参数接受默认值，如图 10-12 所示；单击

265

"非切削移动"对话框中的"转移/快速"选项卡，在"安全设置选项"下拉列表框中选择"自动平面"选项，其他参数使用默认值，如图 10-13 所示。单击 确定 按钮，返回"深度加工轮廓"对话框。

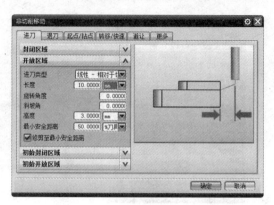

图 10-11　设置连接参数　　　　　　　　图 10-12　设置初始进刀

⑪ 在"深度加工轮廓"对话框中单击 （进给率和速度）按钮，系统弹出"进给率和速度"对话框。选中"主轴速度"复选框，在其后的文本框中输入 1500；在"切削"文本框中输入 500，单位选择 mmpm；单击"更多"选项组，分别在逼近、进刀、第一刀切削和步进文本框中输入 400、300、300 和 400，单位选择 mmpm；单击"主轴速度"复选框后的"计算器"按钮圖，生成"表面速度"和"每齿进给量"，单击 确定 按钮，如图 10-14 所示。

图 10-13　设置安全距离　　　　　　　　图 10-14　设置进给率和速度

⑫ 设置完"深度加工轮廓"对话框中的所有参数之后，单击 （生成）按钮，生成刀具路径，如图 10-15 所示。单击"深度加工轮廓"对话框中的 按钮，弹出"刀轨可视化"对话框，单击"2D 动态"选项卡，单击 按钮，模拟加工结果，如图 10-16 所示。

图 10-15　加工刀具路径

图 10-16　模拟加工结果

⑬ 当确认刀具路径合理后，单击"深度加工轮廓"对话框中的 确定 按钮，接受刀轨并关闭对话框，单击工具栏中的 ■（保存）按钮，保存文件。

> 等高轮廓铣加工主要用于工件的半精加工和精加工，所以要避免刀具在余量多的区域进刀。使用大的刀具进行等高轮廓加工时，底部会留下高度为刀具半径的余量，最后不要忘记使用小圆角半径刀具或平底刀具清除底面余量。

10.2　型腔铣

本节介绍型腔铣的一般操作步骤、几何体设置以及刀轨设置过程。

10.2.1　型腔铣的一般操作步骤

型腔铣的一般操作步骤包括设置加工环境、创建型腔铣操作、选择或创建父节点组、"型腔铣"对话框设置、生成型腔铣操作和刀具路径检验。

1．设置加工环境

在 UG NX 8.0 软件中打开待加工的零件 CAD 模型，选择"开始"→加工（N）"命令，进入加工模块。

当一个零件首次进入加工模块时，系统会弹出如图 10-17 所示的"加工环境"对话框，该对话框用于加工环境的初始化，即选择一个加工模板集。在创建型腔铣操作时，选择"mill_contour"，单击"确定"按钮，系统根据指定的加工配置，调用相应的模板和相关数据库进行加工环境的初始化工作。

2．创建型腔铣操作

加工环境初始化完成后，首先要创建程序、刀具、几何体与加工方法父节点组，然后在"创建"工具栏中单击 ☜（创建工序）按钮，弹出如图 10-18 所示的"创建工序"对话框，选择"类型"为 mill_contour（型腔铣），即选择型腔铣加工工序建立模板。

型腔铣加工类型中共有 21 种子类型，其中，有一部分是固定轴曲面轮廓铣。在型腔铣的"工序子类型"中，每一个按钮代表一种子类型，它们定制了型腔铣工序参数设置对话框，单击不同的按钮，所弹出的工序对话框也会有所不同，完成的操作功能也不相同。各子类型的说明如表 10-2 所示。

图 10-17 "加工环境"对话框

图 10-18 "创建工序"对话框

表 10-2 型腔铣工序子类型

图标	英文	中文	说明
	CAVITY_MILL	型腔铣	基本型腔铣操作，具有多种切削模式，用于移除毛坯或 IPW 及工件所定义的部分材料，常用于粗加工
	PLUNGE_MILLING	插铣	进给沿轴向加工，主要用于粗加工和半精加工
	CORNER_ROUGH	角落粗加工	切削前刀具因直径和拐角半径缘故而无法触及的拐角中的剩余材料
	REST_MILLING	余料型腔铣	型腔铣粗加工的补充加工
	ZLEVEL_PROFILE	等高轮廓铣	基本等高轮廓铣，采用平面切削方式对部件或切削区域进行轮廓铣
	ZLEVEL_CORNER	等高清角	精加工前刀具因直径和拐角半径缘故而无法触及的拐角区域
	MILL_CONTROL	机床控制	创建机床控制事件，添加后处理命令
	MILL_USER	自定义方式	自定义参数建立操作

3. 选择或创建父节点组

在"创建工序"对话框中选择完加工类型和子类型后，需要指定工序所在的程序组、所使用的刀具、几何体与加工方法父节点组。

如果已经创建好程序、刀具、几何体和加工方法，在"创建工序"对话框中可以直接在相应的下拉列表框中选择；如果没有创建，则可以在此处创建，或者进入"型腔铣"对话框之后再进行选择及编辑。

4．"型腔铣"对话框

在型腔铣"创建工序"对话框中选择加工类型为"mill_contour"，并选择工序子类型，指定操作所在的程序组、所使用的刀具、几何体与加工方法父节点组，输入操作名称，单击 确定 或 应用 按钮。

"型腔铣"对话框主要用于对生成刀轨所需的参数进行设置，包括几何体、刀具、刀轨设置、机床控制、程序及刀轨显示等，它们的设置方法与"平面铣"对话框中的相应选项基本相同。

5．生成型腔铣操作

设置完"型腔铣"对话框中的所有参数后，可以单击 （生成刀轨）按钮来生成刀轨。单击 确定 按钮，关闭"型腔铣"对话框，接受所生成的刀轨。

6．刀具路径检验

为了检验生成的刀轨是否满足需要，可以单击 （刀轨确认）按钮来检查刀具路径。检验时可以从不同角度进行回放，或者进行可视化的刀轨检验。

10.2.2　型腔铣的几何体

在生成型腔铣刀具路径之前，必须先定义型腔铣操作的几何体。在每一个切削层中，刀具能切削零件而不产生过切的区域称为加工区域，型腔铣的加工区域是由曲面或实体几何来定义的。

1．型腔铣操作的几何体类型

与平面铣类似，型腔铣操作的几何体也有多种类型，包括部件几何体、毛坯几何体、检查几何体、切削区域几何体和修剪边界。

- "部件几何体"是指最终部件的几何体，即加工完成后的零件。"部件几何体"用于控制刀具切削的深度和范围，可以选择特征、几何体（实体、曲面、曲线）和小面模型来定义"部件几何体"。
- "毛坯几何体"是指要加工的原材料。"毛坯几何体"可以通过特征、几何体（实体、曲面、曲线）来定义。在型腔铣中，"部件几何体"和"毛坯几何体"共同决定了加工刀具路径的范围。在创建等高轮廓铣时没有"毛坯几何体"选项。
- "检查几何体"是指刀具在切削过程中要避让的几何体，如夹具和其他工装设备等，可以利用实体几何对象定义任何形状的"检查几何体"。
- "切削区域几何体"用来创建局部的型腔铣操作，指定"部件几何体"被加工的区域。切削区域可以是"部件几何体"的一部分，也可以是整个"部件几何体"。
- "修剪边界"用于进一步控制刀具的运动范围，对生成的刀具路径进行修剪。

2．型腔铣操作的几何体创建

（1）部件几何体

在"型腔铣"对话框中单击 （指定部件）按钮，系统将弹出如图 10-19 所示的"部件几何体"对话框，该对话框用于选择需要加工的零件。在对话框中指定选择对象，并设置选择对象的过滤方法，然后在图形区中选择相应的几何体对象，单击 确定 按钮，完成"部件几何体"的定义，返回到"型腔铣"对话框。

（2）毛坯几何体

单击"型腔铣"对话框中的 ⬡（选择或编辑毛坯几何体）按钮，系统弹出如图 10-20 所示的"毛坯几何体"对话框，该对话框用于选择需要加工零件的毛坯，在图形区中选择完毛坯之后，单击 确定 按钮返回"型腔铣"对话框。同样，对于定义好的"毛坯几何体"，也可以进行编辑、显示等操作。

（3）检查几何体

单击"型腔铣"对话框中的 ⬭（指定检查）按钮，系统弹出如图 10-21 所示的"检查几何体"对话框，该对话框用于设置刀具需要避免切削的对象。"检查几何体"对话框中的选项与"部件几何体"对话框中的选项基本相同，可参考"部件几何体"进行设置。

图 10-19　"部件几何体"对话框　　图 10-20　"毛坯几何体"对话框　　图 10-21　"检查几何体"对话框

（4）切削区域几何体

使用"切削区域"来创建局部的型腔铣操作，可以选择部件上特定的面来包含切削区域，而不需要选择整个实体，有助于省去裁剪边界这一操作。

单击"型腔铣"对话框中的 ⬤（指定切削区域）按钮，系统弹出如图 10-22 所示的"切削区域"对话框。

切削区域常用于模具和冲模加工。许多模具型腔都需要应用"分割加工"策略，这时型腔将被分割成独立的可管理的区域。然后可以针对不同区域（如较宽的开放区域或较深的复杂区域）应用不同的策略，这一点在进行高速硬铣削加工时显得尤其重要。

选择单个面或多个面作为切削区域。如果不选择切削区域，系统将会把已定义的整个"部件几何体"，包括刀具不能切削的区域作为切削区域。

（5）修剪边界

单击"型腔铣"对话框中的 ▦（指定修剪边界）按钮，系统弹出如图 10-23 所示的"修剪边界"对话框，该对话框中的选项与平面铣中"修剪边界"的操作基本相同。

图 10-22 "切削区域"对话框

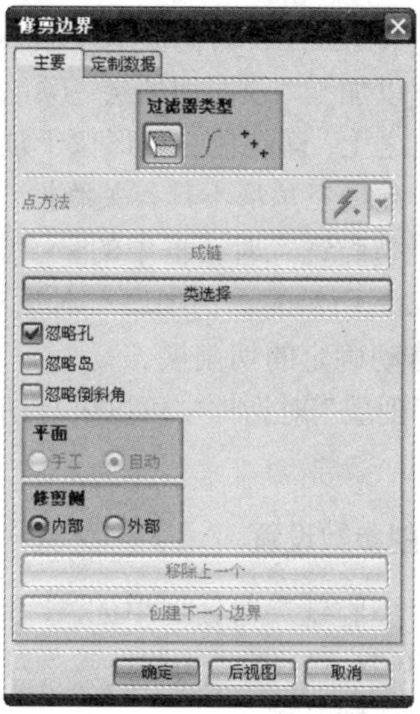

图 10-23 "修剪边界"对话框

10.2.3 型腔铣的刀轨设置

"型腔铣"对话框中的某些选项与"平面铣"中的相应对话框基本相同,如切削模式、步距设置、非切削移动、进给率和速度、机床控制、编辑显示、操作选项等,而有些选项则有很大差别,如"切削层""参数设置"等,本节只对有差别较大的选项进行说明。

1. 切削层

"型腔铣"是水平切削操作(2.5 维操作),包含多个切削层,系统在一个恒定的深度完成切削后才会移至下一深度。对于"型腔铣",可以指定切削平面,这些切削平面决定了刀具在切除材料时的切削深度。

"切削层"由切削深度范围和每层深度来定义,一个范围包含了两个垂直于刀轴的平面,通过两个切削平面定义切削的材料量。

在型腔铣操作中,为了使加工后的余量均匀,可以定义多个切削区域,每个切削区域切削深度可以不同。一般陡峭的切削面可以指定较大的切削层深度;平缓的切削面指定的切削层深度应该小一些,以保证加工后残余材料高度一致。

系统会根据所指定的"部件几何体"和"毛坯几何体",基于最高点和最低点自动确定一个切削范围,但系统所确定的切削范围只是一个近似的结果,有时并不能满足切削要求,用户可以根据需要进行手动调整。

系统在图形区以不同大小和颜色的平面符号标识切削层,如图 10-24 所示。默认情况下,它们的含义如下:

图 10-24 切削层标识

大三角形是范围顶部、范围底部和临界深度;小三角形是切削深度;选定的范围以可视化"选择"颜色显示；其他范围以加工"部件"颜色显示；顶面切削深度以加工"顶面切削层"颜色显示；白色三角形位于顶层或顶层之上；洋红色三角形位于顶层之下；实线三角形具有关联性；虚线三角形不具有关联性。

单击"型腔铣"对话框中的（切削层）按钮，系统弹出如图 10-25 所示的"切削层"对话框，同时图形区将高亮显示系统自动确定的切削层。

在"切削层"对话框中可以进行切削层的指定、编辑、删除等操作。

2. 切削参数设置

单击"型腔铣"对话框中的（切削参数）按钮，系统弹出如图 10-26 所示的"切削参数"对话框，在对话框中可以修改操作的切削参数。

可以看到型腔铣"切削参数"对话框与平面铣"切削参数"对话框相似，都包括策略、余量、拐角、连接、空间范围和更多 6 个选项卡，但各选项卡中的内容不是完全相同，如增加了"容错加工""底切处理"等选项。下面着重就不同选项进行说明。

图 10-25 "切削层"对话框

（1）策略

"策略"是"切削参数"对话框默认的选项卡，用于定义最常用的或主要的参数，与平面铣相比，型腔铣增加了"延伸刀轨"选项组，该选项组主要用于等高轮廓铣中，将在后续章节详细介绍。

（2）余量

在"切削参数"对话框中单击 余量 选项卡，如图 10-27 所示。"余量"选项卡用于确定完成当前操作后部件上剩余的材料量和加工的容差参数。在该对话框中可以设置部件侧面余量、毛坯余量、检查余量、修剪余量、内/外公差等，与平面铣不同的是，型腔铣中还可以通过"使用底面余量和侧面余量一致"复选框将部件底面余量设置为相同或是分别进行设置。

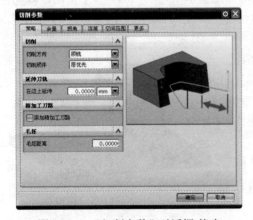

图 10-26 "切削参数"对话框-策略

图 10-27 "切削参数"对话框-余量

（3）空间范围

在"切削参数"对话框中单击 空间范围 选项卡，如图 10-28 所示。该选项卡中包括"毛坯""碰撞检测""小面积避让""参考刀具"和"陡峭"选项组。

图 10-28 "切削参数"对话框-空间范围

① 修剪方式

当没有定义"毛坯几何体"时，修剪方式的选择，将根据所选"部件几何体"的外边缘（轮廓线）创建"毛坯几何体"。可使软件在没有明确定义"毛坯几何体"的情况下识别出型芯部件的"毛坯几何体"。

当在"更多"选项卡中选择"容错加工"时，包括"无"和"轮廓线"两个选项，不选择"容错加工"时，包括"无"和"外部边"两个选项。

外部边使用面、片体或曲面区域的外部边在每个切削层中生成刀轨，方法是沿边缘定位刀具，并将刀具向外偏置，偏置值为刀具的半径；而这些定义"部件几何体"的面、片体或曲面区域与定义"部件几何体"的其他边缘不相邻。

轮廓使用"部件几何体"的轮廓来生成刀轨（与"外部边"不同，其中可包含"体"几何体），方法是沿"部件几何体"的轮廓定位刀具，并将刀具向外偏置，偏置值为刀具的半径。可以将轮廓线当作部件沿刀轴投影所得的"阴影"。当使用"轮廓"同时打开"容错加工"时，处理器将使用所定义"部件几何体"底部的轨迹作为"修剪"形状。这些形状将沿刀轴投影到各个切削层上，并且将在生成可加工区域的过程中用做"修剪形状"。

② 处理中的工件

NX 使用处理中的工件（IPW）的多个定义处理先前操作剩余的材料。使用处理中的工件的好处有：

● 将处理中的工件用作"毛坯几何体"，允许处理器仅根据实际工件的当前状态对区域进行加工。可避免在已经切削过的区域中进行空切。

● 在连续操作中可打开此选项，以便仅切削仍具有材料的区域，半径较小的刀具将仅加工先前使用较大刀具的操作未切削到的区域。

● 使用形状相似但增加了长度的一系列刀具，可使用最短的刀具切削最多数量的材料。借助更长的刀具进行后续操作，仅需要加工其他操作无法触及的材料。

- 从型腔铣内，可同时显示操作的输入 IPW 和输出 IPW。从操作导航器中可显示操作的输出 IPW。

③ 最小材料

最小材料用来确定在使用处理中的工件、刀具夹持器或参考刀具时要移除的最少材料量。

使用处理中的工件作为毛坯时，尤其是在较大的部件上，软件可能生成刀轨以移除小切削区域中的材料。在最小材料厚度打开的情况下，刀轨上移除量小于指定量的任何段均受到抑制。仅在较大的切削区域中生成刀轨。

④ 检查刀具和夹持器

"检查刀具和夹持器"是"面铣削""等高轮廓铣""固定轴曲面轮廓铣"和"型腔铣"都使用的切削参数。

"检查刀具和夹持器"选项有助于避免刀柄与工件的碰撞，并在操作中选择尽可能短的刀具。系统将先检查刀柄是否会与工序模型（IPW）、"毛坯几何体""部件几何体"或"检查几何体"发生碰撞。

夹持器在"刀具定义"对话框中被定义为一组圆柱或带锥度的圆柱。系统使用检查刀具和夹持器形状加最小间隙值来保证与几何体的安全距离。任何会导致碰撞的区域都将从切削区域中排除，因此，得到的刀轨在切削材料时不会发生刀轨碰撞的情况。需排除的材料在每完成一个切削层后都将被更新，以最大限度地增加可切削区域，同时由于上层材料已切除，使得刀柄在工件底层的活动空间越来越大，必须在后续操作中使用更长的刀具来切削排除的（碰撞）区域。

⑤ 参考刀具

加工中刀具半径决定了侧壁之间的材料残余，刀具底角半径决定侧壁与底面之间多的材料残余，可使用参考刀具加工上一个刀具未加工到的拐角中剩余的材料，该操作的刀轨与其他型腔铣或深度加工操作相似，但是仅限制在拐角区域。使用参考刀具前、后的刀具路径如图 10-29 和图 10-30 所示。

图 10-29　无参考刀具时的刀轨

图 10-30　有参考刀具时的刀轨

可以在下拉列表框中选择现有的刀具，或者单击 　（新建）按钮创建新的刀具作为参考刀具。所选择或创建的刀具直径必须大于当前操作所用刀具的直径。

（4）更多

与平面铣相比，型腔铣"切削参数"对话框中的"更多"选项卡主要是增加了"容错加工"和"底切"两个选项，如图 10-31 所示。

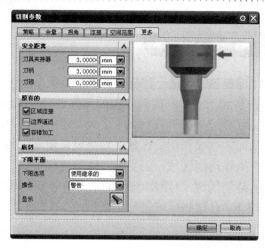

图 10-31　"切削参数"对话框-更多

① 容错加工

"容错加工"能够找到正确的可加工区域而不过切部件。对于大多数铣削操作，都应选中"容错加工"复选框。

② 底切

"防止底切"通过使系统在生成刀轨时考虑底切几何体，从而防止刀柄与"部件几何体"之间产生摩擦。

进行型腔铣时选中"防止底切"复选框后，系统将对刀柄应用完整的"水平间距"（在"进刀/退刀"方法下指定），但如果"水平安全距离"大于刀具半径，则会应用刀具半径。当刀柄位于底切之上且距离与刀具半径相等时，随着刀具更深地切过切削层，刀具将逐渐从底切处移走。当刀柄接触到底切时将应用完整的"水平安全距离"，如图 10-32 所示。

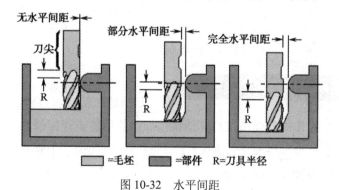

图 10-32　水平间距

10.3　等高轮廓铣

等高轮廓铣是一种特殊的型腔铣操作，可以用于多个切削层实体加工和对曲面部件进行轮廓铣，该模块多应用于半精加工和精加工。等高轮廓铣模块特别适用于高速加工的编程操作。

10.3.1　等高轮廓铣介绍

　　"等高轮廓铣"也称"深度铣"，是一种特殊的"型腔铣"操作，因此也是一个固定轴铣削模块，是为通过多个切削层加工实体和曲面建模的部件进行轮廓铣而设计的。

　　在等高轮廓铣模块中除了定义"部件几何体"之外，还可以将"切削区域几何体"指定为"部件几何体"的子集，从而限制要切削的区域。如果没有定义任何"切削区域几何体"，则系统将整个"部件几何体"当作切削区域。在生成刀轨的过程中，处理器将跟踪该几何体，需要时检测"部件几何体"的陡峭区域，对跟踪形状进行排序，识别要加工的切削区域，在所有切削层都不过切部件的情况下，对这些区域进行切削加工。等高轮廓铣模块只能切削部件或整个部件的陡峭区域。

　　使用"等高轮廓铣"代替"型腔铣"有以下优点：

- "等高轮廓铣"不需要"毛坯几何体"。
- "等高轮廓铣"将使用在操作中选择的或从"mill_area"几何组中继承的切削区域。
- "等高轮廓铣"可以从"mill_area"组中继承修剪边界。
- "等高轮廓铣"具有陡峭空间范围。
- 当先进行深度切削时，"等高轮廓铣"按形状进行排序，而"型腔铣"按区域进行排序，这就意味着岛部件形状上的所有层都将在移至下一个岛之前进行切削。
- 在封闭形状上，"等高轮廓铣"可以通过直接斜削到部件上在层之间移动，从而创建螺旋线形刀轨。
- 在开放形状上，"等高轮廓铣"可以交替方向切削，从而沿着壁向下创建往复运动。
- "等高轮廓铣"对高速加工尤其有效。使用"等高轮廓铣"可以保持陡峭壁上的残余高度；可以在一个操作中切削多个层；可以在一个操作中切削多个特征（区域）；可以对薄壁部件按层（水线）进行切削；在各个层中可以广泛使用线形、圆形和螺旋进刀方式；可以使刀具与材料保持恒定接触。

10.3.2　等高轮廓铣操作步骤

　　"等高轮廓铣"操作的创建步骤与其他铣削操作的创建步骤相似。

步骤01 设置加工环境。因为"等高轮廓铣"是一种特殊的型腔铣，初始化加工环境时，在"加工环境"对话框中选择"mill_contour"选项。

步骤02 创建父节点组。包括"程序""刀具""几何体"与"加工方法"父节点组。

步骤03 创建等高轮廓铣操作。

❶ 在"创建"工具栏中单击 ⏫（创建工序）按钮，系统弹出"创建工序"对话框，选择"主序子类型"为 ⏫（等高轮廓铣）或 ⏫（等清角）。

❷ 选择或创建操作所在的程序组、所使用的刀具、几何体与加工方法父节点组，并填写名称，单击 确定 或 应用 按钮，系统将弹出如图 10-33 所示的"深度加工轮廓"或如图 10-34 所示的"深度加工拐角"对话框，它们的选项基本相同。

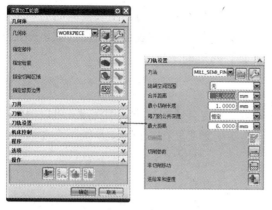

图 10-33　"深度加工轮廓"对话框　　　　　　图 10-34　"深度加工拐角"对话框

步骤 **04** 设置刀轨参数。包括选择加工几何体、选择切削方法、设置陡峭空间范围、设置步距和切削深度、设置切削参数和非切削移动参数、设置进给率和速度等。

步骤 **05** 生成刀轨并进行检验。

步骤 **06** 后处理生成数控加工程序。

10.3.3　等高轮廓铣参数设置

等高轮廓铣的参数与型腔铣基本相同，本节只对等高轮廓铣特有的选项进行说明。

1．陡峭空间范围

"陡峭空间范围"主要用于设置陡峭角度，包括"无"和"仅陡峭的"两个选项，选择"无"时不指定陡峭角度，系统将对由"部件几何体"和任何限定的"切削区域几何体"来定义的部件进行切削；选择"仅陡峭的"时，只有陡峭度大于或等于指定"陡角"的部件区域才被切削。

如图 10-35 所示为选择"仅陡峭的"选项，并指定陡峭角度为 70°时生成的刀轨；如图 10-36 所示为选择"无"时生成的刀轨。

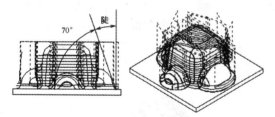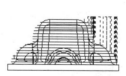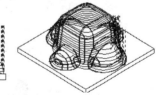

图 10-35　陡峭角度为 70°　　　　　　　图 10-36　不指定陡峭角度

"角度"选项是等高轮廓铣区别于其他型腔铣操作的一个关键参数。部件上任何给定点处的陡峭角度可定义为刀轴和面法向之间的角度。陡峭角度用于区分陡峭与非陡峭区域。陡峭区域是指部件的陡峭角度大于指定"陡角"的区域。

2．合并距离

"合并距离"能够通过连接不连贯的切削运动来消除刀轨中小的不连续性或不希望出现的

缝隙。这些不连续性常常发生在刀具从"工件"表面退刀的位置，有时是由表面间的缝隙引起的，或者当工件表面的陡峭度与指定的"陡角"非常接近时，由工件表面陡峭度的微小变化引起的。合并距离值决定了连接切削移动的端点时刀具要跨过的距离。

3. 最小切削深度

"最小切削深度"用于消除小于指定值的刀轨段。指定合适的最小切削深度，可以消除零件岛屿区域内的刀具路径，因为切削运动距离小于指定的最小切削深度值，系统不会在该处创建刀具路径。

4. 切削顺序

单击"深度铣"对话框中的 🔲（切削参数）按钮，系统弹出如图 10-37 所示的"切削参数"对话框，使用该对话框可以修改操作的切削参数，包括"切削顺序""刀轨延伸""毛坯设置""层到层设置"等。

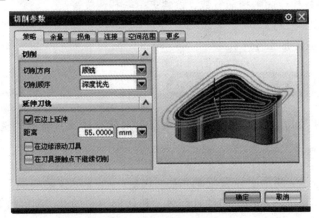

图 10-37　"切削参数"对话框

等高轮廓铣与按切削区域排列切削轨迹的型腔铣不同，等高轮廓铣是按形状排列切削轨迹的。在等高轮廓铣中可以按"深度优先"对形状执行轮廓铣，也可以按"层优先"对形状执行轮廓铣。在前者中，每个形状（如岛）是在开始对下一个形状执行轮廓铣之前完成轮廓铣的，加工完一个形状后才进行下一个形状的加工；在后者中，所有形状都是在特定层中执行轮廓铣的，该层加工完之后才切削下一层中的各个形状，如图 10-38 所示。

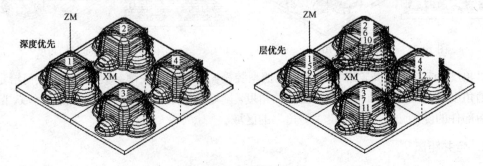

图 10-38　切削顺序示例

5．延伸刀轨

"延伸刀轨"选项组主要用来设定刀具在切入切出时的刀轨，包括"在边上延伸""在边缘滚动刀具"等选项。

（1）在边上延伸

"在边上延伸"用于避免刀具切削外部边缘时停留在边缘处。常使用该选项来加工部件周围多余的铸件材料。通过它在刀轨刀路的起点和终点添加切削移动，以确保刀具平滑地进入和退出部件。使用"在边上延伸"可省去在部件周围生成带状曲面的费时任务，但获得效果相同。

系统根据所选的切削区域来确定边缘的位置，因此，如果选择的实体不带切削区域，则没有可延伸的边缘。刀路将以相切的方式在切削区域的所有外部边缘上向外延伸，如图 10-39 所示。

图 10-39　在边上延伸示例

（2）在边缘滚动刀具

"在边缘滚动刀具"用于控制是否发生边缘滚动。边缘滚动通常是一种不希望出现的情况，发生在驱动轨迹的延伸超出部件表面的边缘时，刀具在仍与部件表面接触的同时试图达到边界，刀具沿着部件表面的边缘滚过很可能会过切部件。

当选中"在边缘滚动刀具"复选框时允许发生边缘滚动，如图 10-40 所示。

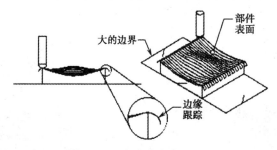

图 10-40　允许边缘滚动示例

6．层到层

"层到层"是一个专用于等高轮廓铣的切削参数。"层到层"主要用于确定刀具从一层到下一层的放置方式。使用该选项可切削所有的层而无须抬刀至安全平面。

"层到层"选项在"切削参数"对话框的"连接"选项卡中，包括"使用传递方法""直接对部件进刀""沿部件斜进刀"和"沿部件交叉斜进刀"4 个选项。加工开放区域时，"层到层"下拉列表框中的"沿部件斜进刀"和"交叉沿部件斜进刀"两个选项将处于不可用状态。

（1）使用传递方法

"使用传递方法"将使用在"进刀/退刀"对话框中所指定的任何信息。如图 10-41 所示，刀具在完成每个刀路后都会抬刀至安全平面，然后进刀。

（2）直接对部件进刀

"直接对部件进刀"将跟随部件，与普通步距运动相似，消除了不必要的内部进刀，如图 10-42 所示。

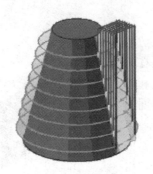

图 10-41　使用传递方法

图 10-42　直接对部件进刀

（3）沿部件斜进刀

"沿部件斜进刀"跟随部件，从一个切削层到下一个切削层，斜削角度为"进刀和退刀"参数中指定的倾斜角度，这种切削具有更恒定的切削深度和残余高度，并且能在部件顶部和底部生成完整刀路，如图 10-43 所示。

（4）沿部件交叉斜进刀

"沿部件交叉斜进刀"与"沿部件斜进刀"相似，不同的是，在斜削进下一层之前完成每个刀路，使进刀线首尾相接，特别适合高速加工，如图 10-44 所示。

图 10-43　沿部件斜进刀

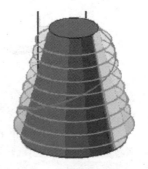

图 10-44　沿部件交叉斜进刀

7. 使用 2D 工件

"使用 2D 工件"复选框在"切削参数"对话框的"空间范围"选项卡中，"使用 2D 工件"是"等高轮廓铣"和"固定轴曲面轮廓铣"都使用的切削参数。该选项可以与"检查刀具和夹持器"选项结合使用，也可以单独使用。

选中该复选框后，系统将在同一"几何体组"的先前操作中搜索具有在刀具夹持器碰撞检测中保存的"2D 工件"的操作。如果找到该操作，则来自其他操作的"2D 工件"将用作当前操作中的修剪几何体，以包含刀具的切削运动。如果选中"检查刀具和夹持器"复选框，系统则会执行进一步的碰撞检测，所有碰撞区域都会在当前操作中保存为"2D 工件"几何体，以便用于后续操作中。

10.4 插铣

与常规加工方法相比，插铣法加工效率高，时间短，且可应用于各种加工环境，既适用于单件小批量的一次性原型零件加工，也适合大批量零件制造，因此是一种极具发展前途的加工技术。无论对于大金属量切削加工，还是具有复杂几何形状的航空零件的加工，插铣法都是优先考虑的加工手段。

10.4.1 插铣介绍

1. 插铣的特点

插铣法（Plunge Milling），又称Z轴铣削法，是实现高切除率金属切削最有效的加工方法之一。对于复杂加工材料的曲面加工、切槽加工，以及刀具悬伸长度较大的加工，插铣法的加工效率远远高于常规的型腔铣削法。在需要快速切除大量金属材料时，采用插铣法可使加工时间缩短一半以上。另外，插铣加工还具备有以下优点：

- 可减小工件变形。
- 可降低作用于铣床的径向切削力，这意味着轴系已磨损的主轴仍可用于插铣加工且不会影响工件加工质量。
- 刀具悬伸长度较大，非常适合对难以到达的较深的壁进行加工。
- 能实现对高温合金材料（如 Inconel）的切槽加工。

使用插铣粗加工轮廓化的外形通常会留下较大的刀痕和台阶，一般在后续操作中使用处理中的工件，以便获得一致的剩余余量。

2. 插铣刀具

专用插铣刀主要用于粗加工或半精加工，它可切入工件凹部或沿着工件边缘切削，也可铣削复杂的几何形状，包括进行清角加工。插铣刀刀体和刀片的设计使其可以最佳角度切入工件，通常插铣刀的切削刃角度为 87° 或 90°，进给率范围为 0.08～0.25mm/齿。每把插铣刀上装夹的刀片数量取决于铣刀直径，例如，一把直径为 20mm 的铣刀安装 2 个刀片，而一把直径为 125mm 的铣刀可安装 8 个刀片。典型插铣刀具如图 10-45 所示。

图 10-45 典型插铣刀具

3. 插铣选择

某种工件的加工是否适合采用插铣方式，主要应考虑加工任务的要求，以及所使用加工机床的特点。如果加工任务要求很高的金属切除率，则采用插铣法可大幅度缩短加工时间。

另一种适合采用插铣法的场合是当加工任务要求刀具轴向长度较大时（如铣削大凹腔或深槽），由于采用插铣法可有效减小径向切削力，因此，与侧铣法相比具有更高的加工稳定性。此外，当工件上需要切削的部位采用常规铣削方法难以到达时，也可考虑采用插铣法，由于插铣刀可以向上切除金属，因此可铣削出复杂的几何形状。

从机床适用性的角度考虑，如果所用加工机床的功率有限，则可考虑采用插铣法，这是因为插铣加工所需功率小于其他螺旋槽刀具铣削，从而有可能利用老式机床或功率不足的机床获得较高的加工效率。

另外，由于插铣加工时径向切削力较低，因此，非常适合应用于主轴轴承已磨损的老式机床。插铣法主要用于粗加工或半精加工，因机床轴系磨损引起的少量轴向偏差不会对加工质量产生较大影响。

10.4.2 插铣操作步骤

创建插铣操作的步骤如下。

步骤 01 设置加工环境。与其他型腔铣一样，初始化加工环境时，在"加工环境"对话框中选择"mill_contour"选项。

步骤 02 创建父节点组，包括程序、刀具、几何体与加工方法父节点组。

步骤 03 创建插铣操作。在"创建"工具栏中单击 按钮，系统弹出"创建工序"对话框，选择"工序子类型"为 ；选择或创建操作所在的程序组、所使用的刀具、几何体与加工方法父节点组，并填写名称，单击 确定 或 应用 按钮，弹出如图 10-46 所示的"插铣"对话框，对话框的大部分选项与其他操作相同。

图 10-46 "插铣"对话框

步骤 04 设置插铣参数。包括选择加工几何体、选择切削方法、选择切削模式、设置步距和切削深度、设置向前步长和最大切削宽度、设置控制点、设置插削层、设置切削参数、传递方法等。

步骤 05 生成刀轨并进行检验。

步骤 06 后置处理生成数控加工程序。

10.4.3　插铣参数设置

1. 步距和向前步长

在插铣中需要指定"步距"和"向前步长"。"向前步长"指定从一次插入到下一次插入向前移动的步长。系统可能会减小应用的向前步长，使其在最大切削宽度值内。

"步距"和"向前步长"代表的意义不同，"步距"又称"横越步长"，用于控制连续切削刀路之间的距离，如图 10-47 所示。

2. 最大切削宽度

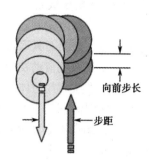

图 10-47　步距和向前步长

"最大切削宽度"是刀具可切削的最大宽度。该参数主要取决于插铣操作的刀具类型，它通常由刀具制造商根据刀片的尺寸来提供。如果该值比刀具半径小，则刀具的底部中心位置有一个未切削部分。"最大切削宽度"可以限制"横越步长"和"向前步长"，以便防止刀具的非切削部分插入实体材料中。

3. 点

"点"选项用于控制插铣操作的预钻孔点和切削区域起点。在"插铣"对话框中单击 （点）按钮，系统将弹出如图 10-48 所示的"控制几何体"对话框，在该对话框中可以设置"预钻孔进刀点"和"切削区域起点"。

"预钻孔进刀点"允许刀具沿着刀轴下降到一个空腔中，刀具可以在此处开始进行腔体切削。"切削区域起点"决定了进刀的近似位置和步进方向。

（1）预钻孔进刀点

单击"控制几何体"对话框中"预钻孔进刀点"后的 编辑 按钮，系统将弹出如图 10-49 所示的"预钻孔进刀点"对话框。

图 10-48　"控制几何体"对话框

图 10-49　"预钻孔进刀点"对话框

"预钻孔进刀点"允许指定"毛坯"材料中先前钻好的孔内或其他空腔内的点作为进刀位置。所定义的点沿着刀轴投影到用来定位刀具的"安全平面"上，然后刀具沿刀轴向下移动至空腔中，并直接移动到每个切削层上由处理器确定的起点。

如果在插铣操作中指定了多个"预钻孔进刀点"，则使用此区域中距处理器确定的起点最近的点。只有在指定深度内向下移动到切削层时，刀具才使用"预钻孔进刀点"，一旦切削层超出了指定的深度，则处理器将不考虑"预钻孔进刀点"，并使用处理器决定的起点，如图

10-50 所示。只有在"进刀方法"设置为"自动"的情况下，"预钻孔进刀点"才可用。

（2）切削区域起点

可通过指定定制起点或默认区域起点来定义刀具进刀位置和步进方向。"编辑"按钮用来定制起点，控制刀具逼近每个切削区域壁的近似位置，而"默认"选项（包括"标准"或"自动"）允许系统自动决定起点。

单击"控制几何体"对话框中"预钻孔进刀点"后的 编辑 按钮，系统将弹出如图 10-51 所示的"切削区域起点"对话框。

定制起点不必定义精确的进刀位置，只需定义刀具进刀的大致区域，系统根据起点位置、指定的切削模式和切削区域的形状来确定每个切削区域的精确位置。如果指定了多个起点，则每个切削区域使用与此切削区域最近的点。

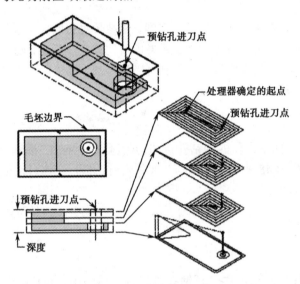

图 10-50　预钻孔进刀点

例如，如图 10-52 所示，系统使用定制起点A来定义切削层 1 的进刀位置，使用定制起点B来定义切削层 2 和 3 的进刀位置。因为刀具不能精确定位到点A和B，因此，系统将每个区域的进刀位置定义为与最近的区域起点尽可能接近。

除了使用"上部的深度"和"下方深度"代替"预钻孔进刀点"对话框中的"深度"选项外，"切削区域起点"的所有编辑选项与"预钻孔进刀点"中描述的"编辑"选项的功能完全一样。

"上部的深度"和"下方深度"可定义要使用"定制切削区域起点"的切削层的范围。只有在这两个深度上或介于这两个深度之间的切削层可以使用"定制切削区域起点"。如果"上部的深度"和"下方深度"值都设置为零（默认情况），则"切削区域起点"应用至所有的层。位于"上部的深度"和"下方深度"范围之外的切削层使用"默认切削区域起点"。确保在指定点之前设置深度值，否则不能将深度值赋予"切削区域起点"。

图 10-51 "切削区域起点"对话框

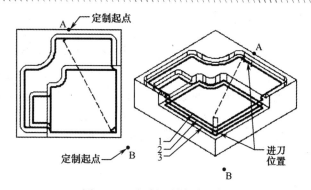

图 10-52 切削区域起点示例

"上部的深度"指定使用当前"定制切削区域起点"的深度范围的上限。深度沿着刀轴从最高层平面起测量,不管该平面是由"毛坯"边界定义还是由"部件"边界定义。"定制切削区域起点"不会用于"上部的深度"之上的"切削层"。

"下方深度"指定使用当前"定制切削区域起点"的深度范围的下限。深度沿着刀轴从最高层平面起测量,不管该平面是由"毛坯"边界定义还是由"部件"边界定义。"定制切削区域起点"不会用于"下方深度"之下的"切削层"。

如图 10-53 所示,"定制切削区域起点"仅应用于切削层 1 和 2。

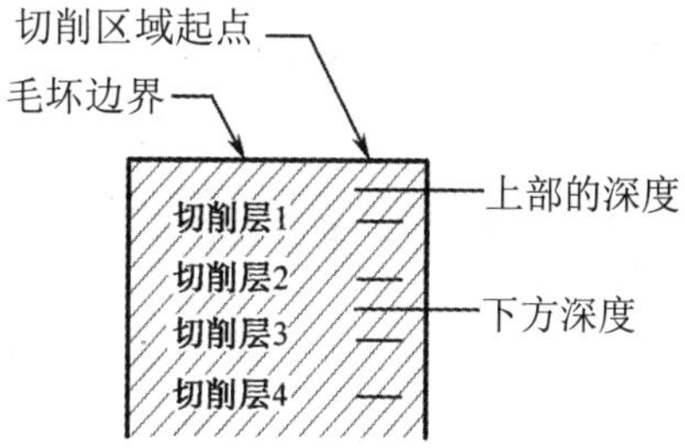

"默认"为系统指定两种方法之一以自动决定"切削区域起点"。只有在没有定义任何"定制切削区域起点"时,系统才会使用"标准"默认切削区域起点或"自动"默认切削区域起点,并且这两个起点只能用于不在"上部的深度"和"下方深度"范围内的切削层。可以将"默认"选项设为"标准"或"自动"两个选项之一。

图 10-53 定制切削区域起点

"标准"可建立与区域边界的起点尽可能接近的"切削区域起点"。边界的形状、切削模式和岛与腔体的位置可能会影响系统定位的"切削区域起点"与"边界起点"之间的接近程度。移动"边界起点"会影响"切削区域起点"的位置,如图 10-54 所示,移动"边界起点"会使刀具无法嵌入部件的拐角中。

"自动"保证将在最不可能引起刀具没入材料的位置使刀具步距或进刀至部件,如图 10-55 所示。

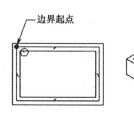

图 10-54 标准切削区域起点

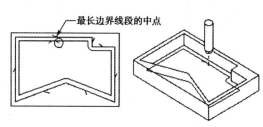

图 10-55 自动切削区域起点

4．插削层

"插削层"用于指定每个插铣区间的深度。插削层仅在指定部件或"毛坯几何体"后才会出现在"插铣"对话框中。

单击"插铣"对话框中的 （插削层）按钮，系统将弹出如图10-56所示的"插削层"对话框。该对话框的设置与型腔铣操作中的"切削层"对话框基本相同。

图 10-56　"插削层"对话框

10.5　实例进阶——型腔铣加工

本节将通过一个型腔零件的粗加工来练习型腔铣的加工操作。

10.5.1　零件加工工艺分析

本例通过型腔铣来完成如图10-57所示零件的粗加工。通过模型分析可知，该模型虽然结构较为简单，但存在较多曲面，型腔中存在锥形岛屿，存在陡峭区域。为了便于对刀，将加工坐标原点选在毛坯上表面的中心。为了提高加工效率，粗加工使用直径16mm的牛鼻刀。

图 10-57　零件模型

初始文件	下载文件/example/Char10/chaxi.prt
结果文件	下载文件/result/Char10/chaxi-final.prt
视频文件	下载文件/video/Char10/插铣加工.avi

10.5.2　创建粗加工操作

本小节先来介绍零件插铣加工操作的粗加工操作，具体操作步骤如下。

步骤 01 启动 NX 8.0 软件，打开文件，进入加工环境。

❶ 执行"开始"→"所有程序"→UG NX 8.0→NX 8.0 命令，打开 NX 8.0 软件。

❷ 执行"文件（F）"→"打开（O）"命令。

❸ 在"打开"对话框中选择文件 chaxi.prt，然后单击 OK 按钮打开文件，进入 NX 初始界面。

④ 执行"开始"→"加工（N）"命令，系统弹出如图 10-58 所示的"加工环境"对话框。

⑤ 在"加工环境"对话框中选择"mill_contour"，单击 确定 按钮，系统完成加工环境的初始化工作，进入如图 10-59 所示的加工模块界面。

图 10-58　"加工环境"对话框

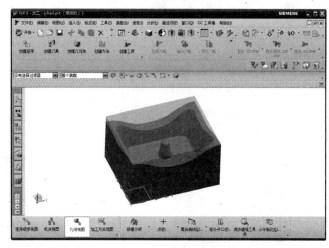

图 10-59　加工模块界面

步骤 02 设置加工坐标系，并设置安全平面。

❶ 在"工序导航器"工具栏中单击 （几何视图）按钮，单击屏幕右侧的 （工序导航器）按钮，打开"工序导航器-几何"窗口。

❷ 双击工序导航器中的 MCS_MILL 按钮，或者如图 10-60 所示在工序导航器中右键单击 MCS_MILL，在弹出的快捷菜单中选择"编辑"命令，系统将弹出如图 10-61 所示的 Mill Orient 对话框。

图 10-60　MCS_MILL 选项

图 10-61　Mill Orient 对话框

❸ 在 Mill Orient 对话框中单击"指定 MCS"后的 （MCS 对话框）按钮，系统弹出如图 10-62 所示的 CSYS 对话框，在图形区中出现浮动对话框。

❹ 如图 10-63 所示，在浮动对话框的"X""Y""Z"文本框中分别输入 50、40、55，单击 CSYS 对话框中的 确定 按钮，返回 Mill Orient 对话框，设置好的加工坐标系如图 10-64 所示。

图 10-62　CSYS 对话框　　　　　　　　　　图 10-63　浮动对话框

❺ 在 Mill Orient 对话框中的"安全设置选项"下拉列表框在中选择"平面",如图 10-65 所示。

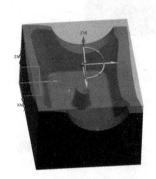

图 10-64　设置好的加工坐标系　　　　　　图 10-65　Mill Orient 对话框

❻ 单击"指定平面"后的 ▣(平面对话框)按钮,系统弹出"平面"对话框,在"类型"下拉列表框中选择"XC-YC 平面",在"距离"文本框中输入"60",如图 10-66 所示。

❼ 单击 确定 按钮,返回 Mill Orient 对话框,再次单击 确定 按钮,关闭对话框。设置好的安全平面如图 10-67 所示。

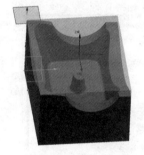

图 10-66　"平面"对话框　　　　　　　　图 10-67　设置好的安全平面

步骤 03 创建刀具。

❶ 在"刀片"工具栏中单击 (创建刀具)按钮,系统弹出如图 10-68 所示的"创建刀具"对话框。

❷ 创建 16mm 的 R 刀。在"名称"文本框中输入刀具名称为 MILL_D16R1,其他参数保持默认,单击 确定 按钮,打开"铣刀-5 参数"对话框。

❸ 设置刀具参数。在刀具"直径"文本框中输入"16"，在"下半径"文本框中输入"1"，在"长度"文本框中输入"75"，在"刀刃长度"文本框中输入"55"，在"刀刃"文本框中输入"4"，如图 10-69 所示，单击 确定 按钮，完成铣刀"MILL_D16R1"的创建。

图 10-68　"创建刀具"对话框

图 10-69　"铣刀-5 参数"对话框

步骤 04 创建"铣削几何体"。

❶ 单击"刀片"工具栏中的 （创建几何体）按钮，系统弹出如图 10-70 所示的"创建几何体"对话框。

❷ 在"类型"下拉列表框中选择 mill_contour，在"几何体子类型"中单击 （MILL_GEOM）按钮，在"几何体"下拉列表框中选择父节点组为 GEOMETRY，并在"名称"文本框中输入要创建的几何体为"MILL_GEOM"，单击 确定 按钮，系统弹出如图 10-71 所示的"铣削几何体"对话框。

图 10-70　"创建几何体"对话框

图 10-71　"铣削几何体"对话框

❸ 单击"铣削几何体"对话框中的 （指定毛坯）按钮，系统弹出如图 10-72 所示"毛坯几何体"对话框，单击 确定 按钮完成毛坯几何体的创建。

❹ 隐藏毛坯。单击窗口右侧的 （部件导航器）按钮，打开"部件导航器"窗口，在"块"上单击鼠标右键，在弹出的快捷菜单中选择"隐藏（H）"命令，隐藏毛坯，以方便进行"部件几何体"的选择。

❺ 单击"铣削几何体"对话框中的 （指定部件）按钮，系统弹出如图 10-73 所示的"部件几何体"对话框，单击 确定 按钮，完成部件几何体的选择，返回"铣削几何体"对话框。

图 10-72　"毛坯几何体"对话框　　　　图 10-73　"部件几何体"对话框

❻ 分别单击 （指定部件）按钮和 （指定毛坯）按钮后的 （显示）按钮，确认"部件几何体"和"毛坯几何体"选择正确，单击 确定 按钮，退出对话框，完成"铣削几何体"的创建。

步骤 05 创建型腔铣操作，设置参数。

❶ 单击"刀片"工具栏中的"创建工序" 按钮，弹出"创建工序"对话框。

❷ 在"工序子类型"中单击 （CAVITY_MILL）按钮，在"程序"下拉列表框中选择父节点组为"PROGRAM"，在"刀具"下拉列表框中选择父节点组为"MILL_D16R1"，在"几何体"下拉列表框中选择父节点组为"MILL_GEOM"，在"方法"下拉列表框中选择父节点组为"MILL_ROUGH"，在"名称"文本框中输入"CAVITY_ROU"，如图 10-74 所示，单击 确定 按钮，弹出"型腔铣"对话框。

❸ 在"型腔铣"对话框中，"切削模式"选择 跟随部件 ，"步距"选择"恒定"，在"最大距离"文本框中输入"12"，"每刀公共深度"选择"恒定"，在"最大距离"文本框中输入"1.5"，如图 10-75 所示。

❹ 在"型腔铣"对话框中单击 （切削层）按钮，系统弹出如图 10-76 所示的"切削层"对话框，同时图形通过平面符号显示切削层，如图 10-77 所示。选择部件内腔底面，切削深度将变为 35，单击 确定 按钮，返回"型腔铣"对话框。

图 10-74　"创建工序"对话框

图 10-75 "型腔铣"对话框

图 10-76 "切削层"对话框

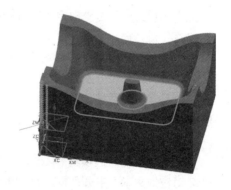

图 10-77 切削层

❺ 单击 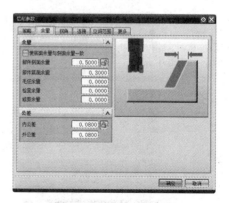（切削参数）按钮，系统弹出"切削参
数"对话框。单击"余量"选项卡，取消选中
"使底面余量与侧面余量一致"复选框，在"部
件侧面余量"文本框中输入"0.5"，在"部件
底面余量"文本框中输入"0.3"，如图 10-78
所示。其他参数保持默认设置。

❻ 在"型腔铣"对话框中单击"刀轨设置"选项
组中的 图（非切削移动）按钮，系统弹出"非
切削移动"对话框。

图 10-78 设置余量参数

在"封闭区域"选项组的"进刀类型"下拉列表框中选择"螺旋"，在"直径"文本框中输入"12"，单位选择 mm，在"高度"文本框中输入"5"，单位选择 mm，其他参数保持默认值，如图 10-79 所示。单击"非切削移动"对话框中的"退刀"选项卡，在"退刀类型"下拉列表框中选择"抬刀"，在"高度"文本框中输入"10"，单位选择 mm，如图 10-80 所示。

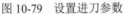
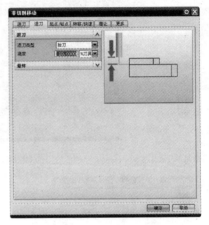

图 10-79　设置进刀参数　　　　　　　　图 10-80　设置退刀参数

❼ 设置区域起点。在"非切削移动"对话框中单击"起点/钻点"选项卡，展开"区域起点"选项组，单击"指定点"后的 ⊕（点对话框）按钮，系统弹出如图 10-81 所示的"点"对话框。

在"坐标"选项组的"参考"下拉列表框中选择"绝对-工作部件"，并在 X、Y、Z 对应的文本框中分别输入 50、40、60，其他参数保持默认，单击 确定 按钮，返回"非切削移动"对话框。

❽ 设置预钻孔点。展开"预钻孔点"选项组，单击"指定点"后的 ⊕（点构造器）按钮，系统弹出"点"对话框。

在"输出坐标"选项组的"参考"下拉列表框中选择"绝对-工作部件"，并在 X、Y、Z 对应的文本框中分别输入 50、40、55，其他参数保持默认，如图 10-82 所示，单击 确定 按钮，返回"非切削移动"对话框。

图 10-81　设置区域起点　　　　　　　　图 10-82　设置预钻孔点

⑨ 单击"非切削移动"对话框中的"转移/快速"选项卡，在"安全设置选项"下拉列表框中选择"自动平面"选项，在"安全距离"文本框中输入 5，如图 10-83 所示，单击 **确定** 按钮。

⑩ 在"型腔铣"对话框中单击 (进给率和速度)按钮，系统弹出"进给率和速度"对话框。选中"主轴速度"复选框，在其后的文本框中输入"1200"；在"切削"文本框中输入"600"，单位选择 mmpm；展开"更多"选项组，分别在逼近、进刀、第一刀切削、步进和退刀文本框中输入 400、350、300 和 400，单位选择 mmpm，单击 **确定** 按钮，如图 10-84 所示。

图 10-83　设置转移/快速

图 10-84　设置进给率和速度

步骤 06　设置机床控制事件。

❶ 展开"型腔铣"对话框中的"机床控制"选项组。

❷ 单击"机床控制"选项组中"开始刀轨事件"后的 (编辑)按钮，系统弹出如图 10-85 所示的"用户定义事件"对话框。

❸ 在"可用事件"中选择"Coolant On"，单击下方的"添加新事件"按钮，弹出"冷却液开"对话框。

❹ 在"冷却液开"对话框中的"状态"下拉列表框中选择"活动的"，在"类型"下拉列表框中选择"液态"，单击两次 **确定** 按钮返回"型腔铣"对话框。

❺ 单击"结束刀轨事件"后的 (编辑)按钮，系统弹出"用户定义事件"对话框，在"可用事件"中选择"Coolant Off"，单击下方的"添加新事件"按钮，弹出"冷却液关"对话框，在"状态"下拉列表框中选择"活动的"，如图 10-86 所示，单击两次 **确定** 按钮，返回"型腔铣"对话框。

步骤 07　生成操作，检查刀轨，保存文件。

❶ 设置完"型腔铣"对话框中的所有参数之后，单击"操作"选项组中的 (生成)按钮，生成粗加工刀具路径，如图 10-87 所示。

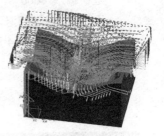

图 10-85 "用户定义事件"对话框   图 10-86 "冷却液开"对话框   图 10-87 粗加工刀具路径

❷ 在图形区中通过旋转、放大等方式观察刀具路径，判断路径是否正确。当确认刀具路径合理后，单击对话框中的 确定 按钮接受刀轨，并关闭对话框。

❸ 单击 （确认）按钮，弹出"刀轨可视化"对话框，如图 10-88 所示，使用该对话框可进行加工模拟。

❹ 单击工具栏中的 （保存）按钮，保存文件。

10.5.3 创建半精加工操作

本节将在上一节操作的基础上，完成零件的半精加工操作。

步骤 01 复制刀具路径。

❶ 在"工序导航器-几何"窗口中，右击上一节所创建的粗加工刀具路径 CAVITY_ROU，并在弹出的快捷菜中选择"复制"命令。

❷ 在"工序导航器-几何"窗口中单击鼠标右键，在弹出的快捷菜中选择"粘贴"命令，将产生一个新的操作 CAVITY_ROU_COPY，名称前面的 表示该操作的刀具路径需要重新生成，如图 10-89 所示。

❸ 在 CAVITY_ROU_COPY 上单击鼠标右键，在弹出的快捷菜单中选择"重命名"命令，输入新名称 CAVITY_SEMI_FIN，如图 10-90 所示。

步骤 02 创建精加工刀具。

❶ 在工序导航器视图中双击 CAVITY_SEMI_FIN，或者选中 CAVITY_SEMI_FIN 并单击鼠标右键，在弹出的快捷菜单中选择"编辑"命令，系统将弹出"型腔铣"对话框。

❷ 在"型腔铣"对话框中，单击"刀具"选项组，如图 10-91 所示。单击"刀具"下拉列表框后的 按钮，弹出如图 10-92 所示的"新建刀具"对话框。

❸ 在"新建刀具"对话框的"类型"下拉列表框中选择 mill_contour，在"刀具子类型"中单击 （MILL）按钮，在"名称"文本框中输入刀具名称为 MILL_D12R6，其他参数保持默认，单击 确定 按钮，打开"铣刀-5 参数"对话框。

图 10-88　"刀轨可视化"对话框

图 10-89　生成的新操作

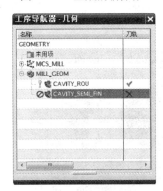

图 10-90　重命名操作

图 10-91　"型腔铣"对话框

图 10-92　"新的刀具"对话框

295

❹ 在刀具 "直径" 文本框中输入 12，在底圆角 "下半径" 文本框中输入 6，在 "长度" 文本框中输入 60，在 "刀刃长度" 文本框中输入 45，在 "刀刃" 文本框中输入 4，如图 10-93 所示。单击 确定 按钮，完成铣刀 MILL_D12R6 的创建，返回 "型腔铣" 对话框。

步骤 03 重新选择加工方法，并设置参数。

❶ 在 "刀轨设置" 选项组的 "方法" 下拉列表框中选择 MILL_SEMI_FINI ▼ 。

❷ 在 "切削模式" 下拉列表框中选择 "轮廓加工"，在 "步距" 下拉列表框中选择 "残余高度"，其他设置如图 10-94 所示。

图 10-93　"铣刀-5 参数" 对话框

图 10-94　"型腔铣" 对话框

❸ 在 "型腔铣" 对话框的 "刀轨设置" 选项组中单击 按钮，弹出 "切削参数" 对话框。单击 "余量" 选项卡，在 "部件侧面余量" 文本框中输入 0.2，在 "部件底面余量" 文本框中输入 0，如图 10-95 所示，其他参数保持默认设置。

❹ 单击 "空间范围" 选项卡，在 "修剪方式" 下拉列表框中选择 "轮廓线"，如图 10-96 所示，单击 确定 按钮，完成切削参数的设置，返回 "型腔铣" 对话框。

❺ 在 "型腔铣" 对话框中单击 按钮，系统弹出 "进给率和速度" 对话框。选中 "主轴速度" 复选框，并在其后的文本框中输入 1500；在 "切削" 文本框中输入 800，单位选择 mmpm，其他参数保持不变，如图 10-97 所示，单击 确定 按钮。

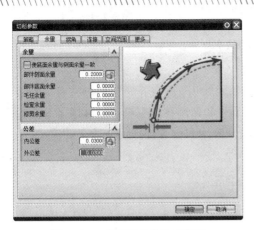 

图 10-95　"切削参数"对话框　　　　　图 10-96　设置空间范围参数

步骤 **04** 生成刀具路径，刀轨验证，保存文件。

❶ 修改完半精加工刀具路径的参数之后，单击 按钮，生成半精加工刀具路径，如图 10-98 所示。

❷ 在图形区中通过旋转、放大等方式观察刀具路径，判断路径是否正确。

❸ 单击"型腔铣"对话框中的 按钮，弹出"刀轨可视化"对话框，单击"2D 动态"选项卡，单击 按钮，模拟加工结果，如图 10-99 所示。

❹ 确认刀具路径合理后，单击对话框中的 确定 按钮，接受刀轨并关闭对话框。单击工具栏中的 （保存）按钮，保存文件。

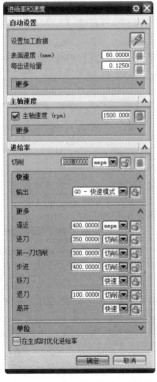

图 10-98　半精加工刀具路径

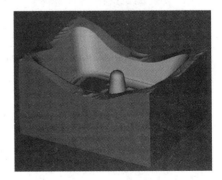

图 10-97　设置进给率和速度　　　　　图 10-99　2D 动态模拟视图

10.6　本章小结

本章详细讲解了型腔铣、固定轴轮廓铣和插铣的基本知识。重点介绍了型腔铣有关参数的设置，包括"型腔铣几何体""切削层""切削参数""非切削移动"等，还讲述了等高轮廓铣和插铣的相关参数设置。最后结合实例讲解了型腔铣应用和创建操作的一般步骤。

10.7　习　题

一、填空题

1. 型腔铣操作可用于大部分零件_____、岛屿和_____为平面或曲面的零件的粗加工，以及直壁或_____的侧壁精加工，也可用于平面的精加工及_____，是数控加工中应用最为广泛的操作。

2. 型腔铣的一般操作步骤包括_____、_____、选择或创建父节点组、"型腔铣"对话框设置、_____和刀具路径检验。

3. "等高轮廓铣"也称"_____"，是一种特殊的"型腔铣"操作，因此也是一个固定轴铣削模块，是为通过多个切削层加工_____和_____的部件进行轮廓铣而设计的，与型腔铣不同的是，该模块多应用于半精加工和精加工。

4. 对于复杂加工材料的_____、_____，以及刀具悬伸长度较大的加工，插铣法的加工效率远远高于常规的型腔铣削法。在需要快速切除大量金属材料时，采用插铣法可使加工时间缩短一半以上。

5. "等高轮廓铣"对高速加工尤其有效。使用"等高轮廓铣"可以保持陡峭壁上的残余高度；可以在一个操作中切削多个层；可以在一个操作中切削多个特征（区域）；可以对薄壁部件按层（水线）进行切削；在各个层中可以广泛使用_____、_____和螺旋进刀方式；可以使刀具与材料保持恒定接触。

二、问答题

1. 型腔铣的特点有哪些？
2. 型腔铣和平面铣的区别有哪些？

三、上机操作

打开下载文件/example/Char10/cavity.prt，对该文件进行型腔铣加工操作，如图 10-100 所示为零件的视图。

图 10-100　上机操作零件视图

第11章　车削数控加工

车削是指工件旋转，车刀在平面内做直线或曲线移动的切削加工，其广泛应用于制造业。本章主要对NX 8.0车削加工技术进行介绍，包括车削的基本概念，创建车削操作的基本步骤，车削几何体类型及其创建，走刀方式、非切削参数及切削参数等的设置。

学习目标：

- 了解车削加工的基础知识
- 掌握车削加工的一般操作步骤
- 掌握车削粗加工的一般设置方法
- 掌握车削精加工的一般设置方法

11.1　车削加工基础

车削一般在车床上进行，用于加工工件的内外圆柱面、端面、圆锥面、成形面、螺纹等。车削加工在制造行业中是使用最广泛的一种。

11.1.1　车削加工概述

在机械、航天、汽车和其他的工业产品供应等重要领域中，对部件进行车削加工是必不可少的。

与铣削不同，车削加工时，工件做回转运动，刀具做直线运动或曲线运动，刀尖相对于工件运动的同时，切除毛坯材料形成相应的工件表面，典型车削操作如图 11-1 所示。工件的回转运动为切削主运动，刀具的运动为进给运动。

NX车削模块利用操作导航器来管理操作和参数，在该模块中能够创建粗加工、精加工、中心线钻孔和螺纹加工等。与其他模块一样，在车削模块中，通过创建刀具、几何体，设置加工参数等生成车削刀具路径，对生成的刀具路径可以进行可视化模拟加工，以检验所生成操作是否符合要求，经

图 11-1　典型车削操作

过确定的刀具路径可以通过后处理生成NC程序，传输到数控车床中用于数控加工。

11.1.2 车削操作的创建

车削加工的基本创建步骤包括设置加工环境、创建车削操作、选择或创建父节点组。

1. 设置加工环境

在NX软件中打开待加工的零件模型，在主界面中执行"开始"→"加工（N）"命令，进入加工模块。

当一个零件首次进入加工模块时，系统会弹出如图 11-2 所示的"加工环境"对话框。在创建车削操作时选择"turning"，单击 确定 按钮，系统将根据指定的加工配置，调用相应的模板和相关数据库进行加工环境的初始化工作。

图 11-2 "加工环境"对话框

2. 创建车削操作

加工环境初始化完成后，首先要创建程序、刀具、几何体与加工方法父节点组，然后在"刀片"工具栏上单击 （创建工序）按钮，系统弹出如图 11-3 所示的"创建工序"对话框，系统默认类型为"turning（车削）"，即选择车削加工操作建立模板，并需要指定工序子类型。

车削加工类型中共有 24 种工序子类型，每一个按钮代表一种子类型，单击不同的按钮，所弹出的工序对话框也会有所不同，完成的操作功能也不相同。各子类型的说明如表 11-1 所示。

表 11-1　车削工序子类型

图标	英文	中文	说明
	CENTERLINE_SPOTDRILL	打中心孔	打中心定位孔
	CENTERLINE_DRILLING	钻孔	钻孔粗加工
	CENTERLINE_PECKDRILL	深孔钻	钻一定深度后提刀，以断屑排屑
	CENTERLINE_BREAKCHIP	断屑深孔钻	钻一定深度后提刀到安全距离，以断屑排屑
	CENTERLINE_REAMING	铰孔	铰孔精加工
	CENTERLINE_TAPPING	攻螺纹	车床螺纹加工
	FACING	车端面	端面加工
	ROUGH_TURN_OD	粗车外圆	粗车外圆，走刀方向为沿轴线负向
	ROUGH_BACK_TURN	粗车外圆	粗车外圆，走刀方向为沿轴线正向
	ROUGH_BORE_ID	粗镗内孔	粗镗内孔，走刀方向为沿轴线负向
	ROUGH_BACK_BORE	粗镗内孔	粗镗内孔，走刀方向为沿轴线正向
	FINISH_TURN_OD	精车外圆	外圆精加工
	FINISH_BORE_ID	精镗内孔	精镗内孔，走刀方向为沿轴线负向
	FINISH_BACK_BORE	精镗内孔	精镗内孔，走刀方向为沿轴线正向
	TEACH_MODE	教学模式	控制执行高级精加工
	GROOVE_OD	车外圆槽	用于加工圆槽

（续表）

图标	英文	中文	说明
	GROOVE_ID	车内孔槽	用于加工内孔槽
	GROOVE_FACE	车端面槽	用于加工端面槽
	THREAD_OD	车外螺纹	用于加工外螺纹
	THREAD_ID	车内螺纹	用于加工内螺纹
	PARTOFF	切断	用于切断
	BAR_FEED_STOP	进给停	进给停
	LATHE_CONTROL	车床控制	创建机床控制事件，添加后处理命令
	LATHE_USER	自定义方式	自定义参数建立操作

3．选择或创建父节点组

在"创建工序"对话框中选择完加工类型和子类型后，需要指定或创建工序所在的程序组、所使用的刀具、几何体与加工方法父节点组。

4．设置车削操作对话框

在车削"创建工序"对话框中选择车削加工类型，并根据需要选择好工序子类型，指定工序所在的程序组、所使用的刀具、几何体与加工方法父节点组，填写名称，单击 确定 或 应用 按钮，系统根据所选择的工序类型弹出相应的对话框，如图 11-4 所示为工序子类型选择粗车外圆时的"粗车OD"对话框。

图 11-3　"创建工序"对话框

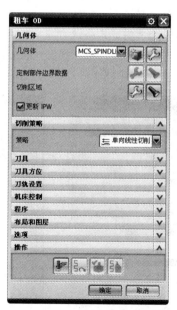

图 11-4　"粗车 OD"对话框

"粗车OD"对话框主要用于对生成刀轨所需的参数进行设置，包括几何体、刀具、切削策略、刀轨设置、机床控制、程序、刀轨显示等，它们的设置方法有些与"铣削"操作对话框中的相应选项基本相同。

5．生成车削操作

指定了"车削"对话框中的所有参数后，可以单击 ![icon] （生成）按钮来生成刀轨。单击 确定 按钮，将关闭"车削"操作对话框，接受所生成的刀轨。

6．刀具路径检验

对生成的刀轨，为了检验其是否满足需要，可以通过单击 ![icon] （确认）按钮来检查刀具路径。检验时可以从不同角度进行回放，或者进行可视化的刀轨检验。

11.1.3 入门实例——简单轴车削加工

待加工零件模型如图 11-5 所示，毛坯是 $\phi40$ 的棒料，材料为 45 钢。模型存在槽、圆弧和倒角，可按如下方案进行加工：从右至左粗加工各面；从右至左精加工各面；车退刀槽。因精加工与粗加工类似，这里只介绍粗加工。

图 11-5　零件模型

初始文件	下载文件/example/Char11/jiandanche.prt
结果文件	下载文件/result/Char11/jiandanche-final.prt
视频文件	下载文件/video/Char11/简单轴.avi

步骤 01 打开文件，进入加工环境。

❶ 执行"文件（F）"→"打开（O）"命令，弹出"打开"对话框，选择文件 jiandanche.prt，然后单击 OK 按钮打开文件。

❷ 选择"开始"→"加工（N）"命令，进入加工模块，系统弹出如图 11-6 所示的"加工环境"对话框，选择"turning"，单击 确定 按钮，系统完成加工环境的初始化工作，进入如图 11-7 所示的加工界面。

图 11-6　"加工环境"对话框

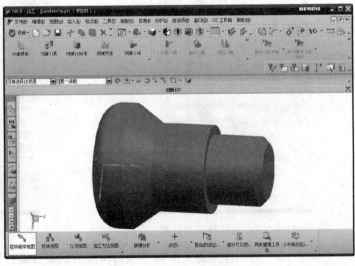

图 11-7　初始化后的界面

步骤 02　创建刀具。

❶ 单击"刀片"工具栏中的 （创建刀具）按钮，系统弹出如图 11-8 所示的"创建刀具"对话框。

❷ 创建粗加工外圆车刀。在"类型"下拉列表框中选择"turning"，在"刀具子类型"中单击 （OD_55_L）按钮，在"名称"文本框中输入 OD_55_L，其他参数保持默认设置；单击"确定"按钮，弹出"车刀-标准"对话框，在"长度"文本框中输入 7.5，其他参数保持默认设置，如图 11-9 所示，单击"确定"按钮完成刀具的创建。

步骤 03　创建"铣削几何体"。

❶ 在"工序导航器"工具栏中单击 （几何视图）按钮，单击屏幕右侧的 （工序导航器）按钮，打开"工序导航器-几何"窗口。

❷ 在"工序导航器-几何"窗口中双击"WORKPIECE"节点，弹出如图 11-10 所示的"工件"对话框。

图 11-8　"创建刀具"对话框　　图 11-9　"车刀-标准"对话框　　图 11-10　"工件"对话框

❸ 创建"部件几何体"。单击"工件"对话框中的 （指定部件）按钮，弹出如图 11-11 所示的"部件几何体"对话框，在图形区中选择实体模型作为部件，单击 确定 按钮，完成"部件几何体"的创建，返回"工件"对话框。

❹ 创建"毛坯几何体"。单击"工件"对话框中的 （指定毛坯）按钮，弹出如图 11-12 所示的"毛坯几何体"对话框，在"部件导航器"中，右键单击"圆柱"，在弹出的快捷菜单中选择"显示"命令，显示圆柱毛坯，在图形区中选择圆柱作为"毛坯几何体"，单击两次 确定 按钮，完成"毛坯几何体"的创建。

图 11-11 "部件几何体"对话框

图 11-12 "毛坯几何体"对话框

 创建"避让几何体"。

❶ 单击"刀片"工具栏中的 ▓（创建几何体）按钮，弹出如图 11-13 所示的"创建几何体"对话框。

技巧提示 或者执行"插入（S）"→"几何体（G）"命令。

❷ 单击"创建几何体"对话框中的 ▓（AVOIDANCE）按钮，并选择其父节点组为"TURNING_WORKPIECE"，输入"名称"为"AVOIDANCE"，然后单击 确定 按钮，将弹出如图 11-14 所示的"避让"对话框。

❸ 在"出发点"选项组的"出发项"下拉列表框中选择"指定"，单击 ▓（点对话框）按钮，弹出"点"对话框，在"输出坐标"选项组中分别输入 XC、YC、ZC 的坐标值为 100、30、0，如图 11-15 所示。

图 11-13 "创建几何体"对话框

图 11-14 "避让"对话框

④ 完成设置后，单击"点"对话框中的"确定"按钮，返回到"避让"对话框，单击对话框中的"确定"按钮，完成"避让几何体"的创建。

步骤 05 创建粗车外圆操作。

❶ 单击"刀片"工具栏中的 （创建工序）按钮，弹出"创建工序"对话框。

❷ 在"工序子类型"中单击 （ROUGH_TURN_OD）按钮，在"程序"下拉列表框中选择父节点组为"PROGRAM"，在"刀具"下拉列表框中选择父节点组为"OD_55_L"，在"几何体"下拉列表框中选择父节点组为"AVOIDANCE"，在"方法"下拉列表框中选择父节点组为"LATHE_ROUGH"，在"名称"文本框中输入 ROUGH_TURN_OD，如图 11-16 所示。

图 11-15　"点"对话框

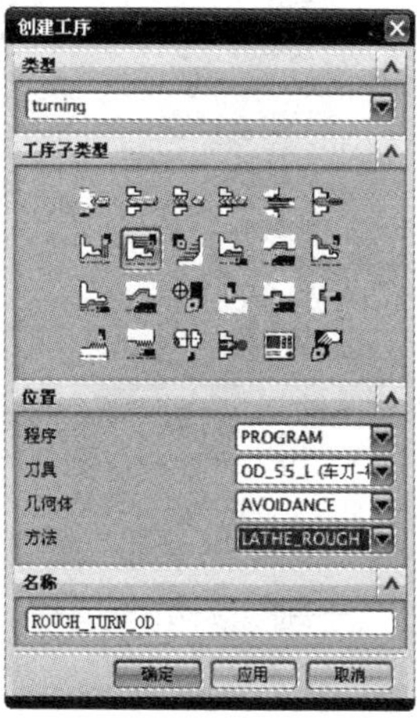

图 11-16　"创建工序"对话框

❸ 单击 确定 按钮，弹出如图 11-17 所示的"粗车 OD"对话框。

❹ 在"粗车 OD"对话框中单击"切削区域"后的 （编辑）按钮，系统将弹出如图 11-18所示的"切削区域"对话框。

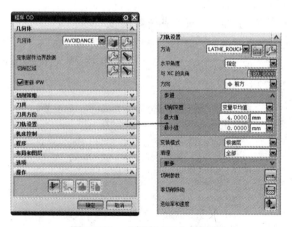

图 11-17　"粗车 OD"对话框

图 11-18　选择修剪平面

❺ 在"径向修剪平面 1"选项组的"限制选项"下拉列表框中选择"点"，在图形区中选择零件右端面的控制点，如图 11-19 所示。

❻ 单击 确定 按钮，返回"粗车 OD"对话框，单击"切削区域"后的 📐（显示）按钮，高亮显示切削区域，如图 11-20 所示。

图 11-19 "切削区域"对话框

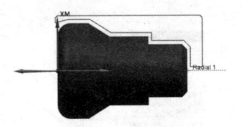

图 11-20 切削区域

❼ 在"切削策略"选项组的"策略"下拉列表框中选择 ☰ 单向线性切削，设置走刀模式平行于轴线的单向运动；在"步距"选项组的"切削深度"下拉列表框中选择"变量平均值"，在"最大值"和"最小值"文本框中分别输入 4 和 0；在"变换模式"下拉列表框中选择"根据层"；在"清理"下拉列表框中选择"全部"。

❽ 在对话框中单击 📇（切削参数）按钮，系统弹出"切削参数"对话框，单击 余量 选项卡，在"粗加工余量"选项组下的"恒定"文本框中输入 0，在"面"文本框中输入 0.4，在"径向"文本框中输入 0.6，其他参数保持默认设置，如图 11-21 所示，单击 确定 按钮，完成切削参数的设置，返回"粗车 OD"对话框。

❾ 在"粗车 OD"对话框中单击 🔲（非切削移动）按钮，系统弹出 "非切削移动"对话框。在"进刀"选项卡的"轮廓加工"选项组中，选择"进刀类型"为"线性"，在"角度"文本框中输入 180，在"长度"文本框中输入 5，在"延伸距离"文本框中输入 3，其他参数保持默认值，如图 11-22 所示。

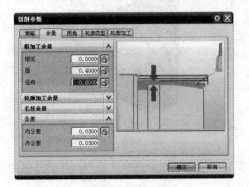

图 11-21 设置余量参数

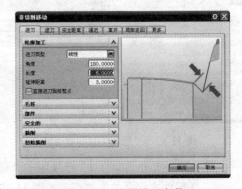

图 11-22 设置进刀参数

⓾ 单击"粗车 OD"对话框中的 ![] （进给率和速度）按钮，系统弹出"进给率和速度"对话框。在"主轴转速"的"输出模式"下拉列表框中选择 RPM，选中"主轴速度"复选框，并在其后的文本框中输入 600；在"切削"文本框中输入"0.3"，单位选择 mmpr，其他参数保持默认设置，如图 11-23 所示，单击 确定 按钮；设置完"粗车 OD"对话框中的所有参数后，单击"操作"选项组中的 ![] （生成）按钮，生成粗加工刀具路径，如图 11-24 所示。

图 11-23　设置"进给率和速度"

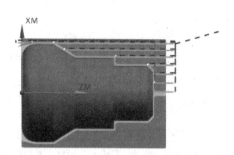

图 11-24　粗车刀具路径

11.2　创建车削操作的准备工作

在NX中创建车削加工操作之前，一般先要进行一些辅助准备工作，包括选择加工方法、创建加工坐标系、创建毛坯、创建加工截面等。

11.2.1　设置车削加工截面

在创建车削操作时，常采用截面进行加工，在车削加工之前应该定义截面，在建立加工截面和毛坯截面时，需要设置好坐标系。

在主菜单上执行"工具（T）"→"车加工横截面（N）"命令，或者按Ctrl+Alt+X组合键，系统弹出如图 11-25 所示的"车加工横截面"对话框，在该对话框中可以选择截面类型，设置截面几何体、旋转轴、投影平面、截面位置等。

1. 截面类型

截面类型包括简单截面和复杂截面两种。

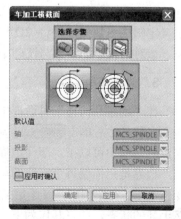

图 11-25　"车加工横截面"对话框

2．选择步骤

选择步骤中共包括 4 个按钮，它们随着所选择的截面类型的改变而处于可用或不可用状态。

- （体）：用于设置截面的几何体，可以选择要加工的零件或毛坯。
- （轴）：用于设置截面的旋转轴。
- （投影平面）：用于设置截面的投影平面。
- （剖切平面）：用于设置截面的剖切平面。

11.2.2　创建车削加工几何体

与铣削加工类似，车削加工中也需要定义几何体，包括加工坐标系、工件和毛坯、部件几何体、切削区域、避让几何体等。"车削几何体"可以在创建加工操作前创建，也可以在加工操作对话框中创建。

单击"刀片"工具栏上的 （创建几何体）按钮，系统将弹出"创建几何体"对话框。

"创建几何体"对话框中包括 6 个图标，分别可以创建加工坐标系、工件几何体、车削工件、车削部件、空间范围和避让几何体。

1．创建加工坐标系

车削加工坐标系将决定主轴中心线和程序零点，以及刀轨中刀位置的输出坐标。在确定车削的加工坐标系时，加工坐标轴的方向必须和机床坐标轴的方向一致，坐标系的原点要有利于操作者快速准确地对刀。通常，X轴的原点定义在零件的回转中心上，Y轴或Z轴的原点定义与零件在机床上装夹的位置有关，应该根据实际情况来确定。

2．创建工件

在"创建几何体"对话框中单击 （WORKPIECE）按钮，并选择其父节点，输入名称，然后单击 确定 或 应用 按钮，系统将弹出如图 11-26 所示的"工件"对话框，在该对话框中可以定义部件、毛坯和检查几何体。可以选择实体作为"部件"或"毛坯几何体"，软件会自动获取 2D形状，用于车加工操作，以及定义定制成员数据，并将 2D形状投影到车床工作平面，用于编程。该对话框中的设置与铣削中的设置基本相同。

图 11-26　"工件"对话框

3．创建车削工件

在"创建几何体"对话框中单击 （TURNING_WORKPIECE）按钮，并选择其父节点，输入名称，然后单击 确定 或 应用 按钮，系统将弹出如图 11-27 所示的"车削工件"对话框，在该对话框中可以指定部件边界和毛坯边界。

边界是指描绘每个部件的单独几何体的直线。如果选择了边界，那么它们的参数将被切削操作继承。在车削中，应该定义所需的所有边界，至少要定义部件边界和毛坯边界。系统会记忆毛坯的状态，并将其作为下一步操作的输入。

在车削操作中，当选择中心线一侧的边界时，系统将自动穿过中心线镜像此形状以表示整个部件。车削模块支持中心线下面的特征选择，并跟踪相对于中心线的特征位置，应用于中心线下方选定特征的操作将以正确的方位显示，如图 11-28 所示。

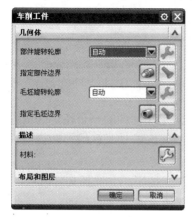

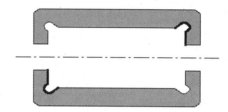

图 11-27　"车削工件"对话框　　　　　　图 11-28　车削中心线下方所选的特征

（1）部件边界

在"车削工件"对话框中单击（选择或编辑部件边界）按钮，系统将弹出如图 11-29 所示的"部件边界"对话框，部件边界的设置方法与铣削中部件边界的定义方法相同，可参考相应章节，在此不再进行复述。

（2）毛坯边界

在"车削工件"对话框中单击（选择或编辑毛坯边界）按钮，系统将弹出如图 11-30 所示的"选择毛坯"对话框，可以看到该对话框当铣削毛坯边界的选择对话框明显不同，这是由车削毛坯特点决定的。

图 11-29　"部件边界"对话框　　　　　　图 11-30　"选择毛坯"对话框

4．创建车削部件

车削部件通过设置部件边界来定义车削零件几何。在"创建几何体"对话框中单击 （TURNING_PART）按钮，并选择其父节点，输入名称，然后单击 确定 或 应用 按钮，系统将弹出如图 11-31 所示的"车削部件"对话框，通过该对话框可以指定部件边界。

图 11-31 "车削部件"对话框

5．定义空间范围

空间范围类似于铣削中的切削区域，用于将加工操作限定在部件的一个特定区域内，切削区域也可以在后面的切削操作对话框中设置。空间范围设置可影响切削区域自动检测，以防止系统在指定的限制区域之外进行加工操作。

单击"创建几何体"对话框中的 （CONTAINMENT）按钮，并选择其父节点，输入名称，然后单击 确定 或 应用 按钮，系统将弹出如图 11-32 所示的"空间范围"对话框。可以通过径向或轴向的修剪平面、修剪点和修剪角度等定义空间范围。

6．定义"避让几何体"

"避让几何体"用于指定、激活或取消用于在刀轨之前或之后进行非切削运动的几何体，以避免与部件或夹具相碰撞。

单击"创建几何体"对话框中的 （AVOIDANCE）按钮，并选择其父节点，输入名称，然后单击 确定 或 应用 按钮，系统将弹出如图 11-33 所示的"避让"对话框。在该对话框中可以设置"出发点""逼近""离开""运动到回零点""径向安全平面"等，各点意义如图 11-34 所示。

图 11-32 "空间范围"对话框

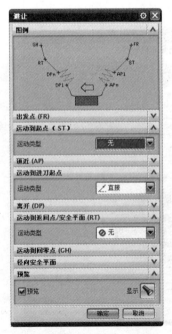

图 11-33 "避让"对话框

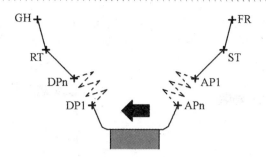

图 11-34　避让图例

"避让"对话框中各选项含义如表 11-2 所示。

表 11-2　"避让"对话框各选项含义

选项	描述
出发点（FR）	在一段新的刀轨起始处定义初始刀具位置。它不仅引起刀具移动，并可输出 FROM 命令作为刀轨中的第一个条目。任何其他后处理命令都在 FROM 命令之后。出发点是所有后续刀具移动的参考点。如果不指定"出发点"，那么在 CL 文件中，第一个转折点就被指定为出发点
运动到起点	指定移动到起始点时刀具运动的类型
起点（ST）	定义刀具定位在刀轨启动顺序中的位置，系统可以用刀轨启动顺序避让几何体或夹具组件。起点将在 FROM 和后处理命令之后，在第一个逼近移动之前，按快速进给速度输出一个 GOTO 命令
逼近刀轨（AP1...APn）	指定在起始点和进刀运动开始之间可选的系列运动
运动到进刀起点	指定移动到进刀运动起始位置时，刀具的运动类型。可以选择使刀具逼近刀轨（反向）作为离开刀轨
离开刀轨（DP1...DPn）	指定在退刀运动结束位置和返回点之间可选的系列运动
运动到返回点/安全平面	指定移动到返回点或安全平面时刀具的运动类型
返回点（RT）	定义完成离开移动后，刀具所移动到的点。在最后的离开刀轨运动后，返回点将以快速进给率输出一个 GOTO 命令
运动到回零点	指定移动到回零点时刀具的运动类型
回零点（GH）	定义最终的刀具位置。经常使用"出发点"作为这个位置。输出 GOHOME 命令作为刀轨中的最终条目。后处理器总是将 GOHOME 命令解释为快速移动（即后处理之后输出 G00）

11.2.3　车削加工方法

在车削模块中，可以使用系统默认的加工方法，也可以根据需要创建自己的加工方法。

将操作导航器切换到加工方法视图，可以查看系统默认加工方法及创建的加工方法，系统共有 6 种默认加工方法，分别是中心线车加工（LATHE_CENTERLINE）、粗车（LATHE_ROUGH）、精车（LATHE_FINISH）、车槽（LATHE_GROOVE）、车螺纹（LATHE_THREAD）和辅助车加工（LATHE_CENTERLINE），如图 11-35 所示。

在加工环境中，单击"加工创建"工具栏中的 （创建方法）按钮，或者在主菜单上选择"插入（S）"→"方法（M）"命令，系统将会弹出如图 11-36 所示的"创建方法"对话框，通过该对话框可以创建新的加工方法，其设置方法与铣削加工方法的创建基本相同。

图 11-35　操作导航器-加工方法视图　　　　图 11-36　"创建方法"对话框

11.3　粗加工

粗车操作是车削加工的第一道工序，用于切除毛坯的主要余量。粗加工功能包含了用于去除大量材料的许多切削技术。

在"创建"工具栏中单击 （创建工序）按钮，系统弹出如图 11-37 所示的"创建工序"对话框，选择"类型"为"平面铣"，即turning，选择一种粗加工工序子类型，此处单击 （ROUGH_TURN_OD）按钮，指定操作所在的程序组、所使用的刀具、几何体与加工方法父节点组，填写操作名称，单击 确定 或 应用 按钮，系统将弹出"粗车OD"对话框。

11.3.1　切削区域

切削区域用于检测仍需切削的剩余材料。它们表示在考虑到刀片形状和方位、余量和偏置值、空间范围、层/步长及切削角等所有操作参数后，刀具实际可切削的最大面积，如图 11-38 所示。

图 11-37　"创建工序"对话框

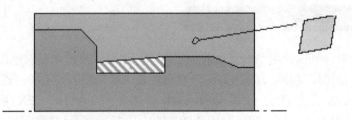

图 11-38　车削切削区域

在"粗车OD"对话框中单击"切削区域"后的按钮，系统将弹出如图 11-39 所示的"切削区域"对话框。该对话框与"空间范围"对话框相似，但并不完全相同，主要是增加了"自动检测"选项，下面只对该选项进行说明，其他选项可参考"空间范围"中的相应选项。

"自动检测"选项可设置的参数包括"最小面积""延伸模式""起始偏置""终止偏置""起始角度"和"终止角度"，最后 4 个参数只用在非相切延伸模式下。

1．最小面积

"最小面积"用于控制系统对极小的切削区域产生不必要的切削运动。它就像一个切削区域过滤器，如果切削区域的面积小于指定的值，在该区域内将不产生刀具路径。如图 11-40 所示，指定最小面积值①恰好介于面积②和③之间，因为区域③的面积小于输入值，系统不会对其进行切削。

2．延伸模式

"延伸模式"包括"指定"和"相切"的两个选项。如果选择"相切的"选项，系统将在边界的起点/终点处沿切线方向延伸边界，使其与处理中的形状相连；如果选择"指定"选项，将激活"起始偏置"/"终止偏置"和"起始角度"/"终止角度"，通过它们设置切削区域。

图 11-39　"切削区域"对话框

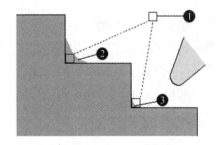

图 11-40　最小面积

3．起始偏置/终止偏置

"起始偏置"/"终止偏置"仅适用于开放部件边界和未设置空间范围的边界。如果工件几何体没有接触到毛坯边界，那么系统将车削特征与处理中的工件连接起来。

如果车削特征没有与处理中的工件的边界相交，那么系统将通过在"部件几何体"和"毛坯几何体"之间添加边界段来自动将切削区域补充完整。默认情况下，从起点到毛坯边界的直线与切削方向平行，而终点与毛坯边界间的直线与切削方向垂直。

输入"起始偏置"会导致起点沿着与切削方向垂直的方向移动。输入"终止偏置"会导致终点沿着与切削方向平行的方向移动。对于"起始偏置"和"终止偏置",输入正值会使切削区域增大,输入负值会使切削区域减小。

4.起始角度/终止角度

与"起始偏置"/"终止偏置"一样,"起始角度"/"终止角度"仅适用于开放部件边界和未设置空间范围的边界。

可以使用"起始角度"和"终止角度"选项修改切削区域。如果希望修改切削区域的角度,而不是使切削区域与切削方向平行或垂直,那么可以输入这些参数值。正值将增大切削面积,而负值将减小切削面积。系统将相对于起点/终点与毛坯边界之间的连线来测量这些角度。

11.3.2 切削策略

1.切削策略类型

在车削粗加工操作中,切削策略决定了用于加工区域的刀位轨迹模式,共有 10 种,分别为 ≣ 单向线性切削、≣ 线性往复切削、≥ 倾斜单向切削、≥ 倾斜往复切削、≣ 单向轮廓切削、≣ 轮廓往复切削、┰ 单向插削、▦ 往复插削、┰ 交替插削 和 ▦ 交替插削(余留塔台)。

2.线性切削

线性切削包括单向线性切削和线性往复切削,它们的共同特点是各层切削方向相同,均平行于前一个层切削。

3.斜切削

斜切削包括倾斜单向切削和倾斜往复切削,斜切削可使切削过程中从刀路起点到刀路终点的切削深度有所不同。这将沿刀片边界连续移动刀片切削边界上的临界应力点位置,从而分散应力和热,延长刀片的寿命。

选择斜切削将激活"倾斜模式""多个倾斜图样""最大倾斜长度"等选项。

（1）斜切削模式
"斜切削模式"选项可用于指定倾斜切削策略的基本规则。

（2）多个倾斜图样
"多个倾斜图样"只有倾斜模式选择"每隔一个刀路向外"或"每隔一个刀路向内"选项时才可用。它包括"仅向外倾斜"和"向外/内倾斜"两个选项,根据倾斜模式的不同选择所代表的意义也有所不同。

（3）最大倾斜长度
"最大倾斜长度"将粗切削分为多个倾斜段。输入的最大倾斜深度不能超过对应深度层的粗切削总距离,如果输入的值大于切削区间的总长度,系统将返回指定的斜切模式。

4. 轮廓切削

轮廓切削包括单向轮廓切削和轮廓往复切削，在粗加工中选择轮廓切削模式时，刀具将逐渐逼近部件的轮廓。在这种方式下，刀具每次均沿着一组等距曲线中的一条曲线运动，而最后一次的刀路曲线将与部件的轮廓重合。

5. 插削

插削包括单向插削、往复插削、交替插削和交替插削（余留塔台），插削常用于切槽加工。

11.3.3　层角度

层角度用于定义单独层切削的方位，此方位可由系统在线性粗加工操作中计算得出。层角度从零件轴线按逆时针方向测量，它可定义粗加工线性切削的方位和方向。为了方便起见，箭头方向表示实际选择的切削方向，如图 11-41 所示。

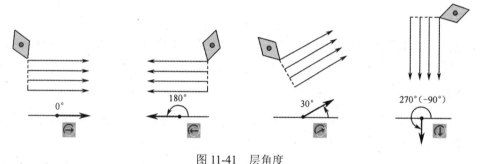

图 11-41　层角度

11.3.4　切削深度

"切削深度"选项可以指定粗加工操作中各刀路的切削深度。该值可以是用户指定的固定值，或者是系统根据指定的最小值和最大值而计算出的可变值。系统在计算的或指定的深度生成所有非轮廓加工刀路，在此深度或小于此深度位置生成轮廓加工刀路。

"切削深度"下拉式列表框中包括"恒定""多个""级别（层）数""变量平均值"和"变量最大值"5 个选项，下面将分别进行说明。

1. 恒定

选择该选项，切削深度将设置为恒定值，加工中每层都按照设定的深度进行加工，如果最后一层深度小于指定深度值，将按实际余下的材料深度值进行加工。

2. 多个

选择"多个"选项，如图 11-42 所示。可定义一系列不同的切削深度值，在同一行中，指定多少刀路数就执行多少次上面的一系列切削深度值，如图 11-43 所示。最多可以指定 10 个不同的切削深度值。

图 11-42　"多个"选项

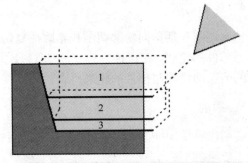

图 11-43　"多个"策略切削深度

如果在执行所有指定的层切削之前，根据粗加工余量和清理设置去除了所有材料，则系统将只忽略列表中剩余的不必要的切削。如果线性粗加工完成了"单个的切削深度"对话框中输入的刀路数，且附加刀路数为"0"，则系统将在上一个输入的"增量"（切削深度）处继续切削，直至去除所有材料。

3．级别（层）数

"级别（层）数"策略通过指定粗加工操作的层数，生成等深切削。对于这种切削深度策略，可以将层数输入到层数编辑字段，该字段代替了深度编辑字段。

4．变量平均值

利用变量平均值方式，可以输入一个最小和最大切削深度。系统根据不切削大于指定的最大深度值或小于指定的最小深度值的原则，计算所需最小刀路数。

5．变量最大值

如果选择"变量最大值"，可以指定一个最大和最小切削深度。系统将确定区域，尽可能多地在指定的最大深度值处进行切削，然后一次切削各独立区域中大于或等于指定的最小深度值的余料。

11.3.5　变换模式

变换模式决定使用哪一序列将切削变换区域中的材料移除，即这一切削区域中部件边界的凹部。"变换模式"下拉列表框中包括"根据层""反置""最接近""以后切削"和"省略"5 个选项。

1．根据层

如果选择这种变换模式，每层按给定的切削深度进行加工，当加工到凹形时，先加工靠近起点的凹形区域，如图 11-44 所示。

2．反置

当采用"反置"变换模式时，则按照与"根据层"模式相对的模式切削反向，即每层按给定的切削深度进行加工，当加工到凹形时，最后加工靠近起点的凹形区域，如图 11-45 所示。

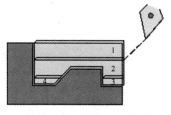

图 11-44　"根据层"模式

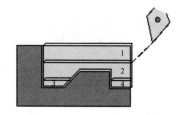

图 11-45　"反置"模式

3．最接近

系统默认先加工靠近当前刀具位置的凹形。如果系统总是选择下一次对距离当前刀具位置最近的凹形进行切削，则"最接近"选项在结合使用往复切削策略时非常有用。对于特别复杂的部件边界，采用这种方式可以减少刀轨，因而可以节省相当多的加工时间。

4．以后切削

系统默认先加工靠近当前刀具位置的凹形，如图 11-46 所示。仅在对遇到的第一个凹形进行完整深度切削时，对更低凹形的粗切削才能执行。初始切削时完全忽略其他的颈状区域，仅在进行完开始的切削之后才对其进行加工。这一原则可递归应用于之后在同一切削区间遇到的所有凹形。

5．省略

该选项不切削在第一个凹形之后遇到的任何颈状的区域，如图 11-47 所示。

11.3.6　清理

在车削粗加工中，为进行下一运动而从轮廓中提起刀具，往往使得轮廓中存在残余高度或阶梯，如图 11-48 所示。"清理"选项通过一系列切除梯级的切削来改善这种状况。"清理"选项对所有粗加工策略均可用，该选项决定一个粗切削完成之后刀具遇到轮廓元素时如何继续刀轨行进。

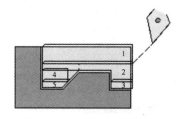

图 11-46　"以后切削"模式

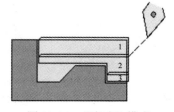

图 11-47　"省略"模式

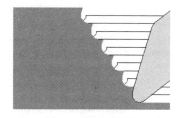

图 11-48　粗车材料残余

"清理"下拉列表框中包括"全部""进陡峭的""除陡峭的所有""仅层""除层以外所有""仅向下""每个变换区域"等选项。

317

11.3.7 切削参数

在车削操作中，"切削参数"是每种操作共有的选项，其中某些选项会随着操作类型的不同和切削方法的不同而有所不同。单击"粗车OD"对话框中的（切削参数）按钮，系统弹出如图11-49所示的"切削参数"对话框。"切削参数"对话框中包括"策略""余量""拐角""轮廓类型"和"轮廓加工"5个选项卡，每个选项卡下面又有具体的参数需要设置，下面分别进行介绍。

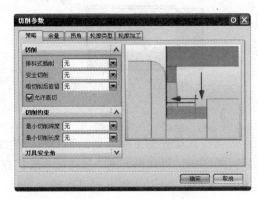

图 11-49 "切削参数"对话框

1. 策略

"策略"选项卡用于定义车削中最常用的或主要的参数，可设置的参数有"切削""切削约束"和"刀具安全角"3个选项组。

（1）切削

"切削"选项组主要包括"排料式插削""粗切削后驻留""允许底切"等选项。

（2）切削约束

"切削约束"用于设置径向和轴向的"最小切削深度"。对于不同的车削操作，意义也有所不同。线性和轮廓粗加工中的最小深度参数将切削限制为小于指定的值。粗插加工中的"最小深度"选项可限制步距时的插削与前一插削不会太近。

（3）刀具安全角

"刀具安全角"包括如图11-50所示的"首先切削边角"和如图11-51所示的"最后切削边角"，它们作为保护角起到保护作用，在计算粗加工、精加工中生成所有车刀类型的免过切刀轨时，需要考虑这些角。设置的安全角不同，会导致加工后材料残余量不同。

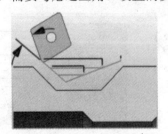

图 11-50 首先切削边角

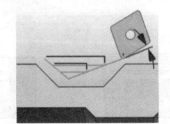

图 11-51 最后切削边角

2. 余量

"余量"选项卡用于设置完成当前操作后的材料剩余量和加工的容差参数。在"切削参数"对话框中单击 余量 选项卡，如图11-52所示，在该对话框中可以设置"粗加工余量""轮廓加工余量""毛坯余量""内/外公差"等，各种余量的含义如图11-53所示。

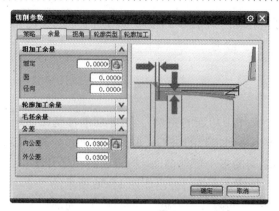

图 11-52　"余量"选项卡

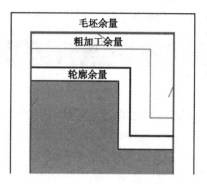

图 11-53　余量

3．拐角

在"切削参数"对话框中单击 拐角 选项卡，如图 11-54 所示，它主要用于常规拐角和浅角处的刀轨形状控制。常规拐角可以是法向角或表面角。浅角是指具有大于给定最小角度（且小于 180°）角的凸角。

4．轮廓类型

在"切削参数"对话框中单击 轮廓类型 选项卡，如图 11-55 所示，在该选项卡中，可定义由系统进行特殊处理的一些轮廓元素类型。轮廓类型允许指定由面、直径、陡峭区域或层区域表示的特征轮廓情况。

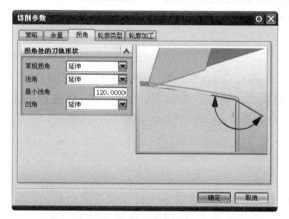

图 11-54　"拐角"选项卡

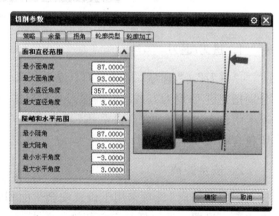

图 11-55　"轮廓类型"选项卡

它们定义每个类别的最小和最大角，这些角度分别定义了一个圆锥，它可以过滤切矢小于最大角且大于最小角的所有线段，并将这些线段分别划分到各自的轮廓类型中。类似地，根据切矢的起始/终点对圆弧段进行了分析。

5．轮廓加工

当系统进行多次粗切削后，"轮廓加工"可清理部件表面。与清理不同的是，轮廓加工将沿着整个部件边界或边界的一部分进行清理。首先进行整个切削区域或当前加工的各凹形切削的所有粗切削操作,然后才是轮廓加工操作。由于轮廓加工中提供的策略与精加工中的策略相同,因此只有在粗加工中才提供轮廓加工功能。

11.3.8 非切削移动

非切削移动用于控制将多个刀轨段连接为一个操作中相连的完整刀轨。非切削移动在切削运动之前、之后和之间定位刀具。非切削移动包括一系列定制的进刀、退刀和移刀(分离、移刀、逼近)运动,这些运动的设计目的是协调刀路之间的多个部件曲面、检查曲面和提升操作。

单击"粗车OD"对话框中的 (非切削移动)按钮,系统将弹出如图 11-56 所示的"非切削移动"对话框,该对话框中包括"进刀""退刀""间隙""逼近""离开""局部返回"和"更多"7 个选项卡,每个选项卡下面又有具体的参数需要设置,下面分别进行介绍。

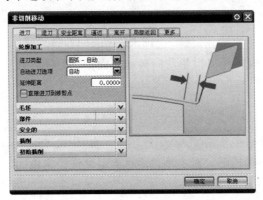

图 11-56 "非切削移动"对话框

1. 进刀/退刀

"进刀"/"退刀"可确定刀具逼近和离开工件的刀具运动方式。在NX中可以对每种走刀分别指定进刀/退刀方式,以确保刀具和部件不被损坏,提高加工效率。"进刀"/"退刀"选项卡中包含"轮廓加工""毛坯""部件""安全的""插削""初始插削"等选项组,它们所包含的选项基本相同。

2. 安全距离

"安全距离"选项卡用于设置安全平面和安全距离。在该选项卡中可以设置径向和轴向安全平面,设置方法包括指定点和输入距离两种。"安全距离"用于输入进退刀的安全距离。

3. 离开/逼近

"离开"/"逼近"选项卡主要用于指定刀具逼近/离开运动的位置和运动类型,设置方法与"避让几何体"中的选项相似。

4. 局部返回

"局部返回"选项卡用于在某一操作中按照选择的频率,定义一个刀具移动到的位置。

11.3.9　进给率和速度

单击"粗车OD"对话框中的（进给率和速度）按钮，系统弹出如图 11-57 所示的"进给率和速度"对话框，进给率是刀具前进时的速率。"进给率和速度"用于设置各种刀具运动类型的移动速度和主轴转速。

"车加工"模块包含大量进给率控制参数，与非切削刀具运动相关的所有进给率参数的默认值为高速进给率，而切削进给参数决定了所有切削运动的默认值。如果为边界或其任意分段定义一个定制进给率，用于精加工或其他轮廓加工，定制的值将会覆盖此处定义的进给率设置。

图 11-57　"进给率和速度"对话框

11.4　精加工

精加工可以使零件达到要求的尺寸精度和表面质量，粗加工要为精加工留有精加工余量。

在"创建工序"对话框中，选择"类型"为"平面铣"，即turning，选择一种精加工工序子类型，此处选择 （FINISH_TURN_OD），指定操作所在的程序组、所使用的刀具、几何体与加工方法父节点组，填写操作名称，单击 确定 或 应用 按钮，系统将弹出"精车OD"对话框。

11.4.1　切削策略

车削精加工切削策略与粗加工中切削参数选项的轮廓加工切削策略相同。

11.4.2　参数设置

"精车OD"对话框的参数中增加了"切削圆角"和"多条刀路"选项，其他选项与"粗车OD"对话框相同，"多条刀路"选项在粗加工中已经进行了介绍，下面仅对"切削圆角"进行说明。

"切削圆角"选项用于指定如何处理圆角半径。在"切削圆角"下拉列表框中包括"带有面""带有直径""拆分"等选项。

11.5　实例进阶——复杂轴车加工

待加工零件模型如图 11-58 所示，毛坯时直径为 40，材料为 45#钢的棒料。模型存在槽、圆弧、中心孔，加工方案可以按照从右至左粗加工各面，从右至左精加工各面，车退刀槽，钻中心孔。最终的加工工艺方案参见表 11-3 所示。

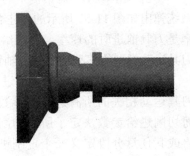

初始文件	下载文件/example/Char11/sjcx.prt
结果文件	下载文件/result/Char11/sjcx-final.prt
视频文件	下载文件/video/Char11/数控车提升.avi

图 11-58　零件模型

表 11-3　数控加工工艺

序号	加工模板	刀具	刀具名称
1	ROUGH_TURN_OD	外圆车刀	OD_80_L
2	FINISH_TURN_ON	外圆车刀	OD_35_L
3	GROOVE_OD	切断刀	OD_GROOVE_L
4	CENTERLINE_DRILLING	钻刀	DRILLING_D2.5

11.5.1　粗加工

首先需对零件进行粗加工操作，包括创建刀具、创建几何体、创建工序、刀轨验证等。

步骤 01 打开文件，进入加工环境。

❶ 执行"开始"→"所有程序"→UG NX 8.0→NX 8.0 命令，进入 NX 8.0 软件。

❷ 执行"文件"→"打开"命令，或者单击"标准"工具栏中的 📂（打开）按钮，弹出"打开"对话框。

❸ 根据初始文件路径选择文件 sjcx.prt，然后单击 OK 按钮打开文件，进入 NX 8.0 初始界面。

❹ 执行"开始"→"加工"命令，系统弹出"加工环境"对话框，如图 11-59 所示。

❺ 在"加工环境"对话框的"CAM 会话设置"选项组中选择 cam_general，在"要创建的 CAM 设置"选项组中选择 turning，单击 确定 按钮，完成加工环境的初始化工作，进入加工模块界面。

步骤 02 创建刀具。

❶ 在"刀片"工具栏中单击 🔧 按钮，或者执行"插入"→"刀具"命令，系统弹出如图 11-60 所示的"创建刀具"对话框。

❷ 创建粗加工外圆车刀。在"类型"下拉列表框中选择"turning"，在"刀具子类型"中单击 🔧（OD_55_L）按钮，在"名称"文本框中输入"OD_80_L"，其他参数保持默认设置，单击 确定 按钮，系统弹出如图 11-61 所示的"车刀-标准"对话框。

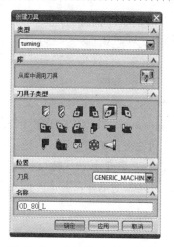

图 11-59　"加工环境"对话框　　　图 11-60　"创建刀具"对话框　　　图 11-61　"车刀-标准"对话框

❸ 在"车刀-标准"对话框中单击"刀具"选项卡，在"长度"文本框中输入"7.5"，其他参数保持默认设置，如图 11-62 所示。单击 确定 按钮，返回到"创建刀具"对话框，完成粗加工外圆刀具的创建。

❹ 创建精加工外圆刀具。在"创建刀具"对话框的"刀具子类型"中单击 ⬛（OD_55_L）按钮，在"名称"文本框中输入 OD_35_L，单击 确定 按钮，如图 11-63 所示。

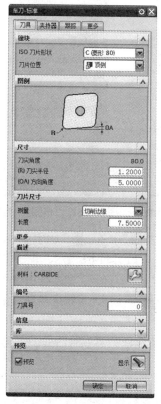

图 11-62　粗车刀具参数设置

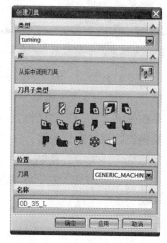

图 11-63　"创建刀具"对话框

❺ 系统弹出"车刀-标准"对话框，单击"刀具"选项卡，在"镶块"选项组下的"ISO
刀片形状"下拉列表框中选择"V（菱形 35）"，在"长度"文本框中输入"7.5"，
其他参数保持默认设置，如图 11-64 所示。单击 确定 按钮，系统返回"创建刀具"对
话框，完成精加工外圆刀具的创建。

❻ 创建外圆切槽车刀。在"创建刀具"对话框的"刀具子类型"中单击 （OD_GROOVE_L）
按钮，在"名称"文本框中输入"OD_GROOVE_L"，如图 11-65 所示，单击 确定 按钮。

❼ 系统弹出"槽刀-标准"对话框，单击"刀具"选项卡，在"尺寸"选项组下的"（IW）
刀片宽度"文本框中输入 4，其他参数保持默认设置，如图 11-66 所示。单击 确定 按
钮，系统返回到"创建刀具"对话框，完成外圆切槽车刀的创建。

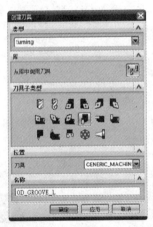

图 11-64　精加工外圆刀具参数设置　　图 11-65　"创建刀具"对话框　　图 11-66　"槽刀-标准"对话框

❽ 创建中心孔钻刀。在"创建刀具"对话框的"刀具子类型"中单击 （DRILLING_TOOL）
按钮，在"名称"文本框中输入"DRILLING_D2.5"，如图 11-67 所示，单击 确定 按钮。

❾ 系统弹出"钻刀"对话框，在"尺寸"选项组下"（D）直径"文本框中输入"2.5"，
其他参数保持默认设置，如图 11-68 所示。单击 确定 按钮，系统返回到"创建刀具"
对话框，完成中心孔钻刀的创建。

❿ 单击"创建刀具"对话框中的 取消 按钮，退出"创建刀具"对话框，完成零件加工
所需刀具的创建。

步骤 03　创建"铣削几何体"。

❶ 单击屏幕右侧的"部件导航器"按钮 ，打开"部件导航器"对话框，取消"简单孔（5）"
和"拉伸（9）"，隐藏图形部件中的孔。

❷ 单击屏幕右侧的"操作导航器"按钮 🖢,打开"操作导航器-程序顺序"对话框,在对话框中单击鼠标右键,在弹出的快捷菜单中选择 🖢 (几何视图)命令,如图 11-69 所示。

图 11-67　"创建刀具"对话框

图 11-68　钻刀刀具参数

图 11-69　选择"几何视图"命令

❸ 在"操作导航器-几何"对话框中双击"WORKPIECE"节点,弹出如图 11-70 所示的"工件"对话框。

❹ 设置"部件几何体"。单击"工件"对话框中"几何体"选项组下的"指定部件"按钮 🖢,系统弹出"部件几何体"对话框,如图 11-71 所示。

❺ 在图形区中选择实体模型作为部件,单击 确定 按钮,完成"部件几何体"的选择,如图 11-72 所示。

❻ 设置"毛坯几何体"。单击"工件"对话框中"几何体"选项组下的"指定毛坯"按钮 🖢,系统弹出"毛坯几何体"对话框,如图 11-73 所示。

图 11-70　"工件"对话框

图 11-71　"部件几何体"对话框

图 11-72　"部件几何体"设置完成

❼ 单击屏幕右侧的"部件导航器"按钮 🖢,打开"部件导航器"对话框,右键单击"圆柱",在弹出的快捷菜单中选择"显示"命令,显示圆柱毛坯。

❽ 在图形区中选择圆柱作为"毛坯几何体"，单击 确定 按钮，完成"毛坯几何体"的创建，如图 11-74 所示。系统返回"工件"对话框，单击 确定 按钮，完成"部件几何体"和"毛坯几何体"的创建。

图 11-73　"毛坯几何体"对话框

图 11-74　"毛坯几何体"设置完成

步骤 04　创建"避让几何体"。

❶ 单击"刀片"工具栏中的 按钮，弹出如图 11-75 所示的"创建几何体"对话框。

❷ 在"创建几何体"对话框的"类型"下拉列表框中选择"turning"，在"几何体子类型"中单击"AVOIDANCE" 按钮，在"位置"选项组下的"几何体"下拉列表框中选择"TURNING_WORKPIECE"，在"名称"文本框中输入"AVOIDANCE"，单击 确定 按钮，如图 11-76 所示。

❸ 系统弹出"避让"对话框，如图 11-77 所示。

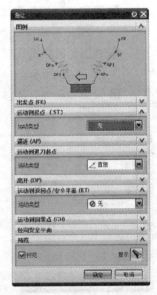

图 11-75　"创建几何体"对话框

图 11-76　"创建几何体"对话框

图 11-77　"避让"对话框

在"避让"对话框中展开"出发点（FR）"选项组，在"点选项"下拉列表框中选择"指定"，然后单击"点对话框"按钮 ，如图 11-78 所示。

❹ 在图形区中任意位置单击，弹出如图 11-79 所示的"坐标输入"对话框，在"坐标输入"对话框中分别输入 X、Y、Z 的坐标值为 100、50、0，按 Enter 键完成坐标值的输入，如图 11-80 所示。

图 11-78 "避让"对话框 "出发点"的设置

图 11-79 "坐标输入"对话框

图 11-80 出发点坐标设置

❺ 在"运动到起点（ST）"选项组下的"运动类型"下拉列表框中选择"轴向→径向"，在"点选项"下拉列表框中选择"点"，单击"点对话框" ⊞ 按钮，在"坐标输入"对话框中分别输入 X、Y、Z 的坐标值为 70、30、0，按 Enter 键完成坐标值的输入。

❻ 展开"运动到回零点（GH）"选项组，在"运动类型"下拉列表框中选择"径向→轴向"，在"点选项"下拉列表框中选择"与起点相同"，如图 11-81 所示。

❼ 单击 确定 按钮，完成"避让几何体"的创建。

步骤 05 创建粗车外圆刀具。

❶ 单击"刀片"工具栏中的"创建工序" ⊮ 按钮，弹出"创建工序"对话框。

❷ 在"创建工序"对话框中的"类型"下拉列表中选择"turning"，在"操作子类型"中单击 🔣（ROUGH_TURN_OD）按钮，在"程序"下拉列表框中选择父节点组为"PROGRAM"，在"刀具"下拉列表框中选择父节点组为"OD_80_L（车刀标准）"，在"几何体"下拉列表框中选择父节点组为"AVOIDANCE"，在"方法"下拉列表框中选择父节点组为"LATHE_ROUGH"，在"名称"文本框中输入"ROUGH_TURN_OD"，如图 11-82 所示。

❸ 单击 确定 按钮，系统弹出"粗车 OD"对话框。

❹ 在"粗车 OD"对话框中单击"切削区域"右侧的"编辑"按钮 🖾，弹出如图 11-83 所示的"切削区域"对话框。

图 11-81 "运动到回零点"设置

图 11-82 "创建工序"对话框

图 11-83 "切削区域"对话框

❺ 在"切削区域"对话框中"径向修剪平面 1"
选项组下的"限制选项"下拉列表框中选择
"指",在图形区中选择零件右端面的控制
点,如图 11-84 所示。

❻ 单击 确定 按钮,返回"粗车 OD"对话框,
完成切削区域的设置,可以通过单击"切削
区域"右侧的 ▼ 按钮查看设置的切削区域。

❼ 在"切削策略"选项组下的"策略"下拉列
表框中选择" ⫣ 单向线性切削",设置走刀模式
平行于轴线的单向运动。

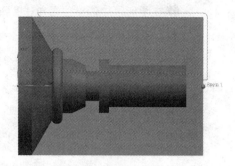

图 11-84　选择修剪平面

❽ 在"刀轨设置"选项组下的"水平角度"下拉列表框中选择"指定",在"从 XC 的
角度"文本框中输入"180",在"方向"下拉列表框中选择"前方"。

❾ 在"布进"下的"切削深度"下拉列表框中选择"变量平均值",在"最大值"和"最
小值"文本框中分别输入 4 和 0。

❿ 在"变化模式"下拉列表框中选择"根据层",在"清理"下拉列表框中选择"全部",
如图 11-85 所示。

⓫ 设置切削参数。在"粗车 OD"对话框中单击"切削参数" ▦ 按钮,弹出"切削参数"
对话框。

⓬ 在"策略"选项卡下,取消"允许底切"复选框,其余参数保持默认设置,如图 11-86
所示。

图 11-85　"粗车 OD"对话框中的设置

⓭ 单击"余量"选项卡,在"粗加工余量"选项组下的"恒定"文本框中输入"0",在
"面"文本框中输入"0.5",在"径向"文本框中输入"0.7",其余参数保持默认设
置,如图 11-87 所示。

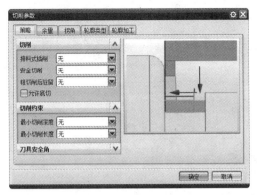

图 11-86　设置策略参数

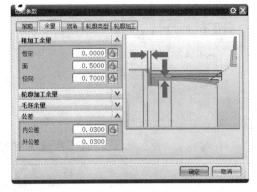

图 11-87　设置余量参数

⑭ 单击 确定 按钮完成切削参数的设置，返回"粗车 OD"对话框。

⑮ 设置进刀参数。在"粗车 OD"对话框中单击"非切削移动" 按钮，系统弹出"非切削移动"对话框。

⑯ 在"进刀"选项卡下，在"轮廓加工"选项组的"进刀类型"下拉列表框中选择"线性"，在"角度"文本框中输入"180"，在"长度"文本框中输入"5"，在"延伸距离"文本框中输入"3"，其余参数保持默认值，如图 11-88 所示。

⑰ 设定进给参数。在"粗车 OD"对话框中单击"进给率和速度" 按钮，弹出"进给率和速度"对话框。

⑱ 在"主轴速度"选项组中的"输出模式"下拉列表框中选择"RPM"，选中"主轴速度"复选框，并在右侧文本框中输入 600。

⑲ 在"进给率"选项组下的"切削"文本框中输入"0.3"，单位选择 mmpr，其他参数保持默认设置，如图 11-89 所示。

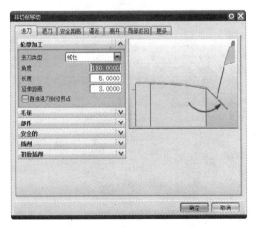

图 11-88　"非切削移动"对话框

图 11-89　设置进给率

⑳ 单击 确定 按钮，系统返回"粗车 OD"对话框。

㉑ 在"粗车 OD"对话框中单击 按钮，弹出"刀轨生成"对话框，生成刀具路径，如图 11-90 所示。

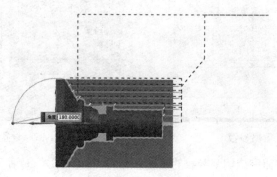

图 11-90　粗车刀具路径

步骤 06　刀具轨迹验证及动画。

❶ 在"粗车 OD"对话框中单击"操作"选项组中的"确认"按钮 ，弹出"刀轨可视化"对话框，如图 11-91 所示。

❷ 在"刀轨可视化"对话框中单击"3D 动态"选项卡，单击"播放"按钮 ，可进行 3D 动态刀具切削过程模拟，如图 11-92 所示。

❸ 单击 确定 按钮，系统返回"粗车 OD"对话框，然后单击 确定 按钮，完成粗车加工的操作。

图 11-91　"刀轨可视化"对话框

图 11-92　"3D 动态"选项卡

11.5.2 精加工

本节以上一节零件完成粗加工后为基础，创建零件的精加工操作。

步骤 01 创建精车外圆操作。

❶ 单击"刀片"工具栏中的"创建工序"按钮，系统弹出"创建工序"对话框。

❷ 在"创建工序"对话框中的"类型"下拉列表框中选择"turning"，在"工序子类型"中单击（FINISH_TURN_ON）按钮，在"程序"下拉列表框中选择父节点组为"PROGRAM"，在"刀具"下拉列表框中选择父节点组为"OD_35_L（车刀-标准）"，在"几何体"下拉列表框中选择父节点组为"AVOIDANCE"，在"方法"下拉列表框中选择父节点组为"LATHE_FINISH"，在"名称"文本框中输入"FINISH_TURN_OD"，如图 11-93 所示。

❸ 单击 确定 按钮，弹出"精车 OD"对话框，如图 11-94 所示。

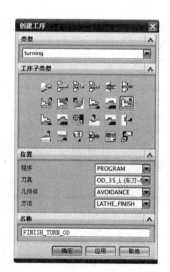

图 11-93 "创建工序"对话框

图 11-94 "精车 OD"对话框

❹ 在"切削策略"选项组下的"策略"下拉列表框中选择" 全部精加工 "，如图 11-95 所示，对全部面进行精加工。

❺ 在"刀轨设置"选项组下的"水平角度"下拉列表框中选择"指定"，在"与 XC 的夹角"文本框中输入"180"，在"方向"下拉列表框中选择"前方"，其余参数设置如图 11-96 所示。

图 11-95 "切削策略"选项组设置

图 11-96 "刀轨设置"选项组设置

❻ 设置切削参数。在"精车 OD"对话框中单击"刀轨设置"选项组下的"切削参数" ▣ 按钮，弹出如图 11-97 所示的"切削参数"对话框。

❼ 在"切削参数"对话框中的"策略"选项卡，取消"允许底切"复选框，其余参数保持默认设置，如图 11-98 所示。

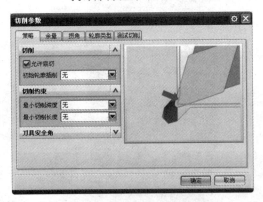

图 11-97 "切削参数"对话框

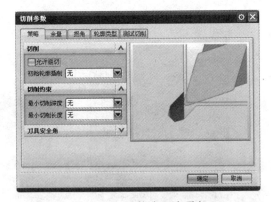

图 11-98 "策略"选项卡

❽ 在"切削参数"对话框中单击"余量"选项卡，在"精加工余量"选项组下的"面"文本框中输入"0"，在"径向"文本框中输入"0"，其余参数保持默认设置，如图 11-99 所示。

❾ 单击 确定 按钮，完成切削参数的设置。系统返回"精车 OD"对话框。

❿ 设置非切削移动参数。在"精车 OD"对话框中单击"刀轨设置"选项组下的"非切削移动" ▣ 按钮，弹出"非切削移动"对话框，进行非切削移动参数的设置。

⓫ 在"非切削移动"对话框中单击"进刀"选项卡，在"轮廓加工"选项组下的"进刀类型"下拉列表框中选择"圆弧-自动"，其他参数保持默认设置，如图 11-100 所示。

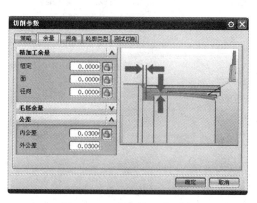

图 11-99　"余量"选项卡　　　　　　　　图 11-100　"非切削移动"对话框

⑫ 单击 确定 按钮，完成非切削移动参数的设置。系统返回"精车 OD"对话框。

⑬ 设置进给参数。在"精车 OD"对话框中单击"刀轨设置"选项组下的"进给率和速度"
按钮，弹出"进给率和速度"对话框，进行进给参数的设置。

⑭ 在"主轴速度"选项组下的"输出模式"下拉列表框中选择"RPM"，选中"主轴速
度"复选框，并在右侧的文本框中输入"1000"，如图 11-101 所示。

⑮ 在"进给率"选项组下的"切削"下拉列表框中选择"mmpm"，并在右侧的文本框中
输入"100"，如图 11-102 所示。

图 11-101　"主轴速度"选项组设置　　　　　图 11-102　"进给率"选项组设置

⑯ 单击 确定 按钮，完成进给参数的设置，系统返回"精车 OD"对话框。

⑰ 在"精车 OD"对话框中单击（操作）按钮，弹出"刀轨生成"对话框，生成刀具
路径，如图 11-103 所示。

步骤 02 刀具轨迹验证及动画。

❶ 在"精车 OD"对话框中，单击"操作"选项组中的"确认"按钮，弹出"刀轨可视
化"对话框，如图 11-104 所示。

❷ 在"刀轨可视化"对话框中单击"3D 动态"选项卡，单击"播放"按钮，可进行
3D 动态刀具切削过程模拟，如图 11-105 所示。

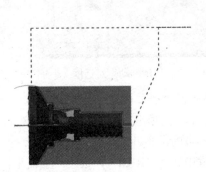

图 11-103　精车刀具路径　　　图 11-104　"刀轨可视化"对话框　　　图 11-105　"3D 动态"选项卡

❸ 单击 确定 按钮，系统返回"精车 OD"对话框，然后单击 确定 按钮，完成精车加工的操作。

11.5.3　车退刀槽

本小节以前面两小节中零件完成粗加工、精加工之后为基础，创建零件model2.prt的车槽操作。

步骤 01　创建车槽操作。

❶ 单击"刀片"工具栏中的"创建工序"按钮 ，弹出"创建工序"对话框。

❷ 在"创建工序"对话框中的"类型"下拉列表框中选择 turning，在"工序子类型"中单击 （GROOVE_OD）按钮，在"程序"下拉列表框中选择父节点组为"PROGRAM"，在"刀具"下拉列表框中选择父节点组为"OD_GROOVE_L（槽刀-标准）"，在"几何体"下拉列表框中选择父节点组为"AVOIDANCE"，在"方法"下拉列表框中选择父节点组为"LATHE_FINISH"，在"名称"文本框中输入"GROOVE_OD"，如图 11-106 所示。

❸ 单击 确定 按钮，系统弹出如图 11-107 所示的"在外径开槽"对话框。

❹ 在"在外径开槽"对话框中单击"切削区域"右侧的"编辑" 按钮，弹出如图 11-108所示的"切削区域"对话框。

❺ 在"切削区域"对话框中"轴向修剪平面 1"选项组下的"限制选项"下拉列表框中选择"距离"，在文本框中输入"20"。

❻ 在"切削区域"对话框中"轴向修剪平面 2"选项组下的"限制选项"下拉列表框中选择"距离"，在文本框中输入"24"，如图 11-109 所示。

图 11-106　"创建工序"对话框

图 11-107　"在外径开槽"对话框

图 11-108　"切削区域"对话框

图 11-109　"切削区域"设置

❼ 单击 确定 按钮，完成切削区域的设置，系统返回"在外径开槽"对话框。单击"切削区域"右侧的 按钮，可显示切削区域。

如果发现切削区域不正确，可重新单击"编辑"按钮 设置切削区域。

❽ 在"在外径开槽"对话框中"切削策略"选项组下的"策略"下拉列表框中选择" 单向插削"走刀方式，如图 11-110 所示。

❾ 在"在外径开槽"对话框中"步进"选项组下的"步距"下拉列表框中选择"恒定"，在"距离"文本框中输入"1"，单位选择"mm"，如图 11-111 所示。

图 11-110 "切削策略"选项组设置

图 11-111 "步进"设置

❿ 在"清理"下拉列表框中选择"无"，无须清理。

⓫ 设置进给参数。在"在外径开槽"对话框中单击"刀轨设置"选项组下的"进给率和速度"按钮，弹出"进给率和速度"对话框，进行进给参数的设置。

⓬ 在"进给率和速度"对话框中"主轴速度"选项组下的"输出模式"下拉列表框中选择"RPM"，选中"主轴速度"复选框，并在右侧的文本框中输入"500"，如图 11-112 所示。

⓭ 在"进给率和速度"对话框中"进给率"选项组下的"切削"下拉列表框中选择"mmpm"，并在右侧的文本框中输入"100"，如图 11-113 所示。

图 11-112 "主轴速度"选项组设置

图 11-113 "进给率"选项组设置

⑭ 单击 确定 按钮，完成进给参数的设定，系统返回"在外径开槽"对话框。

⑮ 在"在外径开槽"对话框中单击 按钮，弹出"刀轨生成"对话框，生成刀具路径，如图 11-114 所示。

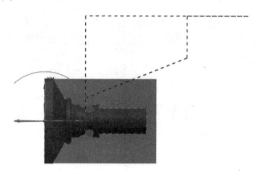

图 11-114　车槽刀具路径

步骤 02　刀具轨迹验证及动画。

❶ 在"在外径开槽"对话框中单击"操作"选项组中的"确认"按钮，弹出"刀轨可视化"对话框，如图 11-115 所示。

❷ 在"刀轨可视化"对话框中单击"3D 动态"选项卡，单击"播放"按钮 ，可进行 3D 动态刀具切削过程模拟，如图 11-116 所示。

❸ 单击 确定 按钮，系统返回"在外径开槽"对话框，然后单击 确定 按钮，完成车槽操作。

图 11-115　"刀轨可视化"对话框

图 11-116　"3D 动态"选项卡

11.6　本章小结

本章详细讲解车削操作的基本知识，分别介绍了粗车和精车的相关参数设置，包括几何体、切削策略、切削参数、非切削移动等，最后结合实例讲解了车削粗加工、车削精加工和车槽的应用及创建工序的一般步骤。

11.7　习　题

一、填空题

1．车削一般在车床上进行，用于加工工件的_____、端面、_____、_____和螺纹等。车削加工在制造行业中是使用最广泛的一种。

2．车削加工时，工件做回转运动，刀具做_____或_____，刀尖相对于工件运动的同时，切除毛坯材料形成相应的工件表面。工件的_____为切削主运动，刀具的运动为进给运动。

3．精加工可以使零件达到要求的_____和表_____，粗加工要为精加工留有精加工余量。

4．在车削模块中，NX 8.0 提供了 6 种默认加工方法，分别是中心线车加工、_____、精车、_____、车螺纹和_____。

二、上机操作

根据路径下载文件/example/Char11/xitiche.prt，打开如图 11-117 所示的轴类零件，请进行车削加工创建操作。

图 11-117　上机习题视图

第 12 章　点位数控加工

点位加工是数控加工中的常见操作，主要包括钻孔、攻丝、镗孔、扩孔、点焊、铆接等操作。本章主要介绍NX 8.0 点位加工技术的基本知识、技术要点、参数设置，并且通过一个实例导引读者入门。

学习目标：

- 学习点位加工的基础知识
- 掌握点位加工几何体设置方法
- 掌握点位加工循环控制方法
- 掌握点位加工参数设置方法

12.1　点位加工基础知识

虽然点位加工的加工路径比较简单，但编程时往往需要考虑冷却问题及排屑等问题，NX中提供的各种操作模板，大大简化了编程步骤。

12.1.1　点位加工的特点

点位加工主要指刀具运动由三部分组成的加工操作：首先刀具快速定位到加工位置上，然后切入工件，最后完成切削后退回。典型的点位加工操作刀轨如图12-1 所示。

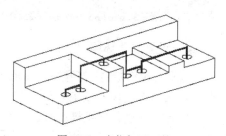

图 12-1　点位加工刀轨

在机械加工中，根据孔的结构和技术要求的不同，可采用不同的加工方法，这些方法归纳起来可以分为两类：一类是对实体工件进行孔加工，即从实体上加工出孔；另一类是对已有的孔进行半精加工和精加工。

对于精度要求不太高的非配合孔，一般是采用钻削加工在实体工件上直接把孔钻出来；对于精度要求高的配合孔，则需要在钻孔的基础上根据被加工孔的精度和表面质量要求，采用铰削、镗削、磨削等精加工的方法作进一步加工。

孔加工是对零件内表面的加工，对加工过程的观察、控制困难，加工难度要比外圆表面等开放型表面的加工大得多。在孔加工中，必须解决好由于加工中的冷却、排屑、刚性导向和速度等问题。

在NX中，系统生成的刀轨信息可以导出，以便创建一个"刀具位置源文件"（CLSF）。通过使用"图形后处理器模块"（GPM），CLSF 可与大多数控制器和机床组合兼容，但必须确保由 NX 生成的循环命令语句对所使用的后处理器和机床组合有效。

12.1.2　点位加工的基本概念

1．操作安全点

在点位加工中，操作安全点是指每个切削运动的起始位置和终止位置，也是一些辅助运动，如进刀和退刀、快速移刀和避让等的起始位置和终止位置。

操作安全点一般直接位于每个刀位置点（CL点）之上，即垂直于部件表面，或者不垂直于部件表面但沿刀轴方向的一个点。操作安全点到部件表面之间的距离就是刀具离开部件表面之上的最小安全距离。如果不指定最小安全距离，操作安全点将位于部件表面。

2．加工循环

在点位加工中，不同的加工方式适用于不同类型的孔加工，如普通钻孔、攻螺纹和深孔加工等。这些加工方式有些属于连续加工，有些属于断续加工，它们的刀具切削运动过程不同。为了满足不同类型的孔的加工要求，NX在点位加工中提供了多种循环类型来控制刀具运动，相同类型的孔可以在同一循环类型中加工。

3．循环参数组

对于相同类型且直径相同的孔，其加工方式虽然相同，但由于孔的深度不同，或者加工精度不同，也要求采用不同的进给速度进行加工。因此，在同一循环类型中，需要采用不同的参数加工各组加工深度不同或是进给速度不同的孔。在NX点位加工中，通过在同一循环中指定不同的循环参数组来实现这一功能。

12.1.3　创建点位加工操作

1．设置加工环境

首先在NX软件中打开待加工的零件模型，在主界面中执行"开始"→"加工（N）"命令，进入加工模块。

零件首次进入加工模块时，系统会弹出如图 12-2 所示的"加工环境"对话框。在创建点位加工操作时选择"drill"，单击 确定 按钮，系统根据指定的加工配置，调用相应的模板和相关数据库进行加工环境的初始化工作。

2．创建父节点组

加工环境初始化完成后，首先要创建程序、刀具、几何体与加工方法父节点组。

3．创建点位加工操作

在"创建"工具栏中单击 （创建工序）按钮，系统弹出如图 12-3 所示的"创建工序"对话框，选择"类型"为"drill"，再选择工序子类型。

图 12-2 "加工环境"对话框

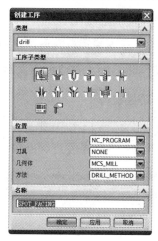

图 12-3 "创建工序"对话框

点位加工类型中共有 13 种工序子类型，每一个按钮代表一种子类型，单击不同的按钮，所弹出的对话框也会有所不同，完成的功能也会不同。各子类型的说明如表 12-1 所示。

表 12-1 点位加工工序子类型

图标	英文	中文	说明
	SPOT_FACING	扩孔	用铣刀在零件表面上扩孔
	SPOT_DRILLING	中心钻	用中心钻钻定位孔
	DRILLING	钻孔	普通钻孔
	PEAK-DRILLING	啄孔	类似啄木鸟啄食的钻孔
	BREAKCHIP_DRILLING	断屑钻	断屑钻孔
	BORING	镗孔	用镗刀将孔直径镗大
	REAMING	铰孔	用铰刀将孔直径铰大
	COUNTERBORING	沉孔	沉孔锪平
	COUNTERSINKING	倒角沉孔	钻锥形沉头孔
	TAPPING	攻螺纹	用丝锥攻螺纹
	THREAD_MILLING	铣螺纹	在铣床上铣螺纹
	MILL_CONTROL	机床控制	创建机床控制事件，添加后处理命令
	MILL_USER	自定义方式	自定义参数建立操作

4．选择或创建父节点组

在"创建工序"对话框中选择完加工类型和子类型后，需要指定操作所在的程序组、所使用的刀具、几何体与加工方法父节点组。在"创建工序"对话框中单击 确定 按钮，系统将弹出与所选择的加工模板相应的对话框。

5．设置参数

在"点位加工"对话框中根据加工要求设置参数，主要包括"循环参数""安全距离""孔深偏置""进给和速度"等。

6. 生成点位加工操作

设置完"点位加工"对话框中的所有参数后，可以单击 按钮来生成刀轨。单击 按钮，将关闭"点位加工"对话框，接受所生成的刀轨。

7. 刀具路径检验

对生成的刀轨，为了检验其是否满足需要，可以通过单击 按钮来检查刀具路径。检验时可以从不同角度进行回放，或者进行可视化的刀轨检验。

12.1.4 入门实例——圆盘孔加工

UG CAM模块钻孔操作可加工通孔、盲孔、中心孔、沉孔等，它们和镗孔、铰孔、攻螺纹一起，都属于点位加工范畴，一个孔的加工过程就是一个点位循环，重复此动作直至完成所有孔系加工任务。

本实例讲解的是一个具有多种孔系的零件，最后加工出的零件如图 12-4 所示。具体加工方案如表 12-2 所示。

初始文件	下载文件/example/Char12/ypk.prt
结果文件	下载文件/result/Char12/ypk-final.prt
视频文件	下载文件/video/Char12/圆盘孔数控.avi

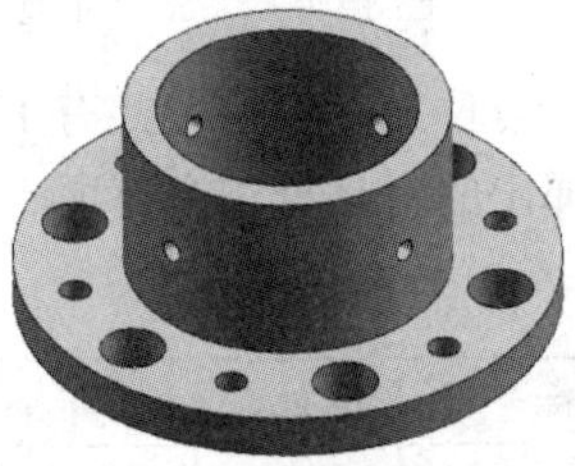

图 12-4　加工成型后的零件图

表 12-2　数控加工工艺

序号	加工模板	刀具	刀具名称
1	DRILLING	钻刀	TOOL-30
2	DRILLING	钻刀	TOOL-15
3	DRILLING	钻刀	TOOL-10

步骤 01 进入加工环境，设置加工坐标系。

❶ 选择"开始"→"所有程序"→UG NX 8.0→NX 8.0 命令，进入 NX 8.0 软件启动界面。

❷ 选择"文件"→"打开"命令，或者单击 按钮，系统弹出"打开"对话框。

❸ 在对话框中选择文件"chapter13\model13-1.prt"，然后单击 OK 按钮打开文件，进入 NX 8.0 初始界面。

❹ 选择"开始"→"加工"命令，弹出"加工环境"对话框。

❺ 在"加工环境"对话框的"CAM 会话设置"选项组中选择"cam_general"，在"要创建的 CAM 设置"选项组中选择"drill"，如图 12-5 所示，单击 按钮，进入加工环境。

❻ 单击"工序导航器"工具栏中的 按钮，切换工序导航器至几何视图。

❼ 双击"MCS_MILL"，弹出如图 12-6 所示的 Mill Orient 对话框。在"机床坐标系"选项组下的"指定 MCS"下拉列表框中选择 ；在"安全设置"选项组下的"安全设置选项"下拉列表框中选择"自动平面"，设置"安全距离"为"10"，单击"确定"按钮，完成加工坐标系和安全平面的设置。

图 12-5　"加工环境"对话框

图 12-6　Mill Orient 对话框

步骤 02 创建刀具。

❶ 在"刀片"工具栏中单击"创建刀具"按钮 ，弹出"创建刀具"对话框。

❷ 在"创建刀具"对话框的"类型"下拉列表框中选择"drill"，在"刀具子类型"中单击 "DRILLING_TOOL"按钮，在"名称"文本框中输入刀具名称为"Tool-30"，其他参数保持默认值，单击 确定 按钮，如图 12-7 所示。

❸ 系统弹出"钻刀"对话框，在刀具"直径"文本框中输入"30"，其余参数保持不变，如图 12-8 所示，单击 确定 按钮，完成钻刀的创建。

图 12-7　"创建刀具"对话框

图 12-8　"钻刀"对话框

❹ 按照上述步骤创建第二把刀具。将"名称"设置为"Tool-15","直径"设置为"15","刀具号"设置为"2",其他参数为默认,单击"确定"按钮,完成第二把刀具的创建,如图 12-9 所示。

❺ 创建第三把刀具。将"名称"设置为"Tool-10","直径"设置为"10";"刀具号"设置为"3",其他参数为默认,单击"确定"按钮,完成第三把刀具的创建,如图 12-10 所示。

图 12-9　Tool-15 刀具参数

图 12-10　Tool-10 刀具参数

步骤 03 创建"工件几何体"和"毛坯几何体"。

❶ 双击几何视图中的"WORKPIECE"选项,弹出如图 12-11 所示的"工件"对话框。单击"指定部件"右侧的 按钮,弹出"部件几何体"对话框,在绘图区中选择模型,单击"确定"按钮,如图 12-12 所示。

图 12-11　"工件"对话框

图 12-12 选择绘图区中的模型

❷ 单击"指定毛坯"  按钮，弹出"毛坯几何体"对话框，如图 12-13 所示；在"类型"下拉列表框中选择"部件的偏置"，设置"偏置"为"5"，如图 12-14 所示。

图 12-13　"毛坯几何体"对话框 　　　　　　　　 图 12-14　"毛坯几何体"设置

❸ 单击 确定 按钮，完成"毛坯几何体"的设置。返回"工件"对话框，单击 确定 按钮，完成"工件几何体"及"毛坯几何体"的设置。

步骤 04　创建 ϕ30 钻孔加工。

❶ 在"刀片"工具栏中单击 ⯐（创建工序）按钮，弹出"创建工序"对话框。

❷ 在"创建工序"对话框的"类型"下拉列表框中选择"drill"，在"工序子类型"中单击"DRILLING"按钮，在"程序"下拉列表框中选择"PROGRAM"，在"刀具"下拉列表框中选择"TOOL-30（钻刀）"，在"几何体"下拉列表框中选择"WORKPIECE"，在"方法"下拉列表框中选择"DRILL_METHOD"，在"名称"文本框中输入"t30"，然后单击 确定 按钮，如图 12-15 所示。

❸ 弹出"钻"对话框，如图 12-16 所示。单击"几何体"选项组中的 ⬨（指定孔）按钮，弹出如图 12-17 所示的"点到点几何体"对话框。

  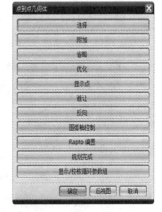

图 12-15　"创建工序"对话框 　　 图 12-16　"钻"对话框 　　 图 12-17　"点到点几何体"对话框

❹ 单击"选择"按钮，弹出如图 12-18 所示的对话框，按照顺序选择 6 个直径为 30 的孔，完成后单击"选择结束"按钮返回如图 12-19 所示的"点到点几何体"对话框，可见 6 个孔已经被编排了序号。单击"规划完成"按钮返回"钻"对话框。

图 12-18　依次选择加工孔

图 12-19　孔系编号

❺ 单击"几何体"选项组中的"指定顶面"按钮,弹出"顶面"对话框,选择如图 12-20 所示的高亮表面,单击"确定"按钮返回"钻"对话框。

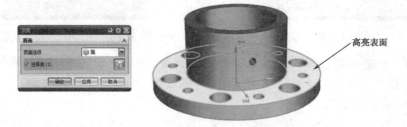

图 12-20　"顶面"对话框

❻ 在"循环类型"选项组的"最小安全距离"文本框中输入 100,单击"进给率和速度"按钮🕏,弹出"进给率和速度"对话框,在"主轴速度"选项组中设置速度为 500,在"切削"文本框中输入 200,如图 12-21 所示。单击"主轴速度"后的"计算器"🔲按钮,系统自动计算"表面速度"为 47,"每齿进给量"为 0.2,单击 确定 按钮,返回"钻"对话框。

❼ 单击🕏(生成)按钮,生成刀具路径,如图 12-22 所示。

❽ 单击🔳(确认)按钮,弹出"刀轨可视化"对话框,如图 12-23 所示。

❾ 在"刀轨可视化"对话框中单击"3D 动态"选项卡,单击"播放"按钮▶,可进行 3D 动态刀具切削过程模拟,如图 12-24 所示。

图 12-21　"进给速率和速度"对话框

图 12-22　生成刀具路径

图 12-23　"刀轨可视化"对话框　　　　　　　图 12-24　"3D 动态"选项卡

步骤 **05** 创建 ϕ15 钻孔加工。

❶ 在"刀片"工具栏中单击 （创建工序）按钮，或者执行"插入"→"工序"命令，
弹出"创建工序"对话框。

❷ 在"创建工序"对话框的"类型"下拉列表框中选择"drill"，在"工序子类型"中单
击 "DRILLING"按钮，在"程序"下拉列表框中选择"PROGRAM"，在"刀具"
下拉列表框中选择"TOOL-15（钻刀）"，在"几何体"下拉列表框中选择"WORKPIECE"，
在"方法"下拉列表框中选择"DEILL_METHOD"，在"名称"文本框中输入"t15"，
然后单击 确定 按钮，如图 12-25 所示。

❸ 弹出"钻"对话框，如图 12-26 所示。单击"几何体"选项组中的 （指定孔）按钮，
弹出如图 12-27 所示的"点到点几何体"对话框。

图 12-25　"创建工序"对话框　　　图 12-26　"钻"对话框　　图 12-27　"点到点几何体"对话框

❹ 单击"选择"按钮，弹出如图 12-28 所示的对话框，按照顺序选择 3 个直径为 15 的孔，
完成后单击"Cycle 参数组-1"按钮，弹出如图 12-29 所示的"参数组"选择对话框，
单击"参数组 2"按钮，选择其余 3 个直径为 15 的孔，完成后单击"选择结束"按钮，
如图 12-30 所示。

图 12-28　单击"Cycle 参数组-1"按钮　　图 12-29　单击"参数组 2"按钮　　图 12-30　选择 3 个 φ15 孔

❺ 弹出如图 12-31（a）所示的"点到点几何体"对话框，可见 3 个孔已经被编排了序号，
单击"规划完成"按钮返回"钻"对话框。

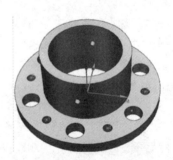

（a）"点到点几何体"对话框　　　　　　　　　　　　　（b）序号

图 12-31　孔系编号

❻ 单击"几何体"选项组中的"指定顶面"按钮，弹出如图 12-32（a）所示的"顶面"
对话框，选择图 12-32（b）所示的高亮表面，单击"确定"按钮返回"钻"对话框。
单击"指定底面"按钮，选择模型底面，单击"确定"按钮，结果如图 12-33 所示。

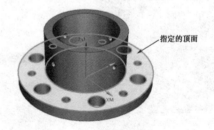

（a）"顶面"对话框　　　　　　　　　　　　　（b）指定的顶面

图 12-32　选择顶面

⑦ 在"循环类型"选项组下的"循环"下拉列表框中选择"标准钻"，弹出如图 12-34
所示的"指定参数组"对话框，可见系统识别为两个参数组。

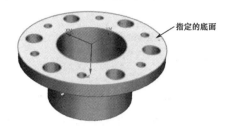

指定的底面

图 12-33　选择底面

图 12-34　"指定参数组"对话框

⑧ 单击"确定"按钮弹出如图 12-35 所示的"Cycle 参数"对话框，单击"进给率（MMPM）
−250.0000"按钮，弹出如图 12-36 所示的"Cycle 进给率"对话框，在"MMPM"文
本框中输入 200，单击"确定"按钮返回"Cycle 参数"对话框。

图 12-35　"Cycle 参数"对话框

图 12-36　"Cycle 进给率"对话框

⑨ 单击"Depth-模型深度"按钮，弹出如图 12-37 所示的"Cycle 深度"对话框，单击"穿
过底面"按钮，单击"确定"按钮返回"Cycle 参数"对话框，再次单击"确定"按钮
返回"钻"对话框。

⑩ 在"循环类型"选项组下的"通过安全距离"文本框中输入"5"，单击"进给率和速
度" 按钮，系统弹出"进给率和速度"对话框，在"主轴速度"选项组中设置速度
为"400"，在"切削"文本框中输入"200"，如图 12-38 所示。单击"主轴速度"后
面的"计算器" 按钮，系统自动计算"表面速度"为 18，"每齿进给量"为 0.25，
单击 确定 按钮，系统返回"钻"对话框。

⑪ 单击"操作"选项组中的 （生成）按钮，生成刀具路径，如图 12-39 所示。

图 12-37　"Cycle 深度"对话框

图 12-38　"进给率和速度"对话框

图 12-39　生成刀具路径

⓬ 单击 （确认）按钮，弹出"刀轨可视化"对话框，如图 12-40 所示。

⓭ 在"刀轨可视化"对话框中单击"3D 动态"选项卡，单击"播放"按钮 ，可进行 3D 动态刀具切削过程模拟，如图 12-41 所示。

图 12-40　"刀轨可视化"对话框

图 12-41　"3D 动态"选项卡

步骤 06　创建 φ10 钻孔加工。

❶ 单击"工序导航器"工具栏中的 （程序顺序视图）按钮，切换"工序导航器"至"程序顺序"视图。在"程序顺序"视图中右击"T15"，在弹出的快捷菜单中选择"复制"命令，然后右击"PROGRAM"，在弹出的快捷菜单中选择"内部粘贴"命令，产生"T15_COPY"，右击 T15_COPY，在弹出的快捷菜单中选择"重命名"命令，输入"T10"。

❷ 双击"T10"，弹出如图 12-42 所示的"钻"对话框，单击"几何体"选项组中的 （指定孔）按钮，弹出如图 12-43 所示的"点到点几何体"对话框。

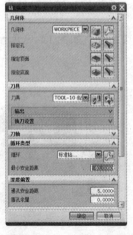

图 12-42　"钻"对话框

图 12-43　"点到点几何体"对话框

❸ 单击"选择"按钮，弹出如图 12-44 所示的对话框，单击"是"按钮，去除已选择的孔。

❹ 打开如图 12-45 所示的对话框，按照顺序选择 4 个平均分布的 ϕ10 的孔，完成后单击"选择结束"按钮。

图 12-44 确认去除已选孔系

（a）弹出的对话框　　　　　　（b）选择的孔

图 12-45 选择加工孔

❺ 打开如图 12-46 所示的"点到点几何体"对话框，可见 4 个孔已经被编排了序号。单击"规划完成"按钮返回"钻"对话框。

（a）"点到点几何体"对话框　　　　　　　　　　　（b）编号

图 12-46 孔系编号

❻ 在"刀具"下拉列表框中选择"TOOL-10"，在"循环类型"选择组下的"循环"下拉列表框中选择"标准钻"，弹出如图 12-47 所示的"指定参数组"对话框，可见系统识别为一个参数组，单击"确定"按钮返回"钻"对话框。

图 12-47 "指定参数组"对话框

❼ 单击"几何体"选项组中的"指定顶面"按钮，弹出如图 12-48（a）所示的"顶面"对话框，选择如图 12-48（b）所示的高亮表面，单击"确定"按钮返回"钻"对话框。

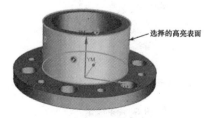

（a）"顶面"对话框　　　　　　　　　（b）选择的表面

图 12-48 选择顶面

❽ 单击"几何体"选项组中的"指定底面"按钮，弹出如图 12-49（a）所示的"底面"
对话框，选择如图 12-49（b）所示的高亮表面，单击"确定"按钮返回"钻"对话框。

（a）"底面"对话框

选择的高亮表面

（b）选择的表面

图 12-49　选择底面

❾ 设置"轴"为"垂直于部件表面"，"最小安全距离"为"40"，"通孔安全距离"
为"5"，如图 12-50 所示。单击 ![生成] （生成）按钮，生成刀具路径，如图 12-51 所示。

图 12-50　刀轴设置

图 12-51　生成刀具路径

❿ 单击 ![确认] （确认）按钮，弹出"刀轨可视化"对话框，如图 12-52 所示。

⓫ 在"刀轨可视化"对话框中单击"3D 动态"选项卡，单击"播放"按钮 ![播放] ，可进行
3D 动态刀具切削过程模拟，如图 12-53 所示。

图 12-52　"刀轨可视化"对话框

图 12-53　"3D 动态"选项卡

12.2　点位加工的几何体

在"创建工序"对话框中选择完加工类型和子类型，并指定操作所在的程序组、所使用的刀具、几何体与加工方法父节点组后，单击 确定 按钮，系统将弹出与所选择的加工模板相应的对话框。如图 12-54 所示为选择工序子类型为普通钻孔时的"钻"对话框，该对话框上部用于设置点位加工的几何体，点位加工的几何体包括"加工位置""部件表面"和"加工底面"等。

12.2.1　设置加工位置

创建点位加工操作，必须要指定加工位置，在如图 12-54 所示的对话框中单击 （指定孔）按钮，系统将弹出如图 12-55 所示的"点到点几何体"对话框，在该对话框中可以指定点位加工的"加工位置""优化刀具路径""指定避让"等。

一般点、片体中的孔、实体中的孔、圆弧或整圆等均可指定为点位加工的加工位置，系统将把这些几何对象的中心作为加工位置点。

图 12-54　"钻"对话框

1．选择加工位置

在"点到点几何体"对话框中单击"选择"按钮，系统将弹出如图 12-56 所示的"选择加工位置"对话框。可以选择"圆柱形孔""圆锥形孔""圆弧"和"点"作为加工位置。选择方法包括使用鼠标直接在图形区中选择，在对话框的"名称"文本框中输入对象名称来选择已命名的对象，或者使用菜单中的任何一个菜单选项进行选择。

图 12-55　"点到点几何体"对话框

图 12-56　"选择加工位置"对话框

选择一个或多个加工位置后，单击对话框中的 确定 按钮接受所选位置。如果想放弃前一次所选择的对象，可以单击 后退 按钮。

2. 附加/省略加工位置

在"点到点几何体"对话框中单击"附加"按钮，系统将弹出"选择加工位置"对话框。可以继续选择加工位置，所选择的加工位置将会添加到先前所选择的加工位置集中，其操作过程与选择加工位置相同。

单击"点到点几何体"对话框中的"省略"按钮，系统将弹出如图 12-57 所示的对话框，可以在图形区中选择欲省略的加工位置，选择完毕后单击 确定 按钮，所选择的加工位置将会从先前所选择的加工位置集中去除，生成刀具路径时，将不再使用已省略的加工位置。

图 12-57　"省略位置"对话框

3. 优化刀具路径

"优化"选项通过安排刀轨中点的顺序，生成刀具运动最快的刀轨，即加工路径最短的刀轨。"优化"还可以将刀轨限定在水平或竖直区域内，以满足其他加工约束条件，如夹具位置、机床行程限制、加工台大小等。"优化"功能将舍弃任何先前定义的避让运动，因此，应在使用优化功能后使用"避让"功能。

单击"点到点几何体"对话框中的"优化"按钮，系统弹出如图 12-58 所示的"优化方法"对话框，该对话框中共提供了 4 种用于点位加工刀具路径的方法。

（1）最短刀轨

"最短刀轨"是根据最短加工时间来对加工位置进行重新排序的优化方法。该方法通常被用作首选方法，尤其是当点的数量很大（多于 30 个点）且需要使用可变刀轴时。但是，与其他优化方法相比，"最短刀轨"方法可能需要更多的处理时间。

在"优化方法"对话框中单击"最短刀轨"按钮，系统弹出如图 12-59 所示的"最短路径优化"对话框，在该对话框中可以选择优化方式为标准或高级优化级别。如果需要用到可变刀轴，可以选择基于先刀轴后距离方法或仅距离方法进行优化，还可以为刀轨选择起点/终点或起始/终止刀轴。刀轨优化完毕后，将显示刀轨总长度和刀轴的总角度变化，单击 确定 或 取消 按钮可以接受或拒绝优化结果。

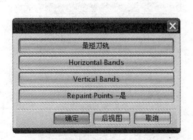

图 12-58　"优化方法"对话框

图 12-59　"最短路径优化"对话框

（2）水平路径优化（Horizontal Bands）

按"水平路径优化"定义一系列水平路径带，以包含和引导刀具沿平行于工作坐标 XC 轴的方向往复运动，每个水平带由一条水平直线定义，系统按照定义顺序来对这些水平带进行排序。

单击"Horizontal Bands"按钮，系统弹出如图 12-60 所示的"水平带"对话框，用于定义水平带的加工位置排序方式，包括"升序"和"降序"。

（3）竖直带优化（Vertical Bands）

"竖直带优化"与"水平带优化"类似，区别只是条带与工作坐标 YC 轴平行，且每个条带中的点根据 YC 坐标进行排序。

（4）重新绘制点（Repaint Points）

"重新绘制点"用于控制每次优化后所有选定点的重新绘制。"重新绘制点"可在"是"和"否"之间切换，将重新绘制点设为"是"后，系统将重新显示每个点的顺序编号。

4. 显示点

"显示点"可以在使用"省略""避让"或"优化"选项后校核刀轨点的选择情况。单击"点到点几何体"对话框中的"显示点"按钮，系统将按新的顺序显示各加工位置的加工顺序号，以便观察进行改动后的加工位置是否正确。

5. 避让

"避让"选项用于指定可越过部件中夹具或障碍的刀具间距。必须定义"起点""终点"和"避让距离"。"避让距离"表示"部件表面"和"刀尖"之间的距离，该距离必须足够大，以便刀具可以越过"起点"和"终点"之间的障碍。

在"点到点几何体"对话框中单击"避让"按钮，系统弹出如图 12-61 所示的对话框，并在提示栏中提示选择"避让"运动的起点，然后选择"避让"运动的终点。选择"避让"运动的起点和终点后，系统会弹出如图 12-62 所示的对话框，提示输入退刀安全距离，包括"安全平面"和"距离"。

图 12-60　"水平带"对话框　图 12-61　"起点和终点选择"对话框　图 12-62　"避让距离"对话框

可以根据需要指定多个避让运动，并且可以更改每个避让运动的安全距离。系统在起点处执行完点到点操作后，沿刀轴向上退刀，退刀后所在的位置与起点之间的距离为指定的"安全距离"。

6. 反向

"反向"将颠倒先前指定的加工顺序。可以使用该功能在相同的一组点上执行连续操作，在第一个操作结束的位置处开始第二个操作。反向将保留避让关系，因此，不需要重新定义避让。

7. 圆弧轴控制

圆弧轴控制先前选定的圆弧和片体孔的轴方向，以确保圆弧轴和孔轴的方位正确。圆弧轴只用于更改片体中圆弧轴和孔轴的方位，实体中的点和孔的圆弧轴是自动定义的。

8．Rapto偏置

该选项可以为每个选定的点、圆弧或孔指定一个Rapto值，在该点处进给率从快速变为切削，该值可正可负。指定负的Rapto值可使刀具从孔中退出至用户指定的安全距离值处，然后再将刀具定位至后续的孔位置处。

9．显示/校核循环参数组

如果存在激活的循环，"点到点几何体"对话框中的"显示/校核循环参数组"选项将处于可用状态，可以显示与每个参数组相关联的点，校核任何可用参数组的循环参数。

12.2.2 定义部件表面

部件表面是刀具进入材料的位置。部件表面可以是一个现有的面，也可以是一个一般平面，如果没有定义部件表面，或已将其取消，那么每个点处隐含的部件表面将是垂直于刀轴且通过该点的平面。

在"钻"对话框中单击 ◈（指定顶面）按钮，系统将弹出如图 12-63 所示的"顶面"对话框，用于选择和显示部件表面，也可用于查看部件表面的相关信息。

该选项用于提供部件表面的选择方法，包括"面""一般平面""ZC平面"和"无"4个选项。

1．面

选择"面"选项后，可以通过在 "面名称"文本框中输入已命名的面名称，或者在图形显示区域中选择一个面来指定一个实体面。

当使用一个平面来定义部件表面时，操作将保持与该平面的关联性。如果该面被删除，部件表面将变为未定义状态。

2．一般平面

"一般平面"选项通过使用"平面构造器"的方法之一定义平面。

3．ZC平面

"ZC平面"选项提供了一种定义垂直于WCS的ZC轴的部件表面平面的快速方法。在"ZC平面="文本框中输入相对于WCS的XC/YC平面的所需距离。

4．无

"无"选项用于移除先前指定的部件表面平面。

12.2.3 设置底面

底面用于定义刀轨的切削下限，如图 12-64 所示。底面可以是一个已有的面，也可以是一个一般平面。单击对话框中的 ◈（指定底面）按钮，系统将弹出"底面"对话框，该对话框与"顶面"对话框基本相同，底面的定义方法可以参考部件表面的定义方法。

图 12-63 "顶面"对话框

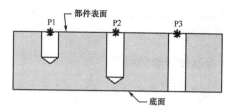

图 12-64 部件表面与底面

12.3 点位加工的循环控制

循环控制包括选择循环类型和设置循环参数，在"钻"对话框中的"循环类型"选项组的"循环"下拉列表框中共有 14 种循环类型可供选择，各种循环的含义如表 12-3 所示。

根据零件要加工的孔类型，选择相应的循环类型，系统将弹出对应的循环参数设置对话框，先设置循环参数组的个数，然后为每个参数组设置相关的循环参数，最后为每个参数组指定加工位置等几何参数。

表 12-3 点位操作循环类型

循环类型	功能
无循环	取消任何已激活的循环
啄钻	在每个选定点处激活一个模拟的啄钻循环
断屑	在每个选定点处激活一个模拟的"断屑"钻孔循环
标准文本	根据指定的 APT 命令语句副词和参数激活一个带有定位运动的 CYCLE/语句
标准钻	在每个选定点处激活一个标准钻循环
标准沉孔钻	在每个选定的加工位置点处激活一个标准沉孔钻循环
标准深孔钻	在每个选定点处激活一个标准深孔钻循环
标准断屑钻	在每个选定点处激活一个标准断屑钻循环
标准攻丝	在每个选定点处激活一个标准攻丝循环
标准镗	在每个选定点处激活一个标准镗循环
标准镗，快退	在每个选定点处激活一个带有非旋转主轴退刀的标准镗循环
标准镗，横向偏置后快退	在每个选定点处激活一个带有主轴停止和定向的标准镗循环
标准背镗	在每个选定点处激活一个标准背镗循环
标准镗，手工退刀	在每个选定点处激活一个带有手动主轴退刀的标准镗循环

12.3.1 循环参数组

循环参数组用于建立先前定义的循环参数组与后续选择的加工位置的关联，在同一循环类型中，为用相同加工参数加工多个具有相同尺寸的孔指定一组参数。在刀具路径中，使用同一参数组的加工位置点，其加工参数相同。若用不同的加工参数加工相同类型和直径的多组孔，可以指定多个循环参数组，在NX系统中至少要定义一个参数组，允许最多指定 5 个循环参数组。

使用循环参数组，可用同一刀具，在各加工位置点用所有循环参数组中设置的参数，加工出满足设计要求的孔。

1. 标准循环参数组

在"钻"对话框中"循环类型"选项组下的"循环"下拉列表框中选择除"啄钻"或"断屑钻"外的一种循环类型后，系统弹出如图 12-65 所示的"指定参数组"对话框，可以在对话框的文本框中输入 1~5 的整数，指定使用的参数组个数。如果在选择加工位置时，已指定了循环参数组，也可以单击"显示循环参数组"按钮，显示所使用各循环参数组的相关加工位置。

在对话框中设置第一个循环参数组中的各参数后，单击 确定 按钮，系统根据指定的循环参数组个数，决定是否设置下一个循环参数组。如果指定的循环参数组个数为 1，则返回"钻"对话框；如果设定的循环参数组个数大于 1，则弹出如图 12-66 所示的对话框，并提示设置第二个循环参数组。可以按参数组顺序逐个定义其他参数组中的相关参数，直到各循环参数组的参数都设置完毕。当设置第二个及其以后的参数组时，可以单击如图 12-67 所示对话框中的"复制上一组参数"按钮，将上一参数组中的参数复制到当前参数组中。

图 12-65　"指定参数组"对话框

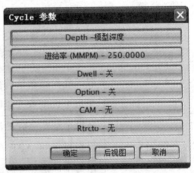

图 12-66　"Cycle 参数"对话框

2. 啄钻、断屑钻循环参数组

在"钻"对话框中"循环类型"选项组下的"循环"下拉列表框中选择"啄钻""断屑钻循环"循环类型后，系统弹出如图 12-68 所示的对话框，在对话框中输入步进安全距离后，单击 确定 按钮，系统弹出"指定参数组"对话框，在文本框中输入循环参数组个数后，单击 确定 按钮，系统弹出"Cycle参数"对话框，其设置方法与标准循环参数相同。

图 12-67　"Cycle 参数"对话框

图 12-68　"安全距离"对话框

12.3.2 设置循环参数

在设置循环参数组时，需要指定各循环参数，包括"进给速度""暂停时间"和"深度增量"等。随着所选择的循环类型的不同，所需要设置的循环参数也有所差别。下面对各循环参数中的主要循环参数设置方法进行说明。

1. 深度

深度是指孔的总深度，即从部件表面到刀尖的距离。除标准沉孔钻循环外，其他所有循环类型都需要设置深度参数。单击"Cycle参数"对话框中的"Depth-模型深度"按钮，系统将弹出如图 12-69 所示的"Cycle深度"对话框，在该对话框中可以选择设置深度的方法。系统共提供了 6 种确定深度的方法，它们的几何意义如图 12-70 所示。

图 12-69 "Cycle 深度"对话框

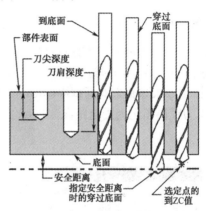

图 12-70 刀具深度类型

2. 进给率

"进给率"选项用于指定点位加工时刀具切削进给速度，各种循环均需要设置进给速度。单击"Cycle参数"对话框中的"进给率"按钮，系统将弹出如图 12-71 所示的"Cycle进给率"对话框。该对话框的文本框中显示了当前进给率，可以输入新的数值定义新的进给速度。单击"切换单位至MMPR"按钮，可以使单位在"毫米每分钟"和"毫米每转"之间相互转换。

3. 暂停时间（Dwell）

"Dwell"表示刀具在到达切削深度后的停留时间，它出现在所有循环类型的循环参数菜单中。如图 12-72 所示为"Cycle Dwell"对话框。

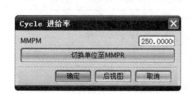

图 12-71 "Cycle 进给率"对话框

图 12-72 "Cycle Dwell"对话框

4. 选项（Option）

该选项的功能取决于后处理器，但通常将激活一个指定循环的备用选项，指定系统在如Cycle语句中是否包含Option关键字。它出现在所有标准循环的循环参数菜单中。单击Option按钮，可以在"开"和"关"之间切换。如果"选项"为"开"，系统将在Cycle语句中包含单词Option。

5. CAM

该选项用于指定CAM值，主要用于没有可编程Z轴的数控机床。单击"CAM"按钮，系统将弹出如图12-73所示的CAM对话框，可以在其文本框中输入数值，单击 确定 按钮即可指定输入的值为CAM值。指定CAM值后，系统将驱动刀具到CAM值停止位置，以便控制刀具的切削深度。

6. Rtrcto

"Rtrcto"用于指定刀具的退刀距离。从部件表面，即沿刀轴测量到刀具指定深度后的退刀目标点之间的距离。该选项出现在除"镗，手工退刀"之外的所有标准循环的循环参数菜单中。

单击"Cycle参数"对话框中的Rtrcto按钮，系统将弹出如图12-74所示的Rtrcto对话框，可以将退刀距离指定为固定距离，也可以指定一个退刀位置，或者选择不使用该选项。

图 12-73　CAM 对话框

图 12-74　Rtrcto 对话框

7. Csink直径

该循环参数选项用于指定沉孔的直径，如图12-75所示，它仅用于标准沉孔钻循环。当在"钻"对话框中"循环类型"选项组下的"循环"下拉列表框中选择"标准钻，埋头孔"循环类型并指定循环组个数后，单击 确定 按钮，系统将弹出如图12-76所示的"Cycle参数"对话框，在该对话框中单击"Csink直径"按钮，系统弹出如图12-77所示的"Csink直径"对话框，在文本框中可以输入沉头孔的直径值。

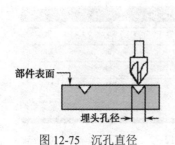

图 12-75　沉孔直径

图 12-76　"Cycle 参数"对话框

8．入口直径

"入口直径"表示在加工埋头孔前现有孔的直径。系统通常使用该参数来计算一个快速定位点，该点位于孔内且在部件表面之下，刀具在钻入孔前先移动到孔中心线之上的一个安全点处。"入口直径"只出现在"标准沉孔钻"循环的循环参数对话框中。

单击"入口直径"按钮，系统将弹出如图 12-78 所示的"入口直径"对话框，在文本框中可以输入沉头孔的入口直径值。

图 12-77　"Csink 直径"对话框

图 12-78　"入口直径"对话框

9．增量（Increment）

该循环参数用于设置相邻两次钻削之间的深度增量距离，它仅用于"啄钻"和"断屑"两种循环的循环参数中。

10．步长（Step值）

"Step值"是指钻孔操作中每个增量要钻削的距离，用于深度逐渐增加的钻孔操作。

12.4　点位加工的参数设置

点位加工是数控加工中的常见操作，主要包括钻孔、攻丝、镗孔、扩孔、点焊、铆接等操作。虽然加工路径较为简单，但编程时往往需要考虑冷却、排屑等问题，NX中提供的各种操作模板，大大简化了编程步骤。

12.4.1　最小安全距离

最小安全距离是指刀具沿刀轴方向离开零件加工表面时的最小距离。指定最小安全距离时，可以在"钻"对话框中的"最小安全距离"文本框中输入最小距离值。

如果没有定义安全平面和"避让几何体"，则用最小安全距离确定刀具在加工每个孔之前接近加工表面的最近距离。系统将根据最小安全距离值确定每个加工位置上的操作安全点位置。通常，在该点处，刀具运动从"快速进给率"或"进刀进给率"变为"切削进给率"，如图 12-79 所示。

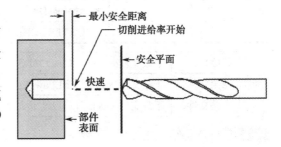

图 12-79　最小安全距离

12.4.2　深度偏置

深度偏置用于指定盲孔底部以上的剩余材料量，以便用于精加工操作，或者指定多于通孔应切除材料的材料量，从而确保打通该孔，如图 12-80 所示。深度偏置包含两个文本框：盲孔余量，应用于盲孔和通孔安全距离，应用于通孔。

如果将"循环参数"中的"深度"选项设为"模型深度"，"深度偏置"将只适用于实体孔，不适用于点、圆弧或片体中的孔。如果将"循环参数"中的"深度"选项设为"到底面"，"盲孔"余量将应用于所有选定的对象，此时必须有一个"底面"处于活动状态。如果将"循环参数"中的"深度"选项设为"穿过底面"，通孔安全距离将应用于所有选定的对象，此时同样要求必须有一个"底面"处于活动状态。

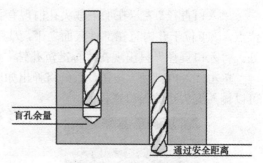

图 12-80　深度偏置

12.5　实例进阶——点位加工

如图 12-81 所示的加工零件中，该零件要求对模型的 5 个孔进行加工，中心孔用于配合，尺寸为 $\phi 8$，表面粗糙度要求达到Ra0.8；周围 4 个孔用于安装固定，为沉头孔，沉头尺寸为 $\phi 12$，孔尺寸为 $\phi 6$，表面粗糙度要求达到Ra12.4。

根据加工要求，首先用中心钻钻 5 个较浅深度的孔，以确定孔的位置，防止钻孔时钻斜，提高孔的垂直度。周围 4 个孔表面粗糙度要求仅为Ra12.4，普通钻孔即可达到要求，先钻孔，然后锪平即可，而由于中心孔表面粗糙度要求达到Ra0.8，需要钻孔后进行铰孔，具体加工方案见表 12-4 所示。

图 12-81　零件模型

表 12-4　数控加工工艺

序号	加工方法	刀具	刀具直径	刀尖角
1	点钻	SPOTDRILLING_D6	6	118
2	钻孔	DRILLING_D6	6	118
3	铰孔	REAMER_D8	8	180
4	锪平	COUNTERBORING_D12	12	0

初始文件	下载文件/example/Char12/dwsj.prt
结果文件	下载文件/result/Char12/dwsj-final.prt
视频文件	下载文件/video/Char12/点位加工升级.avi

步骤 01　打开文件，进入加工环境。

❶ 打开 NX 8.0 软件。选择"文件（F）"→"打开（O）"命令，系统弹出"打开"对话框。

❷ 根据初始文件路径在对话框中选择文件 dwsj.prt，然后单击"OK"按钮打开文件，进入 NX 初始界面。

❸ 执行"开始"→"加工（N）"命令，弹出如图 12-82 所示的"加工环境"对话框。

❹ 在"加工环境"对话框的"CAM 会话配置"选项组中选择"drill"，单击 确定 按钮，系统完成加工环境的初始化工作，进入如图 12-83 所示的加工模块界面。

图 12-82　"加工环境"对话框

图 12-83　加工模块界面

步骤 02 设置加工坐标系。

❶ 在"工序导航器"工具栏中单击 🔩（几何视图）按钮，单击屏幕右侧的 🔧（工序导航器）按钮，打开"工序导航器-几何"窗口。

❷ 双击工序导航器中的 🎇 MCS_MILL ，或者如图 12-84 所示在工序导航器中选中 🎇 MCS_MILL ，然后单击右键，在弹出的快捷菜单中选择"编辑"命令，弹出如图 12-85 所示的 Mill Orient 对话框。

❸ 在 Mill Orient 对话框中单击"指定 MCS"后的 🎇（MCS 对话框）按钮，系统弹出如图 12-86 所示的 CSYS 对话框，在图形区中出现如图 12-87 所示的浮动对话框，在浮动对话框的 X、Y、Z 文本框中分别输入 0、0、20。

❹ 单击 CSYS 对话框中的 确定 按钮，系统返回 Mill Orient 对话框，设置好的加工坐标系如图 12-88 所示。

图 12-84　MCS_MILL 选项

图 12-85　Mill Orient 对话框

步骤 03 设置安全平面。

❶ 在"安全设置"选项组下的"安全设置选项"下拉列表框中选择"平面",如图 12-89 所示。

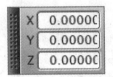

图 12-86　CSYS 对话框　　　　　　　　　　图 12-87　浮动对话框

❷ 单击"指定平面"选项后的 （指定安全平面）按钮，系统弹出"平面"对话框，在图形区中选择凸台上表面，在"偏置"选项组下的"距离"文本框中输入 5，如图 12-90 所示。

❸ 单击两次 确定 按钮，关闭对话框，设置好的安全平面如图 12-91 所示。

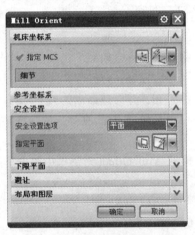

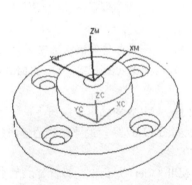

图 12-88　设置好的加工坐标系　　　　　　图 12-89　Mill Orient 对话框

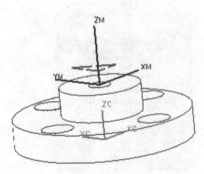

图 12-90　"平面"对话框　　　　　　　　图 12-91　设置好的安全平面

步骤 04　创建刀具。

❶ 单击"刀片"工具栏中的 （创建刀具）按钮，或者执行"插入（S）"→"刀具（T）"命令，系统弹出如图 12-92 所示的"创建刀具"对话框。

❷ 创建 6mm 的中心钻。在"刀具子类型"中单击 （SPOTFACING_TOOL）按钮，在"名称"文本框中输入刀具名称为"SPOTDRILLING_D6"，其他参数保持默认，单击 应用 按钮，弹出 "钻刀"对话框。在刀具"直径"文本框中输入"6"，在"刀尖角度"中输入 50，在"长度"文本框中输入 118，在"刀刃长度"文本框中输入 35，在"刀具号"文本框中输入"1"，在"补偿寄存器"文本框中输入 1，如图 12-93 所示，单击 确定 按钮，完成中心钻的创建，返回"创建刀具"对话框。

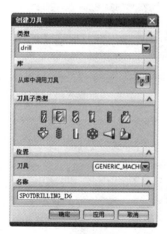

图 12-92　"创建刀具"对话框

图 12-93　"钻刀"对话框

❸ 创建 6mm 的麻花钻。在"刀具子类型"中单击 （DRILLING_TOOL）按钮，在"名称"文本框中输入刀具名称为"DRILLING_D6"，其他参数保持默认。单击 应用 按钮，系统弹出"钻刀"对话框，在"刀具号"文本框中输入"2"，在"补偿寄存器"文本框中输入"2"，其他参数与中心钻相同，单击 确定 按钮，完成麻花钻的创建，返回"创建刀具"对话框。

❹ 创建 8mm 的铰刀。在"刀具子类型"中单击 （REAMER）按钮，在"名称"文本框中输入刀具名称为"REAMER_D8"，其他参数保持默认。单击 应用 按钮，系统弹出"钻刀"对话框，在刀具"直径"文本框中输入"8"，在"长度"文本框中输入"50"，在"顶尖角度"文本框中输入"180"，在"刀刃长度"文本框中输入"35"，在"刀具号"文本框中输入"3"，在"补偿寄存器"文本框中输入"3"，其他参数保持默认，单击 确定 按钮，完成铰刀的创建，返回"创建刀具"对话框。

❺ 创建 12mm 的锪刀。在"刀具子类型"中单击 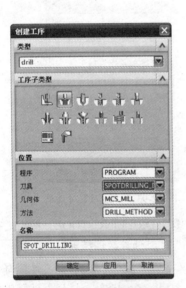（COUNTERBORING_TOOL）按钮，在"名称"文本框中输入刀具名称为"COUNTERBORING_D12"，其他保持参数默认。单击 确定 按钮，弹出"铣刀-5 参数"对话框。在刀具"直径"文本框中输入直径"12"，在"长度"文本框中输入"50"，在"底圆角半径"文本框中输入"0"，在"刀刃长度"文本框中输入"35"，在"刀具号"文本框中输入"4"，在"补偿寄存器"文本框中输入"4"，其他参数保持默认，单击 确定 按钮，完成锪刀的创建。

步骤 05 创建中心钻操作。

❶ 单击"刀片"工具栏中的 （创建工序）按钮，弹出如图 12-94 所示的"创建工序"对话框。

❷ 在"工序子类型"中单击 （SPOT_DRILLING）按钮，在"程序"下拉列表框中选择父节点组为"PROGRAM"，在"刀具"下拉列表框中选择父节点组为"SPOTDRILLING_D6"，在"几何体"下拉列表框中选择父节点组为"MCS_MILL"，在"方法"下拉列表框中选择父节点组为"DRILL_METHOD"，在"名称"文本框中输入"SPOT_DRILLING"，单击 确定 按钮，弹出如图 12-95 所示的"定心钻"对话框。

图 12-94　"创建工序"对话框

图 12-95　"定心钻"对话框

步骤 06 选择加工位置。

❶ 在"定心钻"对话框中，单击"几何体"选项组中的 （指定孔）按钮，弹出如图 12-96 所示的"点到点几何体"对话框。

❷ 单击"点到点几何体"对话框中的"选择"按钮，弹出如图 12-97 所示的"选择加工位置"对话框。依次选择模型中的 5 个孔，如图 12-98 所示，单击 确定 按钮返回到"点到点几何体"对话框。

图 12-96 "点到点几何体"对话框

图 12-97 "选择加工位置"对话框

❸ 单击"点到点几何体"对话框中的"优化"按钮，弹出如图 12-99 所示的"优化方法"对话框，单击"最短刀轨"按钮，弹出如图 12-100 所示的"最短路径优化"对话框。

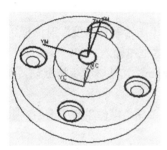

图 12-98 选择加工位置

图 12-99 "优化方法"对话框

图 12-100 "最短路径优化"对话框

❹ 单击"优化"按钮，弹出如图 12-101 所示的"优化结果"对话框，单击"接受"按钮，接受优化结果。返回"点到点几何体"对话框，单击 确定 按钮返回到"定心钻"对话框。

步骤 07 设置循环方式。

❶ 在"定心钻"对话框中"循环类型"选项组下的"循环"下拉列表框中选择"标准钻"，系统弹出如图 12-102 所示的"指定参数组"对话框，单击 确定 按钮，弹出如图 12-103 所示的"Cycle 参数"对话框。

图 12-101 "优化结果"对话框　图 12-102 "指定参数组"对话框　图 12-103 "Cycle 参数"对话框

❷ 单击 "Cycle 参数" 对话框中的 "Depth（Tip）-0.0000" 按钮，弹出如图 12-104 所示的 "Cycle 深度" 对话框，单击 "刀尖深度" 按钮，弹出如图 12-105 所示的 "刀尖深度" 对话框，在 "深度" 文本框中输入 "2"，单击 确定 按钮，返回 "Cycle 参数" 对话框。

❸ 单击 "Rtrcto-无" 按钮，系统弹出如图 12-106 所示的 "Rtrcto 距离" 对话框，单击 "自动" 按钮，系统返回 "Cycle 参数" 对话框，单击 确定 按钮返回到 "定心钻" 对话框。

图 12-104 "Cycle 深度" 对话框

图 12-105 "刀尖深度" 对话框

步骤 08 设置操作参数。

❶ 在 "定心钻" 对话框中的 "最小距离" 文本框中输入 2。

❷ 在 "定心钻" 对话框中单击 （进给和速度）按钮，弹出 "进给率和速度" 对话框。

❸ 设置主轴转速。选中 "主轴速度" 复选框，并在其后的文本框中输入 "800"。

❹ 设置进给率。在 "切削" 文本框中输入 200，单位选择 mmpm，其他参数保持默认，如图 12-107 所示，单击 确定 按钮返回 "定心钻" 对话框。

步骤 09 生成点钻操作。设置完 "定心钻" 对话框中的所有参数之后，单击 "操作" 选项组中的 （生成）按钮，生成加工刀具路径，如图 12-108 所示。

图 12-106 "Rtrcto 距离" 对话框

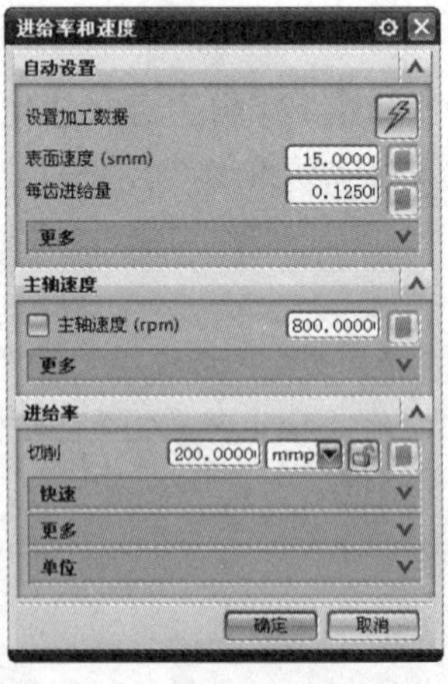

图 12-107 "进给率和速度" 对话框

图 12-108 点钻加工刀具路径

步骤 10 创建钻孔操作。

❶ 单击 "刀片" 工具栏中的 （创建工序）按钮，弹出 "创建工序" 对话框。

❷ 在 "工序子类型" 中单击 （DRILLING）按钮，在 "程序" 下拉列表框中选择父节点组为 "PROGRAM"，在 "刀具" 下拉列表框中选择父节点组为 "DRILLING_D6"，在 "几何体" 下拉列表框中选择父节点组为 "MCS_MILL"，在 "方法" 下拉列表框

中选择父节点组为"DRILL _METHOD"，在"名称"文本框中输入"DRILLING"，如图 12-109 所示，单击 确定 按钮，系统弹出如图 12-110 所示的"钻"对话框。

❸ 按照上述创建中心钻操作中选择加工位置的方法创建钻孔操作的孔加工位置。

图 12-109　"创建工序"对话框

图 12-110　"钻"对话框

步骤⑪ 定义部件底面。

❶ 在"钻"对话框中，单击"几何体"选项组中的 （指定底面）按钮，弹出如图 12-111 所示的"底面"对话框。

❷ 在图形区中选择模型底面，如图 12-112 所示，单击 确定 按钮返回到"钻"对话框。

图 12-111　"底面"对话框

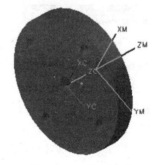

图 12-112　选择底面

步骤⑫ 设置循环方式。

❶ 在"循环类型"选项组下的"循环"下拉列表框中选择"断屑"选项，弹出如图 12-113 所示的"断屑深度"对话框，在"距离"文本框中输入"2.5"；单击 确定 按钮，系统弹出如图 12-114 所示的"指定参数组"对话框，默认 Number of sets 为"1"，单击 确定 按钮，弹出如图 12-115 所示的"Cycle 参数"对话框。

图 12-113　"断屑深度"对话框　　　　　　图 12-114　"指定参数组"对话框

❷ 设置切削深度。单击"Cycle 参数"对话框中的"Depth-模型深度"按钮,系统弹出如
图 12-116 所示的"Cycle 深度"对话框,单击"穿过底面"按钮,单击 确定 按钮,返
回"Cycle 参数"对话框。

图 12-115　"Cycle 参数"对话框　　　　　　图 12-116　"Cycle 深度"对话框

❸ 设置进给率。单击"进给率(MMPM)-250.0000"按钮,系统弹出如图 12-117 所示的
"Cycle 进给率"对话框,在 MMPM 文本框中输入"200",单击 确定 按钮返回到"Cycle
参数"对话框。

❹ 设置暂停时间。单击"Dwell-关"按钮,系统弹出如图 12-118 所示的"Cycle Dwell"
对话框,单击"秒"按钮,系统弹出如图 12-119 所示的"暂停时间"对话框,在"秒"
文本框中输入"3",单击 确定 按钮,返回到"Cycle 参数"对话框。

图 12-117　"Cycle 进给率"对话框　　　　　　图 12-118　"Cycle Dwell"对话框

❺ 设置增量。单击"Increment"按钮,弹出如图 12-120 所示的"增量"对话框,单击"恒
定"按钮,系统弹出如图 12-121 所示的"增量值"对话框,在"增量"文本框中输入
"4",单击两次 确定 按钮,返回到"钻"对话框。

步骤⑬ 生成钻孔操作。单击"钻"对话框中"操作"选项组下的 ▶ (生成) 按钮,生成加工刀具
路径,如图 12-122 所示。可以看到刀具跨越凸台时不是从安全平面跨越的,需要进行修改。

图 12-119　"暂停时间"对话框　　　　　　图 12-120　"增量"对话框

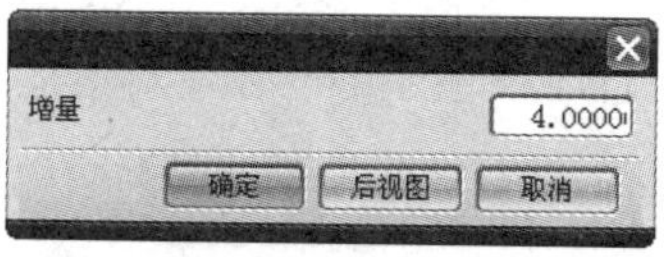

图 12-121　“增量值”对话框

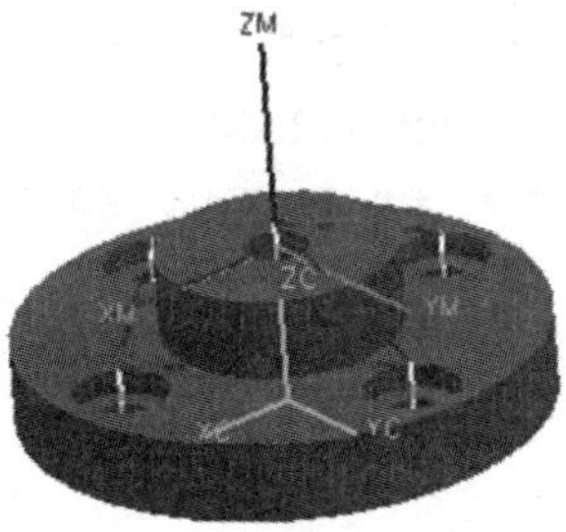

图 12-122　生成加工刀具路径

步骤 14 指定“避让几何体”。

❶ 在“钻”对话框中，单击“几何体”选项组中的（指定孔）按钮，弹出如图 12-123 所示的“点到点几何体”对话框。

❷ 单击“点到点几何体”对话框中的“避让”按钮，弹出如图 12-124 所示的“选择点”对话框。

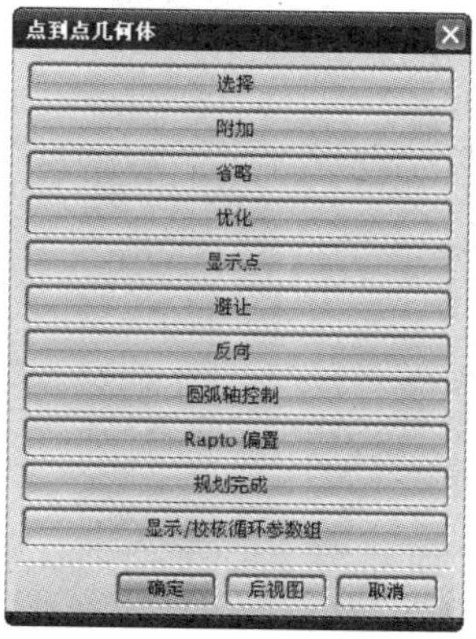

图 12-123　“点到点几何体”对话框

图 12-124　“选择点”对话框

❸ 如图 12-125 所示，依次选择起点和终点，系统弹出如图 12-126 所示的对话框，单击“安全平面”按钮，再依次选择起点和终点，直到 5 个点选择完毕，单击两次 确定 按钮，返回到“钻”对话框。

步骤 15 重新生成钻孔操作。单击“钻”对话框中“操作”选项组下的（生成）按钮，重新生成加工刀具路径，如图 12-127 所示，可以看到刀具跨越凸台时从安全平面跨越。

步骤 16 创建铰孔操作。

❶ 单击“刀片”工具栏中的（创建工序）按钮，弹出“创建工序”对话框。

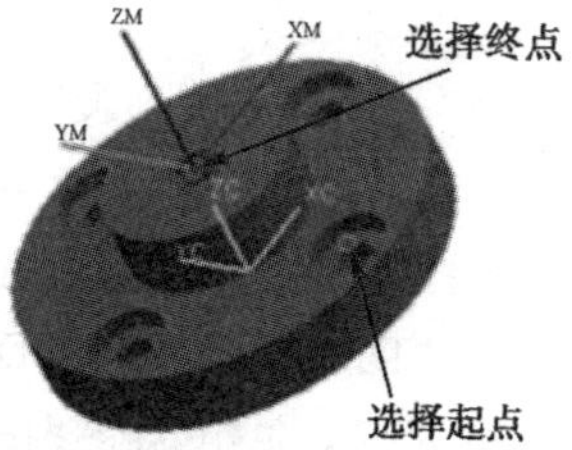

图 12-125　选择起点和终点

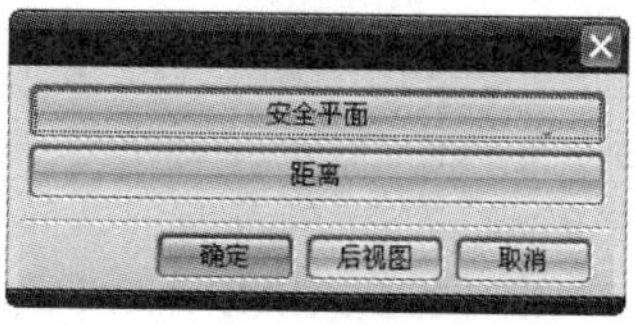

图 12-126　“避让”对话框

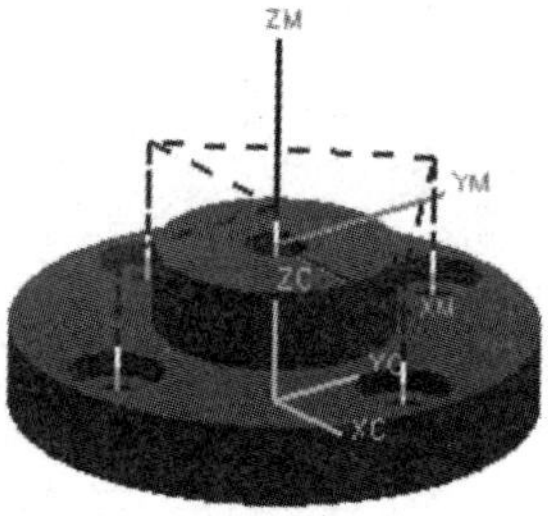

图 12-127　新刀具路径

❷ 在"工序子类型"中单击 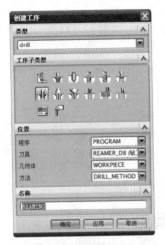（REAMING）按钮，在"程序"下拉列表框中选择父节点
组为"PROGRAM"，在"刀具"下拉列表框中选择父节点组为"REAMER_D8"，在
"几何体"下拉列表框中选择父节点组为"WORKPIECE"，在"方法"下拉列表框中
选择父节点组为"DRILL _METHOD"，在"名称"文本框中输入"REAMING"，如
图 12-128 所示，单击 确定 按钮，系统弹出如图 12-129 所示的"铰"对话框。

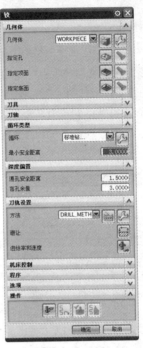

图 12-128 "创建工序"对话框

图 12-129 "铰"对话框

步骤⑰ 选择加工位置、定义部件底面。按照上述创建钻孔操作
中选择加工位置和定义底面的方法，创建铰孔操作的孔加工位置
和底平面。注意，选择加工位置时只选择凸台上的中心孔。

步骤⑱ 设置循环方式。按照钻孔中的设置方式，将"铰孔进给
率"设置为"100"，其他参数与钻孔相同。

步骤⑲ 生成钻孔操作。单击"铰"对话框中"操作"选项组下
的 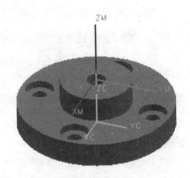（生成）按钮，生成加工刀具路径，如图 12-130 所示。

步骤⑳ 创建锪孔操作。

图 12-130 铰孔刀具路径

❶ 单击"刀片"工具栏中的 （创建工序）按钮，系统
弹出"创建工序"对话框。

❷ 在"工序子类型"中单击 （COUNTERBORING）按钮，在"程序"下拉列表框中选
择父节点组为"PROGRAM"，在"刀具"下拉列表框中选择父节点组为
"COUNTERBORING_D12"，在"几何体"下拉列表框中选择父节点组为
"WORKPIECE"，在"方法"下拉列表框中选择父节点组为"DRILL _METHOD"，
在"名称"文本框中输入"COUNTERBORING"，如图 12-131 所示，单击 确定 按钮，
系统弹出如图 12-132 所示的"沉头孔加工"对话框。

图 12-131　"创建工序"对话框

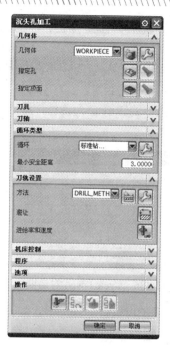

图 12-132　"沉头孔加工"对话框

步骤21 选择加工位置、定义部件底面。按照上述创建钻孔操作中选择加工位置的方法，创建铰孔操作的孔加工位置。注意，选择加工位置时只选择外围 4 个沉头孔。

步骤22 设置循环方式。

❶ 在"沉头孔加工"对话框的"循环类型"选项组下"循环"下拉列表框中选择"标准钻"选项，系统弹出"指定参数组"对话框，默认 Number of sets 为"1"，单击 确定 按钮，系统弹出"Cycle 参数"对话框。

❷ 设置切削深度。单击"Cycle 参数"对话框中的"Depth-模型深度"按钮，系统弹出如图 12-133 所示的"Cycle 深度"对话框，单击"刀肩深度"按钮，系统弹出如图 12-134 所示的"深度"对话框，在"深度"文本框中输入 3，单击 确定 按钮，返回"Cycle 参数"对话框。

❸ 设置进给率。单击"Cycle 参数"对话框中的"进给率（MMPM）-250.0000"按钮，系统弹出如图 12-135 所示的"Cycle 进给率"对话框，在 MMPM 文本框中输入"80"，单击 确定 按钮返回到"Cycle 参数"对话框。

图 12-133　"Cycle 深度"对话框

图 12-134　"深度"对话框

图 12-135　"Cycle 进给率"对话框

❹ 设置暂停时间。单击"Dwell-关"按钮，系统弹出如图 12-136 所示的 Cycle Dwell 对话框，单击"秒"按钮，系统弹出如图 12-137 所示的"暂停时间"对话框，在"秒"文本框中输入"2"，单击 确定 按钮，返回到"Cycle 参数"对话框。

❺ 设置退刀距离。在"Cycle 参数"对话框中单击"Rtrcto-无"按钮，系统弹出如图 12-138 所示的 Rtrcto 对话框，单击"自动"按钮，单击 确定 按钮，返回到"沉头孔加工"对话框。

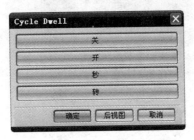

图 12-136　Cycle Dwell 对话框

图 12-137　"暂停时间"对话框

步骤 23 生成钻孔操作。

单击"沉头孔加工"对话框中"操作"选项组下的 ▶（生成）按钮，生成加工刀具路径，如图 12-139 所示。

图 12-138　Rtrcto 对话框

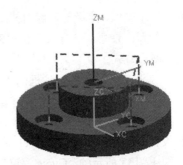

图 12-139　钻孔刀具路径

12.6　本章小结

本章详细介绍了 NX 8.0 点位加工的基本知识。重点讲解了点位加工的基本概念、点位加工操作的创建、点位加工的加工位置选择、部件表面和底面设置、点位加工的循环参数组和循环参数设置，以及基本加工参数设置等。

12.7　习　题

一、填空题

1．点位加工是数控加工中的常见操作，主要包括_____、攻丝、_____、扩孔、点焊和_____等。

2．在机械加工中，根据孔的结构和技术要求的不同，可采用不同的加工方法，这些方法归纳起来可以分为两类：一类是对实体工件进行孔加工，即从实体上加工出孔；另一类是对已有的孔进行＿＿＿＿＿和＿＿＿＿＿。

3．加工环境初始化完成后，首先要＿＿＿＿＿、刀具、＿＿＿＿＿与加工方法父节点组。

4．可以根据需要指定多个避让运动，并且可以更改每个避让运动的＿＿＿＿＿。系统在起点处执行完点到点操作后，沿刀轴向上退刀,退刀后所在的位置与起点之间的距离为指定的"安全距离"。

5．在设置循环参数组时，需要指定各循环参数，包括＿＿＿＿＿、＿＿＿＿＿、深度增量等。

二、上机操作

根据路径下载文件/example/Char12/dizuo.prt，打开零件，进行该零件的点位加工操作。零件视图如图 12-140 所示。

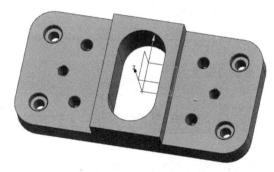

图 12-140　上机习题零件视图

第 13 章　模具型芯分型准备

　　根据参照模型结构上的差异，通常需要在模型上创建多个开口区域，如孔、槽等，这些开口区域将会直接影响后续分型操作的顺利进行。因此，在进行分析操作之前，需要对模型上的孔、槽等进行修补工作。

学习目标：

- 掌握方块创建和分割实体的设置方法
- 掌握曲面补片和边　补片的设置方法
- 掌握自动孔修补的功能和用处
- 熟悉面拆分和扩大曲面的设置方法

13.1　注塑模向导概述和流程

　　UG NX 8.0 是非常先进的面向设计制造行业的CAD/CAM/CAE高端软件。其中MoldWizard是其中的一个软件模块，该模块专注于注塑模具设计过程的简化和自动化。

13.1.1　注塑模向导命令简介

　　MoldWizard提供了对整个模具设计过程的向导，使从零件的装载、模具坐标系、工件、布局、分型、模具设计、浇注系统设计、冷却系统设计到模具系统制图的整个过程，非常直观和快捷。如图 13-1 所示为"注塑模向导"工具栏。

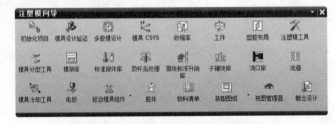

图 13-1　"注塑模向导"工具栏

1. 初始化项目

　　模具设计过程由载入产品模型开始。开始模具项目之前没有必要打开产品模型，可以直接在NX启动界面，选择"工具"→"自定义"命令，弹出"自定义"对话框，在该对话框中选中"应用程序"复选框，然后在"应用程序"中单击"注塑模向导"按钮，便会出现"注塑模向导"工具栏。如果你已经打开了一个产品模型文件，在开始初始化模具设计项目时，也没有必要关闭它。

在"注塑模向导"工具栏中单击"初始化项目"按钮 ，开始一个注塑模向导项目，以实现将产品零件导入MoldWizard模具设计模块。

2． 多腔模设计

生成不同设计的多个产品（如手机的机身和后盖）的模具称为多腔模。当加载多个产品模型时，注塑模向导会自动排列多腔模项目到装配结构中，每个部件和它的相关文件放到不同的分支下。多腔模模块允许选择激活的部件（从已经载入多腔模的部件中）来执行所需要的操作。

3． 模具CSYS

通过模具坐标系功能可实现重新定位产品模型，以把它们放置到模具装配中正确的位置上。注塑模向导假设绝对坐标系的Z+方向为模具顶出的方向。Z=0 的面是模具装配的分型面。

4． 收缩率

"收缩率"是一个比例系数，它用于塑胶产品模型冷却时收缩后的补偿。如果型腔、型芯模型是相关的，则可以在模具设计过程中的任何时候设置或调整该收缩率的值。收缩率功能自动搜索装配，并设置Shrink（收缩）部件为工作部件，然后在Shrink部件中的产品模型的几何链接复制件中加上比例特征。NX 8.0 根据塑料性能及制品的结构特征设置了 3 种比例类型："均匀的""轴对称"和"一般"。

5． 工件

"工件"功能用于定义型腔和型芯的镶块体，有多种方法来定义工件。MoldWizard用一个比产品模型体积大一些的材料容积包容产品，然后通过后继的分型工具使其成型，从而作为模具的型腔和型芯。

6． 型腔布局

"型腔布局"可以添加、移除或重定位模具装配结构中的分型组件。在该过程中，布局组件下有多个产品节点。每添加一个型腔，就会在布局节点下面添加一个产品子装配树的整列子节点（注：工件要在使用布局功能之前设计，因为布局的布置会参考工件尺寸。在布局过程中，产品的子装配树的Z平面是不变的。如果要移除Z平面，需要重设模具坐标系）。开始布局功能时，一个型腔会高亮显示，作为初始化操作的型腔。这时可以选定或取消选定要重定位的型腔。

7． 注塑模工具

注塑模向导提供一整套的工具来为产品模型创建模具，用工具创建一些曲面或实体，进行修补孔、槽或其他的结构特征，这些特征会影响正常的分模过程。

8． 模具分型工具

"模具分型工具"将各分型子命令组织成逻辑连续的步骤，并允许用户自始至终使用整个分型功能。因为分型步骤是独立的，因此分型过程更快、更容易操作。

9. ▦ 模架库

"模架库"可以为注塑模向导过程配置模架，并定义模架库。NX提供了标准模架、可互换模架、通用模架和自定义模架，特别是自定义模架可以根据需求定义适合用户自身的模架库。

10. ▦ 标准部件库

注塑模向导中的标准件管理系统是一个经常使用的组件库，也是一个能安装调整这些组件的系统。标准件是用标准件管理系统配置的模具组件，也可以自定义标准部件库以匹配公司的标准件设计，并扩展到库中以包括所有的组件或装配。

11. ▦ 顶杆后处理

"顶杆后处理"功能可以改变标准件功能创建的顶杆长度并设置配合的距离（与顶杆孔有公差配合的长度）。由于顶杆功能要用到成型腔和型芯的分型片体（或已完成型腔和型芯的抽取区域），因此，在使用顶杆之前必须先创建型腔和型芯。在用标准件创建顶杆时，必须选择一个比要求值长的顶杆，才可以将它调整到合适的长度。

12. ▦ 滑块和浮升销库

在设计一个塑料产品的模具时，有时需要用到滑块和抽芯来成型。滑块和抽芯功能提供了一个很容易的方法来设计所需要的滑块和抽芯。

13. ▦ 子镶块库

"子镶块库"用于型腔或型芯容易发生消耗的区域，也可以用于简化型腔和型芯的加工。一个完整的镶块装配由镶块头和镶块足/体组成。可以从镶块的标准件库中选择镶块的类型，并用标准件管理系统来配置这些镶块。

14. ▦ 浇口库

注塑模具要有流动通道来使塑料熔体流向型腔。这些通道的设计会根据部件形状、尺寸及部件数量的不同而不同。最常用的流动类型是冷浇道（冷流道）。冷浇道系统有 3 种通道类型：主浇道、浇道和浇口。注塑模向导可以设计主流道、分流道及浇口。可以从浇口库中选择浇口类型，也可以自定义浇口类型。

15. ▦ 流道

流道是塑料熔体在填充型腔时从主流道流向浇口的通道，其截面的尺寸和形状可以在流道的路径上变化。流道功能可以创建和编辑流道的路径和截面。流道通道通过引导线扫掠截面的方法来创建。创建的通道是单一的部件文件，需要在设计确认后从型腔和型芯中减掉以得到浇道。

16. ▦ 模具冷却工具

模具冷却工具提供模具装配形式的冷却通道。创建冷却通道有通道设计方法（设计和创建冷却通道）和标准件法，其中标准件法是创建冷却通道的首选方法，通道设计方法则是一种辅助方法。

17. 电极

"电极"用于不适用或不能用铣削方式加工的模具型腔部分的制作。可以通过插入标准件和插入电极的方法来创建电极。

18. 修边模具组件

利用"修边模具组件"功能，可以自动修剪相关的镶块、电极和标准件（如滑块和斜顶）来形成型腔或型芯。"修边模具组件"功能用于修剪产品节点下的子组件。如果一个项目为多腔模，将会修剪激活的多腔成员下的组件。

19. 腔体

创建"腔体"就是将标准部件中的FALSE体链接到目标体部件中并从目标体中减掉。如果已经完成了标准件和其他组件的选择和放置，使用"腔体"能剪切相关的或非相关的腔体。

20. 物料清单

模具设计向导包含具有类别排序信息的完全相关的零部件明细表的功能。零部件明细表的内容可以通过添加或删除已有的信息，由用户自行定制。镶块的毛坯尺寸可以被自动测量并列表。表中的每一项记录都可以被编辑修改，并可以输出到Excel电子表格中。

21. 装配图纸

根据实际的要求，创建模具工程图，并可以添加不同视图和截面，包括装配图纸、组件图纸和孔表 3 种。

22. 视图管理器

用于模具构件的可见性控制、颜色编辑、更新控制，以及打开或关闭文件的管理功能。

13.1.2　注塑模向导设计流程

如图 13-2 所示，展示了使用MoldWizard模块进行模具设计的流程，流程图中的前三步是创建和判断一个三维实体模型是否适用于模具设计，一旦确定使用该模型作为模具设计依据，则必须考虑应该怎样实施模具设计，这就是第四步所表示的意思。

用户可在图中看到，进行模具设计的过程可分为 8 个步骤：

步骤01 初始化项目，确定项目名称、加载产品、单位、材料及创建文件存储路径等。

步骤02 分型前准备工作，包括坐标系重新确定、收缩率检查、成型镶件（工件）加载、模型校正等。

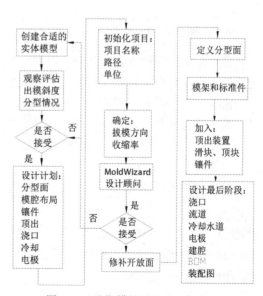

图 13-2　注塑模具设计的一般流程

步骤 03 是否接受模型验证结果，如果不合理，则返回重新操作，如果合理，则继续操作。

步骤 04 模型补片，对需补片的孔进行补片。

步骤 05 定义分型面，创建分型线，并根据分型线创建分型面。

步骤 06 添加模架，根据分型创建结果选择合适的模架，并创建动定模板避让腔。

步骤 07 添加推杆、滑块、抽芯和镶块，根据实际情况添加。

步骤 08 创建添加浇注系统、冷却系统及其他标准件，并列出物料清单，创建模具图纸。

根据模具设计模型的实际情况，部分步骤可以进行省略。

13.2 模具型芯分型准备概述

初始化项目及后面标准件的选择在很多教材中都提过，但最重要的型芯分型准备和分型工作过程很多书中没有详细地进行介绍。

在初始化项目完成之后，接下来就要对产品模型中的孔等部位进行修补，以便后续分型工作的顺利进行。可以通过MoldWizard模块强大的修补功能来快速实现对各种孔、槽的修补工作。

13.2.1 基于修剪的分型过程

基于修剪的分型过程中很多建模的操作都是自动进行的，其步骤可以分为以下两步。

1. 使用MPV确认已经准备好产品模型

对模型进行分析，定位模具的开模方向，即使产品开模时留在定模板上；确认产品模型有正确的斜度，以便产品能够顺利脱模；考虑如何设计封闭特征，如镶块等；合理设计分型线和选择合适大小的成型工件。

2. 内部和外部的分型

分型特征的设计分为两部分：内部分型和外部分型。通常先完成较容易的内部分型特征。使用注塑模向导分型特征工具，可以完成大部分分型的步骤。

内部分型指的是，带有内部开口的产品模型需要用封闭的几何体来定义不可见的封闭区域。其方法有两种，分别是实体和片体方法。它们都可以用于封闭开口区域。

外部的分型，主要是指为已经修补好片体的产品模型定义未定义面、定义区域、创建分型线、分型面、型腔和型芯等。

外部分型的步骤如下：

步骤 01 设置顶出方向，即定义模具坐标系的 Z 轴方向。

步骤 02 设置一个合适的成型工件作为型腔和型芯的实体。

步骤 03 创建必要的修补几何体，即对模型上的孔和槽进行修补。

步骤 04 创建分型线。

步骤 05 根据前面创建的分型线创建分型面。

步骤 **06** 如果创建了多个分型面，可以用缝合工具将分型面系列缝合为一个分型面。

步骤 **07** 提取型腔和型芯区域。

步骤 **08** 创建型腔和型芯。

13.2.2　注塑模工具概览

在进行分型过程中，一些孔、槽或其他结构会影响正常的分模过程。所以，我们需要创建一些曲面或是片体对模型进行修补。NX模具工具帮助我们创建这样的几何体，包括实体、面补丁、分割实体等。

注塑模工具提供了一整套的工具来实现模型的修补，单击 ✗（注塑模工具）按钮得到工具栏如图 13-3 所示。

图 13-3　"注塑模工具"工具栏

"注塑模工具"工具栏中包含的工具名称及功能如下：

- ▣（创建方块）按钮：创建与选定的面相关联的箱框。
- ▥（分割实体）按钮：使用面、基准平面或其他几何体分割一个实体，并且对得到的两个分割后的实体，保留所有原实体的参数。
- ▥（实体补片）按钮：当用易于成型的实体来填充开口时，创建实体来封闭分型部件中的开放区域上的特征。
- ▣（边　修补）按钮：使用封闭环曲线，并通过片体修补部件中的开放区域。
- ▣（修剪区域补片）按钮：通过选定的边　修剪实体，创建曲面补片。
- ▣（扩大曲面补片）按钮：通过控制 U 和 V 尺寸来放大面参数，并修剪放大后的面到其边界。
- ▣（编辑分型面和曲面补片）按钮：选择现有片体以在分型部件中对开放区域进行补片，或者取消选择片体以删除分型或补片的片体。
- ▣（拆分面）按钮：将一个面拆分成两个或多个面。
- ▣（分型检查）按钮：检查状态并在产品部件和模具部件之间映射面颜色。
- ▣（WAVE 控制）按钮：控制注塑模向导项目中的 WAVE 数据。
- ▣（加工几何体）按钮：将加工（CAM）属性添加到由下游加工标识的面。
- ▣（静态干涉检查）按钮：检查对象之间的干涉状态。
- ▣（型材尺寸）按钮：在工作部件中创建或编辑坯料尺寸。
- ▣（合并腔）按钮：通过合并现有镶块件来创建组合型芯、型腔和工件。
- ▣（设计镶块）按钮：基于子镶块体的尺寸创建组件。
- ▣（修剪实体）按钮：使用选定的面创建要修剪的实体。

- （替换实体）按钮：使用选定的面创建包容块并使用该选定的面替换包容块上的面。
- （参考圆角）按钮：创建一个圆角特征，该特征继承参考圆角或面的半径。
- （计算面积）按钮：计算投影到平面时的实体或片体的面积。
- （线切割起始孔）按钮：为 CAM 应用模块生成圆，作为线切割起始孔。
- （加工刀具运动仿真）按钮：使用运动仿真检查动态干涉。

有内部开口的产品模型要求封闭每一个开口。封闭有两种修补方法：片体补片及实体补片。片体补片用于封闭产品模型的某个开口区域；实体补片用于填充多个封闭面。实体补片修补方法通过填充开口区域来简化产品模型。用于填充的实体，会自动集合并连接到型腔和型芯组件上，以便定义开口区域的模具形状。

13.2.3 模具设计入门实例

本小节讲解使用MoldWizard模块对一个简单模型进行模具设计的入门操作。如图 13-4 所示为一个简单模型的三维视图。

本小节通过一个简单实例，介绍初始化过程、型芯分型准备过程、型芯创建以及型腔布局操作。

初始文件	下载文件/example/Char13/model1.prt
结果文件夹	下载文件/result/Char13/shili1/
视频文件	下载文件/video/Char13/入门视频.avi

图 13-4　抽壳模型

步骤 **01** 加载产品和项目初始化。本例包括对项目名称、加载产品、单位、材料及创建文件存储路径等操作。

❶ 根据起始文件路径打开 model1.prt 文件。

❷ 单击 （初始化项目）按钮，弹出"初始化项目"对话框。

❸ 单击"路径"文本框右侧的 （浏览…）按钮，弹出"打开"对话框，可在该对话框中设置初始化项目后创建的文件存储路径，单击"确定"按钮，完成路径的设置。

❹ 可在"Name"文本框中重新设置模型的名称，在"材料"下拉列表框中选择注塑的材料为"ABS"，"收缩率"则会根据材料的选择自动变化，其余保持默认设置，如图 13-5 所示。

❺ 单击 确定 按钮，进行项目初始化操作，此时软件会自动进行计算并加载注塑模装配结构零件，根据计算机的配置不同完成加载的时间也会有所不同。完成项目初始化后，窗口模型会自动切换成名称为"model1_top_***.prt"的模型零件，该模型和原模型的外形相同；选择"窗口"→"更多"命令，弹出如图 13-6 所示的"更改窗口"对话框。

❻ 在弹出的对话框中，可以发现 NX 8.0 打开了很多不同名称的空白窗口，这些空白文件即进行初始化项目操作的结果，随着注塑模设计的深入，这些空白文件会被替换，最终完成完整的注塑模设计。

❼ 单击 取消 按钮关闭"更改窗口"对话框。执行"文件"→"全部保存"命令，将项目初始化的文件进行保存。（若继续操作，可不进行保存）

图 13-5　"初始化项目"对话框

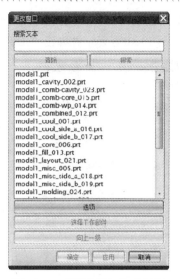

图 13-6　"更改窗口"对话框

 "model1_top_***.prt" 为软件自动生成名称，后面的 "***" 代表数字，该数字随用户重复的次数增大，用户寻找零件时注意前面的名称即可。

步骤 02 分型前准备工作。分型前准备工作包括坐标系重新确定、收缩率检查、成型镶件（工件）加载、模型校正等操作。

❶ 单击 （模具 CSYS）按钮，弹出"模具 CSYS"对话框，在该对话框中提供了"当前 WCS""产品实体中心""选定面的中心" 3 种对坐标轴重新定位的方式；提供了"锁定 X 位置""锁定 Y 位置""锁定 Z 位置" 3 种不同方向上的位置锁定方式。

❷ 如图 13-7 所示，分别选中"选定面的中心"和"锁定 Z 位置"选项，并单击如图 13-8 所示模型的底面作为"选择对象"。

图 13-7　"模具 CSYS"对话框

图 13-8　单击模型底面

❸ 单击"模具 CSYS"对话框中的 确定 按钮，即可完成模型重新定位操作。

❹ 执行"全部保存"命令，保存所有操作。

❺ 单击 （收缩率）按钮，弹出如图 13-9 所示的"缩放体"对话框。

❻ 在"缩放体"对话框中可以看出，"比例因子"为 1.006，与"ABS"材料的收缩率相同，因此不用改变，单击 确定 按钮，完成操作。

❼ 单击 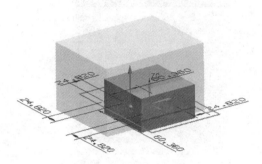（工件）按钮后，会出现一段短暂的工件加载时间，过后会加载预览工件，如图 13-10 所示，并弹出"工件"对话框。

图 13-9　"缩放体"对话框

图 13-10　预加载工件

❽ 在"类型"下拉列表框中选择"产品工件"，在"工件方法"下拉列表框中选择"用户定义的块"，选择自动创建的长宽均为 110mm 的矩形四边作为截面曲线；在"限制"下的"开始"下拉列表框中选择"值"，"距离"设置为-20mm；在"结束"下拉列表框中选择"值"，"距离"设置为 40mm，如图 13-11 所示。

❾ 单击 确定 按钮，完成工件加载，如图 13-12 所示。

图 13-11　"工件"对话框

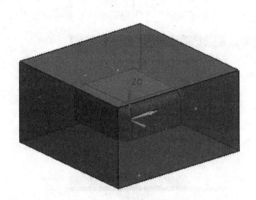

图 13-12　完成工件加载

步骤 03　进入模具分型窗口。单击 （模具分型工具）按钮，即可弹出如图 13-13 所示的"模具分型工具"工具栏，并进入模具分型窗口。

❶ 显示在当前窗口的文件名称为"model1_parting_***.prt"，如图 13-14 所示为切入该文件窗口后的模型零件图，外边框代替工件模型轮廓。

❷ 切入文件窗口的同时，弹出如图 13-15 所示的"分型导航器"窗口。

图 13-13　"模具分型工具"工具栏

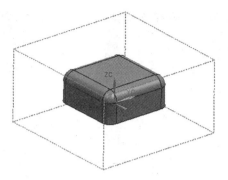

图 13-14　模型零件图

❸ 用户可使用"分型导航器"将产品实体、工件、工件线框、分型线、型芯、型腔等进行隐藏/显示，例如选中"工件"左侧的复选框，可以将工件显示出来，如图 13-16 所示。

图 13-15　"分型导航器"窗口

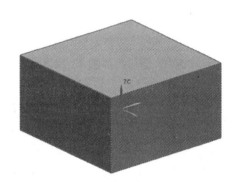

图 13-16　显示工件

 用户可以单击 🔳（分型导航器）按钮，打开/关闭"分型导航器"窗口。

步骤 04 检查区域，定义型芯/型腔区域。通过检查区域，并对不符合要求的区域面进行重新定义，确定满足用户分型需求的型芯/型腔区域面。

❶ 单击 🔼（区域分析）按钮，弹出"检查区域"对话框。

❷ 单击模型作为"选择产品实体"，在"指定脱模方向"下拉列表框中选择"ZC"方向，选中"选项"下面的"保持现有的"单选按钮，如图 13-17 所示。

❸ 单击 🔳（计算器）按钮，进行计算。

❹ 单击"面"选项卡，如图 13-18 所示。

❺ 用户可以在"面"选项卡中看到，通过计算得到 35 个面，其中拔模角度≥3.00 的面有 1 个，0＜拔模角度＜3.00 的面有 8 个，拔模角度＝0.00 的面有 16 个，拔模角度＜-3.00 的面有 8 个，-3.00＜拔模角度＜0 的面有 2 个，可以选中前面的复选框在实体上预览这些面；如图 13-19 所示，选中"正的＞＝3.00"左侧的复选框及"正的＜3.00"左侧的复选框，在窗口内的图形则会如图 13-20 所示对应选中的选项红色高亮显示。以此为例，检查其他的面。

图 13-17　"计算"选项卡

图 13-18　"面"选项卡

图 13-19　"面"选项卡设置

❻ 完成检查后，单击"区域"选项卡。

❼ 在"区域"选项卡中可以看到，"型腔区域"被定义了 9 个面，"型芯区域"被定义了 18 个面，还有 8 个面属于"未定义区域"，如图 13-21 所示。选中"交叉竖直面"复选框，即可将如图 13-22 所示的未定义的 8 个面在窗口模型中选中，同时可调整型腔区域的透明度。

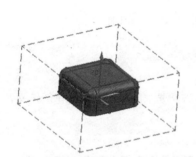

图 13-20　窗口图形显示

图 13-21　"区域"选项卡

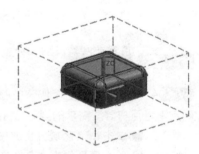

图 13-22　选中未定义的面

❽ 设置完成后，单击 应用 按钮，即可将选定的面重新定义到型腔区域，并且型腔区域面做了透明处理，单击 确定 按钮，完成"检查区域"操作。

步骤 05 定义区域，确定合理的型芯/型腔区域和分型线。

❶ 单击 （定义区域）按钮，弹出"定义区域"对话框，在该对话框中看到，模型共 35 个面，"型腔区域""型芯区域"各占 17、18 个面，可单击"定义区域"下的名称进行检查，检查是否按照用户的意愿进行分区，并可对其进行修改。如图 13-23 所示单击"定义区域"下的"型腔区域"，在窗口模型中属于"型腔区域"的面会红色高亮显示，如图 13-24 所示。

图 13-23　选中"型腔区域"

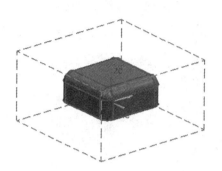

图 13-24　窗口模型中的"型腔区域"

❷ 完成检查后，依次选中"设置"下面的"创建区域"和"创建分型线"复选框，单击 [应用]
按钮，如图 13-25 所示，"定义区域"下面区域名称前的符号发生了变化。

❸ 单击 [确定] 按钮，并旋转窗口中模型，可发现模型面按型腔、型芯区域发生如图 13-26
所示的颜色变化。（可在该对话框中分别设置不同区域的颜色）

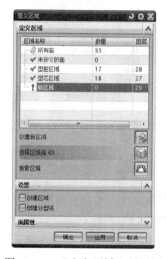

图 13-25　"定义区域"对话框

图 13-26　区域面变化

步骤 06　设计分型面。

❶ 单击 📄（设计分型面）按钮，弹出如图 13-27 所示的"设计分型面"对话框；参考分
型线自动创建分型面，如图 13-28 所示。

❷ 自动创建的分型面的面积很小，没有超过工件线框。如图 13-29 所示使用鼠标单击分型
面边界上 4 点中的任意一点，向外拖曳，使分型面扩大，单击 [确定] 按钮完成分型面的
创建，如图 13-30 所示。

　分型面要与其垂直的工件边框相交，不宜缩得太小。本例介绍的是简单模型分型面创建，
特点是分型线全部共面，创建简单。

387

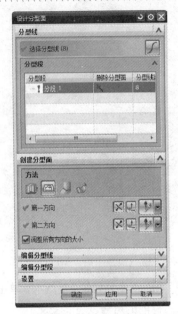

图 13-27 "设计分型面"对话框

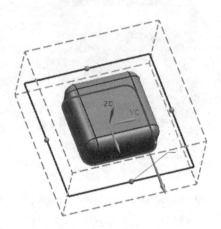

图 13-28 自动创建分型面

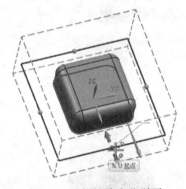

图 13-29 拖拽缩小分型面

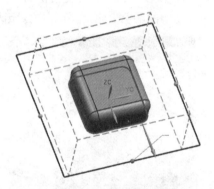

图 13-30 创建分型面

步骤 07 编辑分型面和曲面补片。使用"编辑分型面和曲面补片"命令可选择现有片体，以在分型部件中对开放区域进行补片，或者取消选择片体以删除分型或补片的片体。

单击 （编辑分型面和曲面补片）按钮，弹出如图 13-31 所示的"编辑分型面和曲面补片"对话框，默认自动选择分型面，单击 确定 按钮，完成操作。

步骤 08 定义型腔和型芯。

❶ 单击 （定义型腔和型芯）按钮，弹出"定义型腔和型芯"对话框。

❷ 如图 13-32 所示选中"选择片体"下面的"型腔区域"，系统则会自动选中模型的型腔面片体和分型面片体，如图 13-33 所示。

❸ 其余保持默认设置，单击 应用 按钮，软件进行计算，完成后得到如图 13-34 所示的型腔模仁（定模仁），并弹出如图 13-35 所示的"查看分型结果"对话框。

❹ 直接单击"查看分型结果"对话框中的 确定 按钮，完成型腔区域定义操作，并返回到"定义型腔和型芯"对话框。此时可以发现"型腔区域"前面的符号变为 ✔，选择片体的数量由操作前的 2 变为 1，说明型腔面片体与分型面片体缝合为一个片体。

图 13-31　"编辑分型面和曲面补片"对话框

图 13-32　选中"型腔区域"

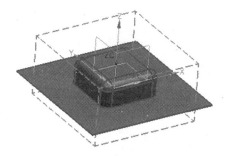

图 13-33　选中型腔区域示意图

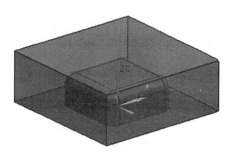

图 13-34　创建定模仁

❺ 重复相同的操作，选中"选择片体"下的"型芯区域"，选中型芯面片体和分型面片体，其余保持默认设置，单击 应用 按钮，计算得到型芯模仁（动模仁），如图 13-36 所示，并弹出"查看分型结果"对话框。

图 13-35　"查看分型结果"对话框

图 13-36　创建动模仁

❻ 直接单击"查看分型结果"对话框中的 确定 按钮，完成型芯区域定义操作，并返回到"定义型腔和型芯"对话框。此时可以发现"型芯区域"前面的符号变为 ✔，选择片体的数量由操作前的 2 变为 1，说明型芯面片体与分型面片体缝合为一个片体。完成型腔和型芯区域定义，完成后的"定义型腔和型芯"对话框如图 13-37 所示。

❼ 单击 取消 按钮，关闭"定义型腔和型芯"对话框，完成操作。用户可打开"model1_top_***.prt"装配文件查看动定模仁装配图，如图 13-38 所示。

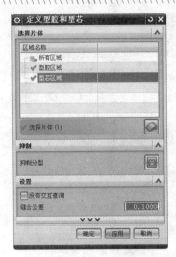

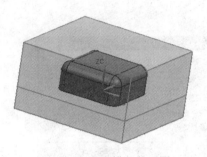

图 13-37 完成操作后的"定义型腔和型芯"对话框　　　　图 13-38 动定模仁装配图

步骤 09 创建刀槽框，模仁倒角。使用"型腔布局"命令可进行型腔布局和创建刀槽框，刀槽框用于在动定模板创建避让腔体。

❶ 单击□（型腔布局）按钮，弹出"型腔布局"对话框。

❷ 单击"编辑布局"下面的◇（编辑插入腔）按钮，弹出"插入腔体"对话框。

❸ "插入腔体"对话框提供了 4 种插入刀槽框的方式，这里选择第 2 种方式。如图 13-39 所示，在"目录"选项卡底部"R"下拉列表框中选择 10，在"类型"下拉列表框中选择 0，其余保持默认设置。

❹ 单击 ＜确定＞ 按钮，创建刀槽框，如图 13-40 所示（为方便用户比较，模仁零件被隐藏了），并返回到"型腔布局"对话框中。

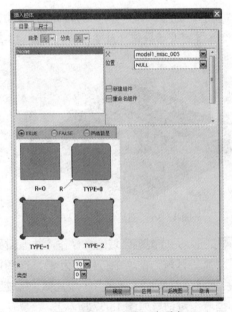

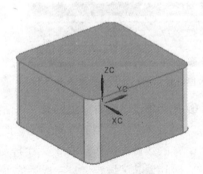

图 13-39 "目录"选项卡　　　　　　　　　图 13-40 创建的刀槽框

❺ 单击 关闭 按钮，关闭"型腔布局"对话框。

❻ 选中刀槽框模型零件并将其隐藏，继续对模仁零件进行倒角操作。

❼ 选择型腔模仁零件并单击鼠标右键，在弹出的快捷菜单中选择"设为工作部件"命令，完成后如图 13-41 所示。单击 ✍ （边倒圆）按钮，弹出"边倒圆"对话框，如图 13-42 所示选中型腔模仁零件的 4 条棱边作为"要倒圆的边"。在"边倒圆"对话框中，将"半径 1"设置为 10mm，其余保持默认设置，如图 13-43 所示；完成设置后单击 <确定> 按钮，创建型腔模仁边倒圆，如图 13-44 所示。

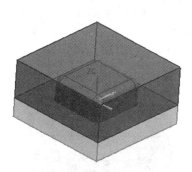
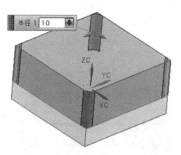

图 13-41 设置型腔模仁为工作部件　　图 13-42 选中棱边　　图 13-43 "边倒圆"对话框

❽ 重复步骤（7）的操作，创建型芯模仁半径为 10mm 的边倒圆，如图 13-45 所示。

❾ 重新将刀槽框显示出来后的视图如图 13-46 所示，至此完成一模单腔类型的型腔布局操作。

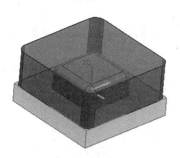
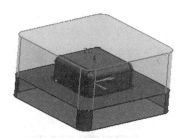
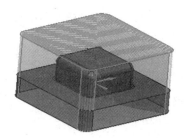

图 13-44 创建型腔模仁边倒圆　　图 13-45 创建型芯模仁倒圆　　图 13-46 显示刀槽框后视图

13.3 实体操作

在"注塑模工具"工具栏中包含了很多相关方块实体操作的命令，其中最常用的有创建方块、分割实体、修剪实体等。

13.3.1 创建方块

"创建方块"是指创建一个长方体来填充局部开放区域，一般用于不适合曲面修补或边界修补的情况。例如，塑件上有与脱模方向相垂直的侧孔时，往往要用到"创建方块"对侧孔进行修补。该修补块也是创建滑块的常用方法。

创建方块需要指定所修补曲面的边界面，此边界面可以是规则的平面，也可以是曲面。使用这个命令后，系统将创建一个能包围所有边界面的体积最小的长方体填充空间。对于边界面是曲面的，所创建的箱体多余部分可使用分割实体的方法修剪。

1．包容块

单击"注塑模工具"工具栏中的按钮，弹出如图 13-47 所示的"创建方块"对话框，在"类型"下拉列表框中选择"包容块"选项，单击"选择对象"按钮，并在产品模型的缺口边拖动方块中的 4 个箭头，以控制方块的大小，如图 13-48 所示。然后单击"创建方块"对话框中的 <确定> 按钮，创建如图 13-49 所示的实体。

图 13-47　"创建方块"对话框　　　图 13-48　创建方块过程　　　图 13-49　创建方块结果图

2．一般方块

使用该方法创建方块时，需要根据指定的方块中心点和输入方块的边长来确定方块的位置和大小。

单击"注塑模工具"工具栏中的"创建方块"按钮，弹出"创建方块"对话框，在"类型"下拉列表框中选择"一般方块"选项，单击如图 13-50 所示的外圆圆心为中心点，此时可按照如图 13-51 所示设置长方体的边界尺寸。单击"创建方块"对话框中的 <确定> 按钮，创建如图 13-52 所示的实体。

图 13-50　单击外圆圆心　　　图 13-51　"创建方块"对话框　　　图 13-52　创建方块结果图

13.3.2　分割实体

"分割实体"工具命令用于在工具体和目标体之间创建求交体,并从型腔或型芯中分割出一个镶件或滑块。分割实体的操作步骤如下:

步骤 01　单击"注塑模工具"工具栏中的 (分割实体)按钮,弹出"分割实体"对话框。

步骤 02　在"类型"下拉列表框中选择"修剪"选项,如图 13-53 所示。

- 修剪:调整修剪方向,切换所保留的部分。
- 分割:将目标从工具中间断,同时保留两个部分。

步骤 03　单击视图中的方块作为"目标",如图 13-54 所示;单击面作为"工具",如图 13-55 所示。

图 13-53　"分割实体"对话框

图 13-54　选择目标体

步骤 04　单击"分割实体"对话框中"刀具"下的 (反向)按钮,调整保留体的方向,单击 确定 按钮完成修剪操作,如图 13-56 所示。

图 13-55　单击工具体

图 13-56　完成修剪操作

> 技巧提示　若在步骤(2)中"类型"下拉列表框中选择"分割"选项,最后的结果仅仅是依靠工具体将目标体分割开,并同时保留工具面两端的体。

13.3.3　修剪实体

"修剪实体"工具命令用于修剪模具设计中创建的实体对象,用户可以使用该命令创建滑块头或镶块头。具体操作步骤如下:

步骤 **01** 使用 ▣（创建方块）工具创建如图 13-57 所示的方块。

步骤 **02** 单击"注塑模工具"工具栏中的 ▣（修剪实体）按钮，弹出"修剪实体"对话框，如图 13-58 所示，选择"类型"下拉列表框中的"面"选项。

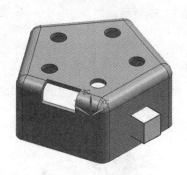

图 13-57　创建方块

图 13-58　"修剪实体"对话框

步骤 **03** 单击"修剪实体"对话框中"目标"下的"选择体"，并单击方块作为修剪的目标，如图 13-59 所示。

步骤 **04** 然后将方块隐藏，如图 13-60 所示，并单击方块所在的圆柱面，如图 13-61 所示。

图 13-59　单击修剪目标

图 13-60　隐藏方块

步骤 **05** 单击"修剪实体"对话框中的 确定 按钮，并将块显示出来，如图 13-62 所示，由图中可以看出方块得到修剪。

图 13-61　单击修剪面

图 13-62　完成修剪实体操作

13.4　面操作

在"注塑模工具"工具栏中包含了很多相关面操作的命令，其中最常用的有实体补片、边缘修补、拆分面等。

13.4.1　实体补片

实体修补是MoldWizard修补功能中非常强大的修补功能模块，可以对不规则的孔进行修补。实体修补的实质是创建实体工具体，并对工具体进行修剪，最后用工具体去修补孔。

实体补片的具体操作步骤如下：

步骤 01 单击"注塑模工具"工具栏中的 （实体补片）按钮，弹出如图 13-63 所示的"实体补片"对话框。

步骤 02 软件默认选择图中的零件体为要修补的产品实体。

步骤 03 单击上一小节中创建的工具体作为补片体。

步骤 04 单击 确定 按钮完成，实体修补后的模型如图 13-64 所示，可在图中看到孔被完全修补好。

图 13-63　"实体补片"对话框

图 13-64　实体修补结果图

13.4.2　边缘修补

"边缘修补"是通过现有的边缘环来修补开放区域，适用于位于曲面的孔的修补，是一种常用的修补方法。边缘修补有 3 种修补方式：移刀、面、体。

1．移刀方式的边缘修补

移刀方式的边缘修补是通过单击各条边构成一个封闭环的方式来创建修补曲面，从而完成开放区域修补的方法。具体操作步骤如下：

步骤 01 单击"注塑模工具"工具栏中的 （边缘修补）按钮，弹出如图 13-65 所示的"边缘修补"对话框，在"环选择"下的"类型"下拉列表框中选择"移刀"。

步骤 **02** 依次单击开放区域的外边，使其构成一个封闭环，如图 13-66 所示；（单击过程中可能会出现"桥接缝隙"对话框，用户必须选中"否"，并单击 确定 按钮，然后继续单击选择环）

图 13-65 "边缘修补"对话框

图 13-66 单击构成封闭环

步骤 **03** 单击 （退出环）按钮，此时软件应该自动选择 4 个参考面，用户可单击"环列表"下面的"选择参考面"，检查参考面是否正确，视图变化如图 13-67 所示。

步骤 **04** 单击 确定 按钮，完成补面操作，如图 13-68 所示。

图 13-67 检查参考面

图 13-68 完成补面操作

2. 面方式的边缘修补

面方式的边缘修补是通过单击平面自动寻找封闭环，从而完成开放区域修补的方法。

具体操作步骤如下：

步骤 **01** 单击"注塑模工具"工具栏中的 （边缘修补）按钮，弹出"边缘修补"对话框，如图 13-69 所示，选择"环选择"下面"类型"下拉列表框中的"面"。

步骤 02 单击如图 13-70 所示的平面作为参考面，选择完毕会自动选择此面上的 5 个圆作为需修补的环，并出现在如图 13-71 所示"边缘修补"对话框"环列表"下面的"列表"白色框中。（用户可通过单击"列表"白色框右侧的⊠（移除）按钮，将不需要进行补片的环移除）

图 13-69　"边缘修补"对话框

图 13-70　单击参考平面

步骤 03 单击 确定 按钮，完成补片操作，如图 13-72 所示。

图 13-71　"边缘修补"对话框

图 13-72　完成补片操作

3．体方式的边缘修补

体方式的边缘修补是通过单击体自动寻找封闭环，从而完成开放区域修补的方法。具体操作步骤如下：

步骤01 单击"注塑模工具"工具栏中的 ▣ （边缘修补）按钮，弹出"边缘修补"对话框，如图 13-73 所示选择"环选择"下面"类型"下拉列表框中的"体"。

步骤02 单击如图 13-74 所示的零件体作为参考，选择完毕会自动选择体上剩余的一个圆作为需修补的环，并如图 13-75 所示出现在"边缘修补"对话框"环列表"下面的"列表"白色框中。（用户可通过单击"列表"白色框右侧的 ▣ （移除）按钮，将不需要进行补片的环移除）

图 13-73 "边缘修补"对话框

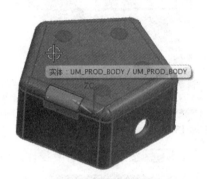

图 13-74 单击参考体

步骤03 单击 确定 按钮，完成补片操作，如图 13-76 所示。

图 13-75 "边缘修补"对话框

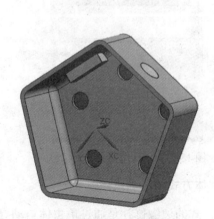

图 13-76 完成补片操作

13.4.3　拆分面

"拆分面"是通过已有的参考对象或临时创建的曲线或面将一个完成平面拆分成两个或数个。

具体操作步骤如下：

步骤 01　单击"注塑模工具"工具栏中的 ◈（拆分面）按钮，弹出"拆分面"对话框，如图 13-77 所示选择"类型"下拉列表框中的"曲面/边"选项。

步骤 02　单击如图 13-78 所示的面作为"要分割的面"。

步骤 03　单击"分割对象"下面的 ╱（添加直线）按钮，弹出"直线"对话框，使用"点-点"的方式在面上创建一条参考直线，如图 13-79 所示，单击"直线"对话框中的 确定 按钮，完成直线的创建。

图 13-77　"拆分面"对话框

图 13-78　选中"要分割的面"

步骤 04　单击"拆分面"对话框中的 应用 按钮，完成拆分面操作，此时用户可如图 13-80 所示将鼠标置于拆分完毕的面上，可以看出面已得到拆分。

图 13-79　创建参考直线

图 13-80　完成面拆分操作

1. 其余参考面、交点等拆分面操作请参考本例。
2. 拆分面亦可通过"曲面"选项卡中的"分割面"命令来实现，用户可自行试验操作。

13.5 实例示范——实体修补

本节主要通过实例来帮助读者迅速掌握修补工具的正确使用方法，以达到实际分型的需要，使用户深入掌握NX 8.0 模具设计的实体修补方法。

如图 13-81 所示为一个塑料凳子模型，最终补片结果如图 13-82 所示。

图 13-81　塑料凳子模型

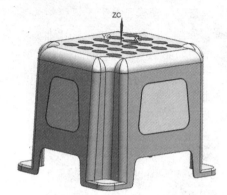

图 13-82　最终补片结果

初始文件	下载文件/example/Char13/dengzi.prt
结果文件夹	下载文件/result/Char13/shili2/
视频文件	下载文件/video/Char13/凳子分型准备.avi

首先需根据前文进行初始化设置的方法加载dengzi.prt文件，在任意盘创建英文路径文件夹并设置为其路径，设置模型材料为ABS，完成设置后的"初始化项目"对话框如图 13-83 所示，单击 按钮，进行项目初始化操作。

13.5.1 模型重新定位

完成项目初始化操作后，需对准开模方向，重定开模坐标系。

具体操作步骤如下：

步骤 **01** 单击 (模具 CSYS) 按钮，弹出"模具 CSYS"对话框，在该对话框中提供了"当前 WCS""产品实体中心""选定面的中心"3 种对坐标轴重新定位的方式；还提供了"锁定 X 位置""锁定 Y 位置""锁定 Z 位置"3 种不同方向上的位置锁定方式。

步骤 **02** 如图 13-84 所示选中"选定面的中心"单选按钮，并取消"锁定 Z 位置"复选框，单击如图 13-85 所示模型的 4 个底面作为"选择对象"。

步骤 **03** 单击"模具 CSYS"对话框中的 按钮，即可完成模型重新定位操作。

步骤 **04** 执行"全部保存"命令，保存所有操作。

图 13-83　"初始化项目"对话框

图 13-84　"模具 CSYS"对话框

13.5.2　收缩率检查

不同模型的收缩率不同，用户可使用此步骤重建收缩率。在此仅介绍均匀收缩率的检查操作。

具体操作步骤如下：

步骤01 单击 📐 （收缩率）按钮，弹出如图 13-86 所示的"缩放体"对话框。

步骤02 设置"比例因子"为 1.005，其余保持默认设置，单击 ＜确定＞ 按钮，完成操作。

图 13-85　单击模型底面

图 13-86　"缩放体"对话框

13.5.3　工件加载

完成以上操作后，即可加载工件，准备分割工件作为凸凹模。

具体操作步骤如下：

步骤01 单击 🔷 （工件）按钮后，会出现一段短暂的工件加载时间，然后会加载预览工件，如图 13-87 所示，并弹出"工件"对话框。

步骤02 如图 13-88 所示的"工件"对话框中，在"类型"下拉列表框中选择"产品工件"，在"工件方法"下拉列表框中选择"用户定义的块"，选择自动创建的长为 305mm，宽为 265mm 的矩形四边作为截面曲线；在"权限"下面的"开始"下拉列表框中选择"值"，设置"距离"为-225mm；在"结束"下拉列表框中选择"值"，设置"距离"为 25mm。

步骤 03 单击 <确定> 按钮，完成工件加载，如图 13-89 所示。

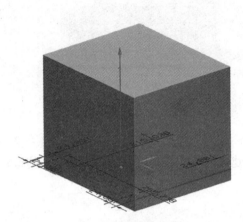

图 13-87 预加载工件

图 13-88 "工件"对话框

13.5.4 边缘修补

本模型属于周遭带孔零件，完成以上操作后，需进行边缘修补操作。
具体操作步骤如下：

步骤 01 单击"注塑模工具"工具栏中的 ▣ （边缘修补）按钮，弹出"边缘修补"对话框，如图 13-90 所示选择"环选择"下面"类型"下拉列表框中的"面"选项。

图 13-89 完成工件加载

图 13-90 "边缘修补"对话框

步骤 02 单击如图 13-91 所示的平面作为参考面，选择完毕会自动选择此面上的圆作为需修补的环，并如图 13-92 所示出现在"边缘修补"对话框"环列表"下的"列表"白色框中。(用户可通过单击"列表"白色框右侧的⊠（移除）按钮将不想进行补片的环移除)

图 13-91　单击参考平面

图 13-92　"边缘修补"对话框

步骤 03 单击 确定 按钮，完成补片操作，如图 13-93 所示。

13.5.5　创建方块并修剪

塑件上有与脱模方向相垂直的侧孔时，往往要用到"创建方块"对话框对侧孔进行修补。具体操作步骤如下：

步骤 01 单击"注塑模工具"工具栏中的 （创建方块）按钮，弹出如图 13-94 所示的"创建方块"对话框。

图 13-93　完成补片操作

图 13-94　"创建方块"对话框

步骤 02 在"类型"下拉列表框中选择"包容块"选项，单击"选择对象"按钮，并在产品模型的缺口边拖动方块中的 4 个箭头控制方块的大小，如图 13-95 所示。然后单击"创建方块"对话框中的 确定 按钮，创建如图 13-96 所示的实体。

步骤 03 单击"注塑模工具"工具栏中的 ⬚（修剪实体）按钮，弹出"修剪实体"对话框，如图 13-97 所示选择"类型"下拉列表框中的"面"选项。

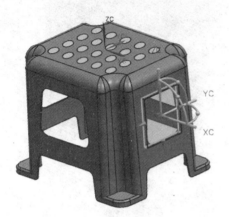

图 13-95 创建方块过程

图 13-96 创建方块

步骤 04 单击"修剪实体"对话框中"目标"下面的"选择体"按钮，并单击如图 13-98 所示的方块作为修剪的目标。

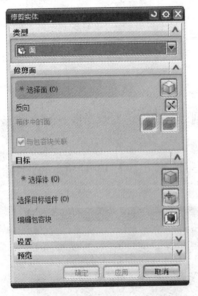

图 13-97 "修剪实体"对话框

图 13-98 单击修剪目标

步骤 05 接着将方块隐藏，并如图 13-99 所示单击方块遮挡的内侧面。

步骤 06 单击"修剪实体"对话框中的 确定 按钮，并将块显示出来，如图 13-100 所示，由图中可以看出方块得到修剪。

步骤 07 重复以上步骤，创建其余 3 个面上的方块并进行修剪。

图 13-99　单击修剪面

图 13-100　完成修剪实体操作

13.6　本章小结

本章主要介绍了分析前对零件上的孔或槽进行修补的功能，包括创建方块、分割实体、实体补片、曲面补片、边缘补片、扩大曲面、自动孔修补等。最后使用一个综合实例来对模具修补进行介绍，以方便读者的理解和掌握，更有利于读者综合运用能力的提高。

13.7　习　题

一、填空题

1．"创建方块"是指创建一个_____来填充局部开放区域，一般用于不适合曲面修补或边界修补的情况。例如，塑件上有与脱模方向相垂直的侧孔时，往往要用到"创建方块"对侧孔进行修补。另外，该修补块也是创建_____的常用方法。

2．创建方块的类型有_____和_____两种。

3．"分割实体"工具命令用于在_____和_____之间创建求交体，并从型腔或型芯中分割出一个镶件或滑块。

4．实体修补是MoldWizard修补功能中非常强大的修补功能模块，可以对_____进行修补。

5．边缘修补有 3 种修补方式：_____、_____、_____。

二、问答题

1．简单描述外部分型的步骤。

2．请描述"拆分面"的概念。

3．请描述"修剪实体"的概念。

三、上机操作

1．打开下载文件/example/Char13/model2.prt，如图 13-101 所示，完成该文件进行模具设计的修补操作。

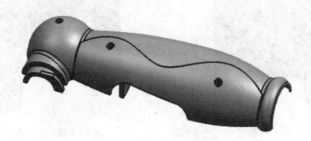

图 13-101　上机操作 1 零件图

2．打开下载文件/example/Char13/T24.prt，如图 13-102 所示，完成该文件进行模具设计的修补操作。

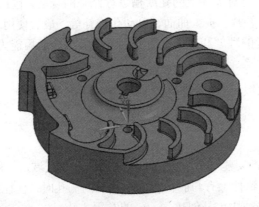

图 13-102　上机操作 2 零件图

第 14 章　模具分型及型腔布局

前面章节讲述了进行模具分型前的准备工作，包括初始化操作都是为模具分型设计服务的。分型主要包括定义分型线、定义分型面、定义型腔和型芯区域等。根据完成分型后的结果，进行合理地型腔布局。

学习目标：

- 掌握模具分型工具各项命令的用途
- 掌握分型线和分型面的创建方法
- 掌握创建型腔和型芯的操作方法
- 掌握型腔布局的各项操作方法

14.1　模具分型及型腔布局概述

MoldWizard "模具分型工具" 工具栏提供了一套强大的分型工具，它包括检查区域、曲面补片、定义区域、设计分型面等 9 个分型命令。

MoldWizard的 "型腔布局" 功能可以方便地定位模具的每个成型工件，确定它们之间的相互关系和在模具中的位置。

14.1.1　模具分型概述

分型是模具设计中必不可少的一个步骤，本节将讲述分型的有关概念和对应的操作。

1. 分型面的概念和形式

分型面位于模具动模和定模之间，或者在注塑件最大截面处，设计的目的是为了注塑件和凝料的取出。注塑模有的只有一个分型面，有的有多个分型面，而且分型面有的是平面，有的是曲面或斜面。如图 14-1 所示为平直分型面；如图 14-2 所示为阶梯分型面；如图 14-3 所示为倾斜分型面。

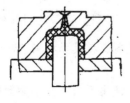

图 14-1　平直分型面

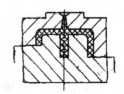

图 14-2　阶梯分型面

2. 分型面设计原则

分型面的类型、形式选择是否恰当，设计是否合理，在模具设计中也非常重要。它们不但直接关系到模具结构的复杂程度，而且对制品的成型质量和生产操作等都有影响。设计分型面时，主要考虑以下问题。

（1）分型面不仅应该选择在对制品外观没有影响的位置，而且还必须考虑如何能比较方便地消除分型面上产生的溢料飞边。同时，还应该避免在分型面上产生飞边。

（2）分型面的选择应该有利于制品脱模，否则，模具结果就会变得比较复杂。通常，分型面的选择应该使制品开模后滞留在动模侧。例如，薄壁筒形制品，收缩后易滞留在型芯上，但将模型滞留在动模侧是合理的，如图 14-4 所示。

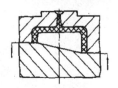

图 14-3　倾斜分型面

图 14-4　保证制品滞留在动模侧

（3）分型面不应该影响制品的形状和尺寸精度。如果精度要求较高的部分被分型面分割，就会因为合模误差造成较大的形状和尺寸误差，达不到预定的精度要求。

（4）分型面应该尽量与最后填充熔体的型腔表面重合，以利于排气。

（5）选择分型面时，应该尽量减少脱模斜度给制品尺寸大小带来的差异。

（6）分型面应该便于模具加工。

（7）选择分型面时，应该尽量减少制品在分型面上的投影面积，以防此面积过大，造成锁模困难，产生严重的溢料。

（8）有侧孔或侧凹的制品，选择分型面时，首先应该考虑将抽芯或分型距离长的一边放在动模和定模开模的方向，而将短的一边作为侧向分型抽芯机构。除了液压抽芯能获得较大的侧向抽拔距离外，一般分型抽芯机构侧向抽拔距离都较小。

在模具分型面的两侧只要是构成型腔的零件都称为成型零件，主要包括凹模、型芯、镶块和各种成型杆、成型环。

由于型腔直接与高温高压的塑料相接触，它的质量直接关系到制件质量，因此要求它有足够的强度、刚度、硬度和耐磨性以承受塑料的挤压力及料流的摩擦力，并要有足够的精度和表面光洁度。

14.1.2　型腔布局概述

在模具设计中，型腔的种类可大致分为两种：单型型腔和多型型腔，它们各有优缺点。

- 单型型腔的优点为塑料制品精度高、工艺参数易于控制、模具结构紧凑、设计自由度大、模具制造成本低、制造简单等。
- 多型型腔的优点为生产效率低、可降低塑件的成本、使用于大多数小型塑件的注塑成型等。

1. 型腔数量

为了使模具和注塑机相匹配以提高生产率和经济性，并保证塑件的精度，模具设计时应合理确定型腔数量。下面介绍常用的几种确定型腔数量的方法。

（1）按注塑机的最大注塑量确定型腔数量n。

$$n \leqslant \frac{0.8V_g - V_j}{V_\varepsilon} \qquad （式 14-1）$$

$$n \leqslant \frac{0.8m_g - m_j}{m_\varepsilon} \qquad （式 14-2）$$

公式中，V_g（m_g）为注塑机最大注塑量（cm^3 或 g）；V_j（m_j）为浇注系统凝料量（cm^3 或 g）；V_ε（m_ε）为单个制品的容积或质量（cm^3 或 g）。

（2）按注塑机的额定合模力确定型腔数量。

$$n \leqslant \frac{F - P_m A_j}{P_m A_z} \qquad （式 14-3）$$

公式中，F为注塑机的额定合模力（N）；P_m为塑料熔体对型腔的平均压力（MPa）；A_j为浇注系统在分型面上的投影面积（mm^2）；A_z为单个制品在分型面上的投影面积（mm^2）。

（3）按制品的精度要求确定型腔数量。

按生产经验，每增加一个型腔，塑件的尺寸进度要降低 4%。一般成型高精度制品时，型腔数不宜过多，通常推荐不超过 4 腔，因为多腔很难使腔的成型条件一致。

（4）按经济性确定型腔数量。

根据成型加工费用最小原则，忽略准备时间和试生产材料费用，仅考虑模具费用和程序加工费用。模具费用的计算公式为：

$$X_m = nC_1 + C_2$$

公式中，C_1为每个型腔所需承担的与型腔数有关的模具费用；C_2为与型腔无关的费用。

成型加工费用的计算公式为：

$$X_j = N * Y_t / （60n）$$

公式中，N为制品总件数；Y为每小时注塑成型加工费；t为成型周期（min）。

总成型加工费用的计算公式为：

$$X = X_m + X_j$$

为使总成型加工费用最小，令$dx/dn = 0$，则有：

$$n = \sqrt{\frac{NYt}{60C_1}} \qquad （式 14-4）$$

2. 型腔的布局

对于多腔膜模具，型腔的排列方式分为平衡式和非平衡式两种。

（1）平衡式布局

平衡式布局的特点是从主流道到各个型腔浇口的分流道的长度、截面形状、尺寸和布局都具有对称性，有利于实现各个型腔均匀进料以达到同时充满型腔的目的，如图 14-5 所示。

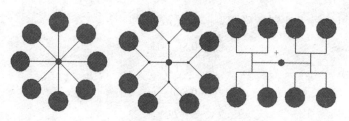

图 14-5　平衡式布局

（2）非平衡式布局

非平衡式布局的特点是从主流道到各个型腔浇口的分流道的长度不相同。这样，可以明显缩短流道的长度和节约材料，但是这样不利于均匀进料，而且为了同时充满型腔，各个分流道的截面尺寸也都不相同，如图 14-6 所示。

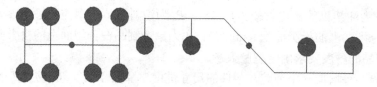

图 14-6　非平衡式布局

14.1.3　模具分型命令和型腔布局命令

模具分型命令总共 9 个，汇集在"模具分型工具"工具栏中，而"型腔布局"是单独存在的。所有命令的含义如下：

- ⬗（区域分析）按钮：使用型腔和型芯侧面的可见性执行区域分型。
- ◈（曲面补片）按钮：创建曲面补片。
- ✂（定义区域）按钮：根据产品实体面定义区域并创建分型线。
- ▨（设计分型面）按钮：创建或编辑分型曲面以进行分析设计。
- ◤（编辑分型面和曲面补片）按钮：选择现有片体以在分型部件中对开放区域进行补片，或者取消片体以删除分型或补片的片体。
- ▨（定义型腔和型芯）按钮：缝合区域、分型和补片片体，以在链接的部件中定义缝合片体。
- ▥（交换模型）按钮：使用新产品实体交换产品实体。
- ▤（备份分型/补片片体）按钮：从现有的分型或补片片体进行备份。
- ▥（分型导航器）按钮：打开或关闭分型器。
- ▨（型腔布局）按钮：在模具装配结构中添加、移除或重定位型腔。

14.2　分型工具

分型是基于塑料的产品模型创建型腔和型芯的过程。分型过程可以快速执行分型操作并保持其相关性。MoldWizard中的分型由型腔、产品模型和型芯组成。

14.2.1　区域分析

使用"区域分析"命令，通过对模型进行检查和计算，并对计算后的结果分类，初步确定型腔和型芯区域。

单击 ▲（区域分析）按钮，弹出如图 14-7 所示的"检查区域"对话框，在该对话框中包括"计算""面""区域"和"信息"4 个选项卡。

1. "计算"选项卡

通过"计算"可以搜索拔模斜度不够的面；搜索产品实体模型的所有底切区域和边界；搜索交叉面（即同时跨越型腔和型芯侧的面）；搜索所有竖直面，列出正面和负面及型腔和型芯侧的补片环；搜索分型线，改变特点组面的颜色；提供另外一种搜索分型线的方法，将型腔和信息区域面变更为不同的颜色；提供编辑工具来指定型腔和型芯区域的面；指定可视化工具，如颜色和透明度来控制、显示型腔和型芯区域。

具体操作步骤如下：

步骤 01 单击 ▲（区域分析）按钮，弹出"检查区域"对话框。"计算"选项卡中包括以下选项：

- "保持现有的"单选按钮：用于计算现有面的属性，并不更新。
- "仅编辑区域"单选按钮：不执行面的计算。
- "全部重置"单选按钮：将所有面重置为默认值。

步骤 02 如果顶出方向不是 Z 的正方向，单击"选择脱模方向"按钮右侧的下拉列表框，重新定义顶出方向为 YC 方向，如图 14-8 所示。

图 14-7　"检查区域"对话框

图 14-8　选择顶出方向

步骤 **03** 单击 （计算）按钮，将模型的各面进行计算。

2. "面"选项卡

"检查区域"对话框中的"面"选项卡用于分析产品成型信息，如拔模斜角、底切等，如图 14-9 所示。

"面"选项卡中各选项含义如下：

- "高亮显示所选的面"复选框：可以设置快速打开或关闭拔模斜度范围的面的高亮显示。
- "面拔模角"选项组：可以高亮显示产品模型的拔模或底切区域面的颜色。
- "拔模角限制"微调框：指定界限来定义两种拔模角，即大于或小于设置拔模角的面。
- "设置所有面的颜色"按钮：将产品模型的所有面的颜色设置为"面拔模"部分的颜色。
- "透明度"选项组：通过滑块控制当前选择面的透明度。
- "面拆分"按钮：初始化"拆分面"对话框，对面进行分割，如图 14-10 所示。

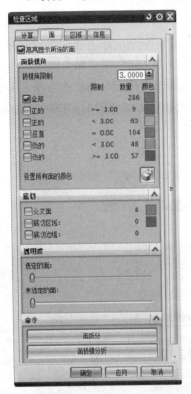

图 14-9　"面"选项卡

图 14-10　"拆分面"对话框

- "面拔模分析"按钮：单击该按钮，将弹出标准的 NX 的面分析中的"拔模分析"对话框，如图 14-11 所示。

3. "区域"选项卡

"检查区域"对话框中的"区域"选项卡可以从模型上提取型腔和型芯区域并指定颜色，还可以将未定义区域定义为型腔或型芯，如图 14-12 所示。

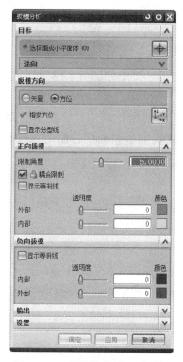

图 14-11　"拔模分析"对话框

图 14-12　"区域"选项卡

设置"区域"选项卡的步骤如下：

步骤 01 单击"设置区域颜色"按钮，面可自动识别为型腔或型芯区域，并用不同的颜色显示。但是，在很多情况下，存在面无法识别型腔或型芯区域的情况。这些面集合在"未定义的区域"部分，需要将未定义的面定义为型腔或型芯区域。

步骤 02 设置型腔和型芯区域的透明度，以便识别未定义的面。

步骤 03 选择要定义给型芯区域的未定义面（这里默认将未定义面定义为型芯区域，读者也可以定义为型腔区域）。

步骤 04 在"区域"选项卡中选中"指派到区域"选项组中的"型腔区域"单选按钮。

步骤 05 单击"应用"按钮，完成定义。

4．"信息"选项卡

"信息"选项卡可以检查模型的面属性、模型属性和尖角。

在产品模型进行分型前，需要对产品模型进行初始化、设置收缩率、添加工件、模型修补等操作。

14.2.2　曲面补片

NX 8.0 在"模具分型工具"工具栏中添加了一个 ◈（曲面补片）命令，用于对开放区域进行补片操作，该命令的使用方法与"注塑模工具"工具栏中的"边缘修补"命令一致，具体操作方法请参考前文"边缘修补"命令的操作方法。

14.2.3 定义区域

单击"模具分型工具"工具栏中的 按钮，弹出如图 14-13 所示的"定义区域"对话框。

定义区域的功能是创建型腔/型芯/区域和创建分型线。在使用该功能时，注塑模向导会在相邻的分型线上搜索边界和修补面。当实体面的总数等于复制到型腔和型芯面的总数时，可以创建区域。反之，发出警告并高亮显示有问题的面。

具体操作步骤如下：

步骤 01 在"区域名称"中选择"型腔区域"和"型芯区域"选项，并在"设置"选项组中选中"创建区域"和"创建分型线"复选框，单击"确定"按钮，系统自动完成型腔和型芯区域的提取及分型线的提取。

步骤 02 在"分型导航器"中的分型线、型腔和型芯 3 个节点发生改变，如图 14-14 所示。

步骤 03 展开这 3 个节点，可以知道"定义区域"子功能操作在"分型管理器"列表中添加的分型线、型腔区域和型芯区域。

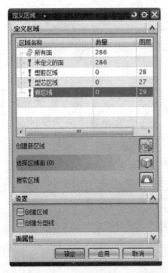

图 14-13 "定义区域"对话框

图 14-14 分型导航器

14.2.4 设计分型面

单击"模具分型工具"工具栏中的 按钮，弹出如图 14-15 所示的"设计分型面"对话框。

分型线创建完成后，对于较复杂的分型线，还不能立即创建分型面。

因为模型的分型线不是由一条曲线组成的，且也不在同一个平面上，而是由多条处于不同平面的曲线组成。如果不对这些分型线进行分段，对于比较复杂的模型，是很难立即创建分型面的。MoldWizard为用户提供了引导线的设计功能，通过这个工具可以对分型段进行各种编辑，其主要功能是创建和编辑引导线。

引导线是由产品的分型线产生的可以控制后续分型线的功能。不同的引导线可以生成不同的分型面。

1. 创建引导线

单击"设计分型面"对话框中"编辑分型线"下面的"选择分型或引导线"按钮，将光标置于需要创建引导线的线段上，即会如图 14-16 所示在线上出现红色的箭头，移动光标确定红色箭头的位置，然后单击鼠标即可创建如图 14-17 所示的引导线。

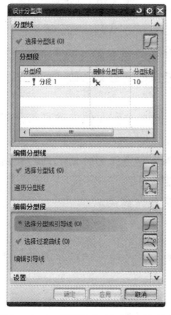

图 14-15　"设计分型面"对话框

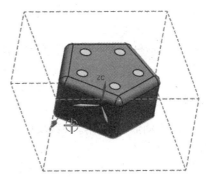

图 14-16　光标置于分型线段上

2. 编辑引导线

单击"设计分型面"对话框中"编辑分型段"下面的 （编辑引导线）按钮，弹出如图 14-18 所示的"引导线"对话框。

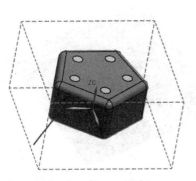

图 14-17　创建引导线

图 14-18　"引导线"对话框

使用该对话框可以编辑引导线长度、方向，还可以对选定引导线进行删除操作或对所有引导线进行删除，或者进行自动创建引导线等。

3．创建分型面

创建引导线以后，分型线被引导线分割开，并在"分型段"下面白色方框中以组的方式呈现。

分型面的创建方法有6种，分别是拉伸、有界平面、扫掠、修剪和延伸、条带曲面和扩大的曲面，如图14-19所示。

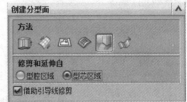

图 14-19 "创建分型面"选项组

- （拉伸）按钮：根据一组分型线段和一个拉伸方向创建拉伸曲面。
- （扫掠）按钮：根据一组分型线段和两个方向创建扫掠曲面。
- （有界平面）按钮：根据一组分型线段和两个方向创建有界平面，一般把引导线作为面的边界。
- （修剪和延伸）按钮：使用"修剪和延伸"功能生成分型面的方法可细分为修剪和延伸自型腔区域和型芯区域两种。
- （条带曲面）按钮："条带曲面"是由一条直线沿分型线扫掠而成的。使用"条带曲面"功能创建分型面只需要设置扫掠的直线长度即可。
- （扩大的曲面）按钮：该命令与模具工具中的扩展曲面类似。

4．编辑分型线

用户可以手动添加或删除曲线/边，单击 （编辑分型线）按钮，然后在视图中选择需要选中的线。

单击 （遍历分型线）按钮，能够在型腔和型芯交界处查找相邻的线。

14.2.5 编辑分型面和曲面补片

使用"编辑分型面和曲面补片"命令选择现有片体以在分型部件中对开放区域进行补片，或者取消选择片体以删除分型或补片的片体。具体操作步骤如下：

单击 （编辑分型面和曲面补片）按钮，弹出如图14-20所示的"编辑分型面和曲面补片"对话框，此时视图中如图14-21所示分型面和补片被同时选中，单击 确定 按钮，完成操作。

图 14-20 "编辑分型面和曲面补片"对话框

图 14-21 选中片体

14.2.6　定义型腔和型芯

在修补好产品模型的孔、槽等部位，并正确创建分型面和提取型腔和型芯区域后，就可以进入型腔和型芯的创建操作了。

步骤 01 单击 （定义型腔和型芯）按钮，弹出如图 14-22 所示的"定义型腔和型芯"对话框。

步骤 02 选择"型腔区域"选项，在"选择片体"中提示选择了 7 个片体，"缝合公差"保持默认值，单击"确定"按钮即可生成型腔，如图 14-23 所示。

图 14-22　"定义型腔和型芯"对话框

图 14-23　型腔

步骤 03 在生成型腔的同时，系统弹出"查看分型结果"对话框，如图 14-24 所示。如果生成型腔的方向不符合要求，可单击"法向反向"按钮。

步骤 04 选择"型芯区域"选项，在"选择片体"中提示选择了 7 个片体，选中"检查几何体"和"检查重叠"复选框，"缝合公差"保持默认值，单击"确定"按钮即可生成型芯，如图 14-25 所示。

图 14-24　"查看分型结果"对话框

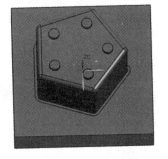

图 14-25　型芯

14.2.7　交换模型

"交换模型"功能可以用一个新的产品模型代替旧的模型进行模具设计，而且不用重复前面的工作，这样可以节约模具设计的时间。

14.2.8　备份分型/补片片体

"备份分型/补片片体"功能对模具修补和分型中产生的分型面和补片片体进行备份。
其操作步骤如下：

步骤 01 单击 🔳（备份分型/补片片体）按钮，系统弹出"备份分型对象"对话框，如图 14-26 所示。

步骤 02 在"类型"下拉列表框中选择要备份的类型，如图 14-27 所示。

图 14-26　"备份分型对象"对话框

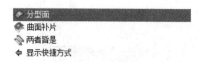

图 14-27　选择要备份的类型

步骤 03 单击"选择字体"按钮选择要备份的对象。

步骤 04 单击"确定"按钮实现备份。

14.2.9　分型导航器

单击 🔳（分型导航器）按钮，可打开或关闭"分型导航器"窗口。

14.3　型腔布局

单击"注塑模向导"工具栏中的 🔳（型腔布局）按钮，系统弹出如图 14-28 所示的"型腔布局"对话框。

14.3.1　布局类型

"布局类型"包括矩形布局和圆形布局两种。

1.　矩形布局

在"布局类型"选项组中选择"矩形"选项并选中"平衡"单选按钮，系统将自动以矩形的平衡方式布局型腔。对于矩形平衡布局方式，其型腔数可设为 2 或 4。

如果在"布局类型"选项组中选择"矩形"选项并选中"线性"单选按钮，系统将自动以矩形线性方式布局型腔。对于矩形线性布局方式，其型腔数不限。但是，成型工件并不会做旋转调整而是只在位置上移动。这是矩形线性布局和矩形平衡布局的不同之处。

2. 圆形布局

如图 14-29 所示,在"布局类型"选项组中选择"圆形"选项并选中"径向"单选按钮,系统将自动以圆形径向方式布局型腔。其中型腔绕布局中心做周向均匀分布,同时型腔也绕原点做调整。圆形径向方式使型腔上的浇口到布局原点的距离相同,实现了布局均匀的目的。

图 14-28 "型腔布局"对话框

图 14-29 "型腔布局"对话框

在"布局类型"选项组中选择"圆形"并选中"恒定"单选按钮,系统将自动以圆形恒定方式布局型腔。其中,型腔绕布局中心做周向均匀分布,型腔的方向保持一致。

14.3.2 开始布局

单击 📶 (开始布局)按钮,将按设置的参数对型腔进行布局。

14.3.3 重定位

单击"编辑插入腔"按钮 ⊗,可以对布局成功的工件添加统一的腔体。

单击"变换"按钮 🔁,弹出如图 14-30 所示的"变换"对话框,在该对话框中对被选择的模型进行变换。其类型包括旋转、平移和点对点。

单击"移除"按钮 ✕,删除生成的型腔。

单击"自动对准中心"按钮 🔲,程序自动将模具坐标系的原点移动到多型型腔几何体的中心处。

图 14-30 "变换"对话框

14.3.4 矩形布局

在本小节中,将详细介绍几种矩形型腔布局的步骤。包括一模两腔的平衡和线性布局、一模四腔的平衡和线性布局。

1．一模两腔的平衡布局

平衡式布局的特点是从主流道到各个型腔浇口的分流道的长度、截面形状、尺寸和布局都具有对称性，有利于实现各个型腔均匀进料和同时充满型腔的目的。一模两腔的平衡布局形式是注塑模中最常见的型腔布局方法。

在MoldWizard中实现一模两腔的平衡布局的步骤如下。

步骤01 单击 ⏍（型腔布局）按钮，弹出"型腔布局"对话框。

步骤02 在"布局类型"选项组中选择"矩形"选项并选中"平衡"单选按钮，在"指定矢量"选项中单击 ⯐ 按钮并选择"YC"选项，在"型腔数"文本框中输入2，即一模两腔，在"缝隙距离"文本框中输入20mm。

步骤03 单击 ⏍（开始布局）按钮进行布局。

步骤04 布局完毕，单击 ⊞（自动对准中心）按钮，程序自动将模具坐标系的原点移动到多型型腔几何体的中心处。生成的型腔布局如图 14-31 所示。

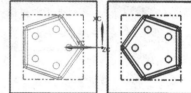

图 14-31　平衡布局

2．一模两腔的线性布局

在MoldWizard中线性布局和平衡布局的区别在于被复制的产品模型的方向不会进行旋转。其具体操作步骤如下。

步骤01 单击 ⏍（型腔布局）按钮，弹出如图 14-32 所示的"型腔布局"对话框。

步骤02 在"布局类型"选项组中选择"矩形"选项并选中"线性"单选按钮，在"X 向型腔数"文本框中输入 1，在"Y 向型腔数"文本框中输入为 2，在"Y 移动参考"下拉列表框中选择"块"选项，在"Y 距离"微调框中输入 20。

步骤03 单击"开始布局"按钮 ⏍ 进行布局。

步骤04 布局完毕，单击 ⊞（自动对准中心）按钮，程序自动将模具坐标系的原点移动到多型腔几何体的中心处。创建的型腔布局如图 14-33 所示。

图 14-32　"型腔布局"对话框

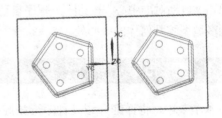

图 14-33　线性布局

　　注意，在线性布局中，MoldWizard并没有对型腔数做限制，可以随意设定。Y 移动参考方式有两种，分别是"块"和"移动"。

- 块：在长方体指定方向的边上偏移一定距离布置型腔。
- 移动：在原点的基础上偏移一定距离布置型腔。

3．一模四腔的平衡布局

　　一模四腔的平衡布局和一模两腔的平衡布局类似，不同之处是，如图 14-34 所示增加了"第二距离"的设置。第二距离指型腔在第二方向上的间隙距离。在一模两腔的平衡布局中，用户选定的方向默认为第一方向，而第一方向逆时针旋转 90°的方向为第二方向。

　　单击 （开始布局）按钮进行布局，并单击 （自动对准中心）按钮后得到如图 14-35 所示的效果。

图 14-34　"型腔布局"对话框

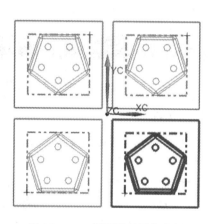

图 14-35　一模四腔的平衡布局

4．一模四腔的线性布局

　　一模四腔的线性布局和一模两腔的线性布局类似，其不同之处是在型腔数的设置上。

步骤 01　单击 （型腔布局）按钮，弹出如图 14-36 所示的"型腔布局"对话框。

步骤 02　在"布局类型"选项组中选择"矩形"选项并选中"线性"单选按钮，在"X 向型腔数"微调框中输入 2，在"Y 向型腔数"微调框中输入 2。

步骤 03　选择"X 移动参考"下拉列表框中的"块"选项，在"X 距离"文本框中输入 20；选择"Y 移动参考"下拉列表框中的"块"选项，在"Y 距离"文本框中输入20。

步骤 04　单击 （开始布局）按钮进行布局。

步骤 05　布局完毕，单击 （自动对准中心）按钮，程序自动将模具坐标系的原点移动到多型腔几何体的中心处，如图 14-37 所示。

图 14-36 "型腔布局"对话框

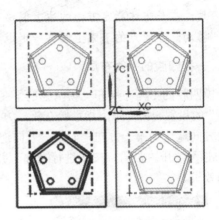

图 14-37 一模四腔的线性布局

14.3.5 圆形布局

在本小节中，将详细介绍两种圆形型腔布局的步骤，包括径向布局和恒定布局。

1. 径向布局

步骤 01 单击 📄（型腔布局）按钮，弹出如图 14-38 所示的"型腔布局"对话框。

步骤 02 在"布局类型"选项组中选择"圆形"选项并选中"径向"单选按钮，在"指定点"选项中单击 ⬚▼ 按钮，在型腔外任选一点作为参考点，在"型腔数"微调框中输入 6，"起始角"和"旋转角度"保持默认值，在"半径"文本框中输入 60。

步骤 03 单击 📄（开始布局）按钮进行布局，布局完毕，单击 ⊞（自动对准中心）按钮，程序自动将模具坐标系的原点移动到多型腔几何体的中心处，如图 14-39 所示。

图 14-38 "型腔布局"对话框

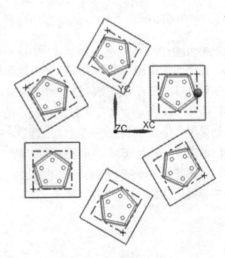

图 14-39 径向布局

2．恒定布局

步骤 01 单击 ![] (型腔布局) 按钮，弹出如图 14-40 所示的"型腔布局"对话框。

步骤 02 在"布局类型"选项组中选择"圆形"选项并选中"恒定"单选按钮，在"指定点"选项中单击 ![] 按钮，在型腔外任选一点作为参考点，在"型腔数"微调框中输入 6，"起始角"和"旋转角度"保持默认值，在"半径"文本框中输入 160。

步骤 03 单击 ![] (开始布局) 按钮进行布局。

步骤 04 布局完毕，单击 ![] (自动对准中心) 按钮，程序自动将模具坐标系的原点移动到多型腔几何体的中心处。生成的型腔布局如图 14-41 所示。恒定布局和径向布局的不同之处是恒定布局生成的型腔保持同一个方向。

14.3.6　编辑布局

"插入腔体"功能可以对布局成功的工件添加统一的腔体。插入的腔体就是准备沉入模板的成型工件的空间实体。

图 14-40　"型腔布局"对话框

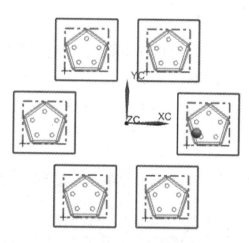

图 14-41　恒定布局

1．插入腔体

步骤 01 单击"型腔布局"对话框中的"编辑插入腔" ![] 按钮，弹出"插入腔体"对话框。插入腔体的类型共有 4 种，分别是 R=0、TYPE=0、TYPE=1 和 TYPE=2。它们的不同之处是在腔体边界处是否存在圆角和圆角的大小。

步骤 02 在如图 14-42 所示的对话框中选择 R 为 5，"类型"为 1，即 TYPE=1，单击"确定"按钮，插入腔体如图 14-43 所示。

2．变换

单击"变换"按钮 ![] ，可以对被选择的模型进行变换。其类型有旋转、平移和点对点。

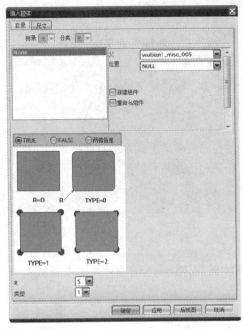

图 14-42 "插入腔体"对话框

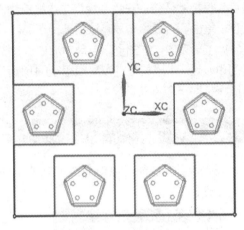

图 14-43 插入腔体

3．删除

"删除"按钮用来删除布局中被选择的型腔，但不可以删除最后一个型腔。

4．自动对准中心

单击"自动对准中心"按钮，程序自动将多模型腔几何体的中心移动到子装配的绝对坐标原点上，而且仅在XY平面上移动。

14.4 实例示范——产品分型

分型和型腔布局是模具设计的重点也是难点，正确的分型是模具设计的基础。本节将通过实例来介绍产品模型的分型过程和型腔布局的过程，使读者进一步掌握产品的分型。

如图 14-44 所示为一个塑料凳子模型，最终创建刀槽框结果如图 14-45 所示。

图 14-44 塑料凳子模型

图 14-45 创建刀槽框结果

初始文件	下载文件/example/Char14/dengzi.prt
结果文件夹	下载文件/result/Char14/shili0/
视频文件	下载文件/video/Char14/凳子分型.avi

前面已经完成了对该塑料凳子零件的初始化项目、模型重新定位、收缩率检查及工件加载操作，如图 14-46 所示为完成工件加载后的视图。

14.4.1　进入模具分型窗口

完成操作后，首先需切入模具分型窗口，准备对工件进行分型操作。

具体操作步骤如下：

步骤 01 单击 （模具分型工具）按钮，即可切入"dengzi_parting_***.prt"文件窗口，并弹出"模具分型工具"工具栏，如图 14-47 所示；如图 14-48 所示为切入本文件窗口后的模型零件图，外边框代替工件模型轮廓。

图 14-46　完成工件加载　　　　　　　图 14-47　"模具分型工具"工具栏

步骤 02 切入文件窗口的同时，弹出如图 14-49 所示的"分型导航器"窗口。

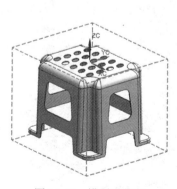

图 14-48　模型零件图　　　　　　　图 14-49　"分型导航器"窗口

步骤 03 用户可使用"分型导航器"对产品实体、工件、工件线框、分型线、型芯、型腔等进行隐藏/显示操作，如图 14-50 所示选中"工件"左侧的复选框，如图 14-51 所示将工件显示出来。（此处用户应尽量进行操作，可检查加载工件及软件的正常）

图 14-50 选中"分型导航器"中的工件

图 14-51 显示工件

14.4.2 检查区域

通过检查区域的方法,可便捷地检查加载模型的型腔和型芯区域。

具体操作步骤如下:

步骤 01 单击 △(区域分析)按钮,弹出"检查区域"对话框。

步骤 02 单击模型作为"选择产品实体",单击"指定脱模方向"右侧的 按钮选择"ZC"方向,选中"选项"下面的"保持现有的"单选按钮,如图 14-52 所示。

步骤 03 单击(计算器) 按钮进行计算。

步骤 04 完成计算后单击"面"选项卡,如图 14-53 所示。

图 14-52 "计算"选项卡

图 14-53 "面"选项卡

步骤 05　用户可以在"面"选项卡中看到，通过计算得到 286 个面，其中拔模角度≧3.00 的面有 9 个，拔模角度＜3.0 的面有 60 个，拔模角度＝0.00 的面有 104 个，-3.00＜拔模角度＜0 的面有 48 个，拔模角度≦-3.0 的面有 57 个。

用户可以选中前面的复选框在实体上预览这些面。

例：如图 14-54 所示选中"竖直＝0.00"左侧的复选框，在窗口内的图形则会如图 14-55 所示对应"面"选项卡中选中的项目并红色高亮显示。

图 14-54　"面"选项卡设置

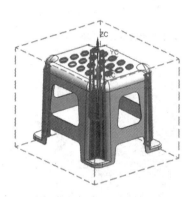

图 14-55　窗口图形显示

步骤 06　完成检查后，单击"区域"选项卡。

步骤 07　在此选项卡中可以看到，"型腔区域"被定义了 81 个面，"型芯区域"被定义了 117 个面，还有 88 个面属于"未定义区域"。

步骤 08　如图 14-56 所示选中"定义区域"下面的"交叉竖直面"复选框，如图 14-57 所示预览 80 个未被定义的区域面。

图 14-56　"区域"选项卡

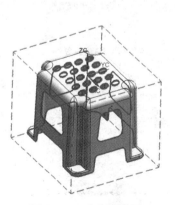

图 14-57　选中区域面

步骤 **09** 预览完成后，选中"指派到区域"下面的"型芯区域"单选按钮并单击 确定 按钮，将"交叉竖直面"指派到型芯区域内。

14.4.3 定义区域及曲面补片

完成检查区域操作后，用户可将模型面进行简单分型操作。使用本小节操作可对区域进行细致分型，必要时需创建曲面补片。

具体操作步骤如下：

步骤 **01** 单击 ⚒ (定义区域) 按钮，弹出"定义区域"对话框。在该对话框中可以看到，模型共286 个面，"未定义的面""型腔区域""型芯区域"各占 8、81、197 个面。

步骤 **02** 如图 14-58 所示选中"定义区域"下面的"型腔区域"，可在视图中预览型腔区域面，如图 14-59 所示。

图 14-58 选中"型腔区域"

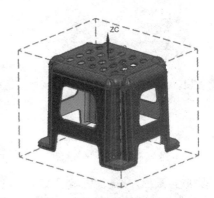

图 14-59 选中型腔区域面

步骤 **03** 单击"定义区域"对话框中的 🖼 (创建新区域) 按钮，创建如图 14-60 所示的"Region4""Region5""Region6""Region7" 4 个新区域，并单击"Region4"。

步骤 **04** 如图 14-61 所示单击侧面孔的内侧面，单击 应用 按钮，将面定义进"Region4"区域内。

图 14-60 "定义区域"对话框

图 14-61 选中面

步骤 05 完成区域定义后的"定义区域"对话框如图 14-62 所示,可以看到将 8 个面定义进"Region4"区域内,用同样的方法将其余 3 个面上的侧孔面定义进其余 3 个区域内,完成定义后的"定义区域"对话框如图 14-63 所示。

图 14-62 定义"Region4"区域

图 14-63 定义其余区域

步骤 06 完成设置后,依次选中"设置"下面的"创建区域""创建分型线"复选框,单击 应用 按钮,如图 14-64 所示,"定义区域"下面名称前的符号发生了变化。

步骤 07 单击 确定 按钮并旋转窗口内的模型,可发现模型面按型腔、型芯区域发生如图 14-65 所示的颜色变化。

图 14-64 "定义区域"对话框

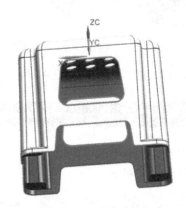

图 14-65 区域面变化

步骤 08 单击 ◈ (曲面补片) 按钮,弹出"边缘修补"对话框。在"环选择"选项组的"类型"下拉列表框中选择"面"选项,设置"补片颜色"为红色,完成设置后如图 14-66 所示单击模型上平面;如图 14-67 所示为完成曲面选择后的"边缘修补"对话框。

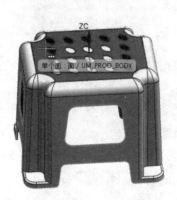

图 14-66　单击模型上平面

图 14-67　"边缘修补"对话框

步骤 **09**　单击 应用 按钮完成选中曲面的补片操作，如图 14-68 所示。

步骤 **10**　重复步骤（7）、（8）的操作，将侧面孔外侧面和内侧面进行补片操作，如图 14-69 所示。

14-68　创建补片

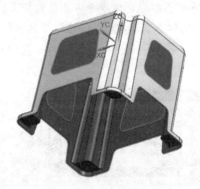

图 14-69　创建侧面补片

步骤 **11**　单击"边缘修补"对话框中的 取消 按钮，关闭对话框，完成补片操作。

14.4.4　设计分型面

通过对创建的分型线进行再次细分，可创建不在一个平面上的分型面。

具体操作步骤如下：

步骤 **01**　单击 (设计分型面) 按钮，弹出如图 14-70 所示的"设计分型面"对话框。

步骤 **02**　如图 14-71 所示单击"编辑分型段"下面的"选择分型或引导线"按钮。

步骤 **03**　如图 14-72 所示将光标置于需处理的分型线一端，移动光标使最靠近分型线一端的箭头呈红色，此时单击鼠标会出现如图 14-73 所示的一段延长线。

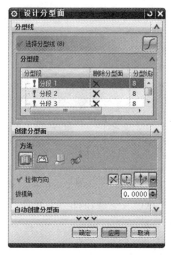

图 14-70　"设计分型面"对话框

图 14-71　单击"选择分型或引导线"

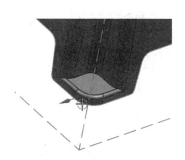

图 14-72　移动光标

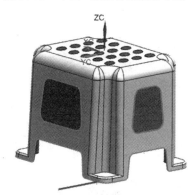

图 14-73　延长线

步骤 04　重复操作，创建另一端延长线，如图 14-74 所示。

步骤 05　如图 14-75 所示单击"分型段"下面的"分段 2"，再单击"创建分型面"下面的 ▥ （拉伸）按钮，使用默认的"有界平面"操作，拖动边界单击 应用 按钮，创建有界平面，如图 14-76 所示。

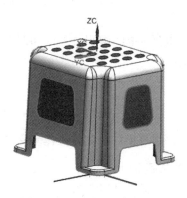

图 14-74　创建第 2 条延长线

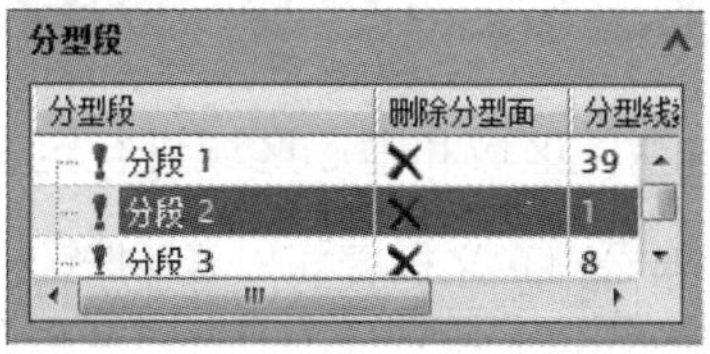

图 14-75　单击"分段 2"

步骤 06　继续寻找下一段分型线，重复步骤（3）、（4）的操作，创建延长线，如图 14-77 所示。

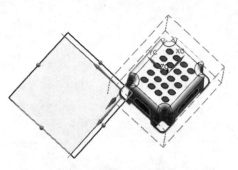

图 14-76　创建有界平面

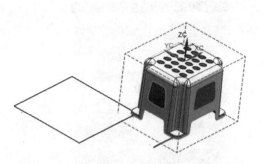

图 14-77　创建延长线

步骤 07　单击"分型段"下面的"分段 1"，选择拉伸方向为"-XC"创建拉伸面，单击 应用 按钮得到分型面，如图 14-78 所示。

步骤 08　重复以上步骤，创建其余分型面，如图 14-79 所示。

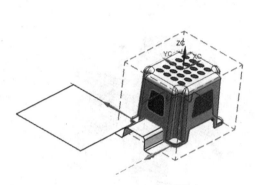

图 14-78　创建拉伸分型面

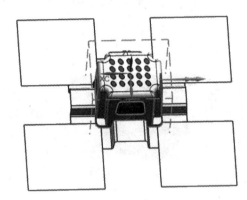

图 14-79　创建其余分型面

步骤 09　单击 取消 按钮，关闭对话框，完成分型面设计。

14.4.5　编辑分型面和曲面补片

使用"编辑分型面和曲面补片"命令可选择现有片体，以在分型部件中对开放区域进行补片，或者取消选择片体以删除分型或补片的片体。

单击 （编辑分型面和曲面补片）按钮，弹出如图 14-80 所示的"编辑分型面和曲面补片"对话框，默认自动选择分型面，单击 确定 按钮，完成操作。

14.4.6　定义型腔和型芯

通过对型腔区域和型芯区域进行定义，可创建出型腔、型芯模仁。具体操作步骤如下：

步骤 01　单击 （定义型腔和型芯）按钮，弹出"定义型腔和型芯"对话框。

步骤 02　如图 14-81 所示选中"选择片体"下面的"型腔区域"，如图 14-82 所示会自动选中模型的型腔面片体和分型面片体。

图 14-80　"编辑分型面和曲面补片"对话框　　　　图 14-81　选中"型腔区域"

步骤 03 其余保持默认设置，单击 应用 按钮，软件进行计算，完毕后得到如图 14-83 所示的型腔模仁（定模仁），并弹出如图 14-84 所示的"查看分型结果"对话框。

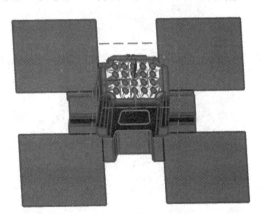

图 14-82　选中型腔区域示意　　　　　　　　图 14-83　创建定模仁

步骤 04 直接单击"查看分型结果"对话框中的 < 确定 > 按钮，完成型腔区域定义操作，并返回到"定义型腔和型芯"对话框。此时，可以发现"型腔区域"前面的符号变为 ✔，选择片体的数量由操作前的 33 变为现在的 1，说明型腔面片体与分型面片体缝合为一个片体。

步骤 05 选中"选择片体"下面的"型芯区域"，选中型芯面片体和分型面片体，其余保持默认设置，单击 应用 按钮，计算得到型芯模仁（动模仁），如图 14-85 所示，并弹出"查看分型结果"对话框。

步骤 06 直接单击"查看分型结果"对话框中的 < 确定 > 按钮，完成型芯区域定义操作，并返回到"定义型腔和型芯"对话框。此时，可以发现"型芯区域"前面的符号变为 ✔，选择片体的数量由操作前的 33 变为现在的 1，说明型芯面片体与分型面片体缝合为一个片体。已完成型腔和型芯区域的定义，完成后的"定义型腔和型芯"对话框如图 14-86 所示。

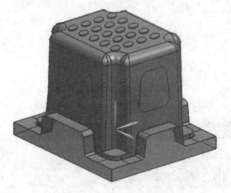

图 14-84 "查看分型结果"对话框

图 14-85 创建动模仁

步骤 07 单击 取消 按钮，关闭"定义型腔和型芯"对话框，完成操作。

步骤 08 用户可打开"dengzi_top_***.prt"装配文件查看动定模仁装配图，如图 14-87 所示。

图 14-86 完成操作后"定义型腔和型芯"对话框

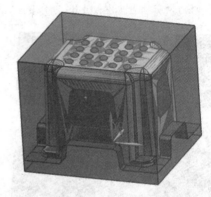

图 14-87 动定模仁装配图

14.4.7 创建刀槽框，模仁倒角

最后需创建模仁刀槽框，并进行模仁倒角操作。

具体操作步骤如下：

步骤 01 单击 📶（型腔布局）按钮，弹出"型腔布局"对话框。

步骤 02 单击"编辑布局"下面的 📎（编辑插入腔）按钮，弹出"插入腔体"对话框。

步骤 03 "插入腔体"对话框提供了 4 种插入刀槽框的方式，我们选择第 2 种方式；如图 14-88 所示在"目录"选项卡底部的"R"下拉列表框中选择"10"，在"类型"下拉列表框中选择"0"，其余保持默认设置。

步骤 04 单击 确定 按钮，创建的刀槽框如图 14-89 所示（为方便用户比较，模仁零件被隐藏了），并返回到"型腔布局"对话框中。

步骤 05 选中刀槽框模型零件，使用鼠标右键将其隐藏，继续对模仁零件进行倒角操作。

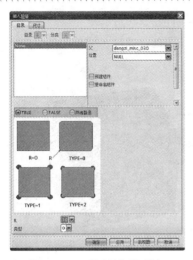

图 14-88　"目录"选项卡

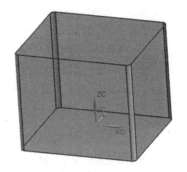

图 14-89　创建的刀槽框

步骤 06 使用鼠标制定型腔模仁零件并单击鼠标右键，在弹出的快捷菜单中选择"设为工作部件"选项，完成后如图 14-90 所示。

步骤 07 单击"主页"选项卡中的 （边倒圆）按钮，弹出"边倒圆"对话框，如图 14-91 所示选中型腔模仁零件的 4 条棱边作为"要倒圆的边"。

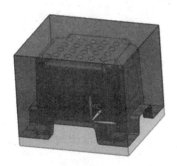

图 14-90　设置型腔模仁为工作部件

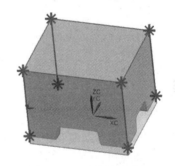

图 14-91　选中棱边进行

步骤 08 在如图 14-92 所示的"边倒圆"对话框中，将"半径 1"设置为 10mm，其余保持默认设置，完成设置后单击 确定 按钮，创建型腔模仁边倒圆，如图 14-93 所示。

图 14-92　"边倒圆"对话框

图 14-93　创建型腔模仁边倒圆

435

步骤 **09** 创建型芯模仁半径为 10mm 的边倒圆，如图 14-94 所示。

步骤 **10** 重新将刀槽框显示出来后的视图如图 14-95 所示。至此，完成一模单腔类型的型腔布局操作。

图 14-94　创建型芯模仁倒圆

图 14-95　显示刀槽框后视图

14.5　本章小结

本章介绍了使用NX 8.0 注塑模向导进行分型和型腔布局的操作方法，并对模具分型和型腔布局的各命令工具的操作进行了说明。通过详细实例，让读者对分型和型腔布局有更加深入的了解。

14.6　习　题

一、填空题

1. 分型面位于模具动模和定模之间，或者在注塑件_____处，设计的目的是为了注塑件和_____的取出。

2. 由于型腔直接与高温高压的塑料相接触，其质量直接关系到制件质量，因此要求它有足够的_____、_____、_____和耐磨性以承受塑料的挤压力及料流的摩擦力，并要有足够的_____和_____，在设计这些注塑件时，除了注意分型面的设计外，还要使其成型容易、_____、加工简单等。

3. 在模具设计中，型腔的种类可大致分为两种，分别为_____和_____，它们各有优缺点。

4. 对于多腔膜模具，型腔的排列方式分为_____和_____两种。

二、问答题

1. 请简述分型面设计原则。

2. 请简述单型型腔和多型型腔的优点。

3. 请简述平衡式布局和非平衡式布局的特点。

三、上机操作

1．打开下载文件/example/Char14/model2.prt，如图 14-96 所示，请参考前文及本章内容完成该文件进行模具设计的分型操作和型腔布局。

图 14-96　上机操作 1 零件图

2．打开下载文件/example/Char14/T24.prt，如图 14-97 所示，请参考前文及本章内容完成该文件进行模具设计的分型操作和型腔布局。

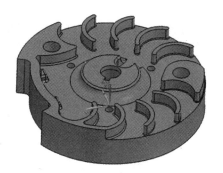

图 14-97　上机操作 2 零件图

参考文献

[1] 丁源，李秀峰. UG NX 8.0 中文版从入门到精通[M].北京：清华大学出版社，2013-01

[2] 吴宗泽，高志. 机械设计[M].2 版.北京：高等教育出版社，2009-01

[3] 田光辉，林红旗. 模具设计与制造[M].北京：北京大学出版社，2009-09

[4] 陈艳霞. UG NX 8.0 造型设计完全学习手册[M].北京：电子工业出版社，2012-06

[5] 陈晓东. UG NX 8.0 模具设计完全学习手册[M].北京：电子工业出版社，2012-05

[6] 温正. UG NX 8.0 中文版完全学习手册[M].北京：电子工业出版社，2012-04

[7] 何嘉扬. UG NX 8.0 数控加工完全学习手册[M].北京：电子工业出版社，2012-04

[8] 展迪优. UG NX 8.0 模具设计教程[M].北京：机械工业出版社，2012-01

[9] 云杰漫步多媒体科技CAX设计教研室. UG NX 6.0 中文版模具设计[M].北京:清华大学出版社，2009-11

[10] 王中行. UG NX 7.5 中文版基础教程[M].北京：清华大学出版社，2012-06

[11] 丁源. UG NX 9.0 中文版从入门到精通[M].北京：清华大学出版社，2015-03